更改背景颜色

创建目标灯光

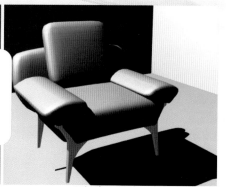
创建mr区域泛光灯

投影贴图效果

设置灯光强度

调整摄影机焦距

阴影颜色效果

创建目标摄影机

棋盘格贴图效果

调整贴图坐标

长方体贴图效果

泼溅贴图效果

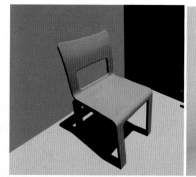
日光效果

自由灯光效果

景深效果

创建自由聚光灯

创建目标平行光

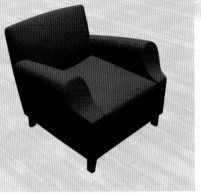

创建自由平行光

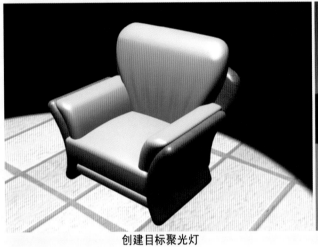

创建目标聚光灯

创建天光

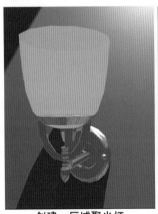

创建mr区域聚光灯

"爆炸"空间扭曲

"置换"空间扭曲

"涟漪"空间扭曲

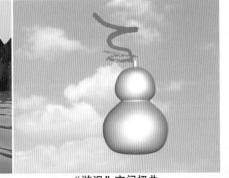

"漩涡"空间扭曲

"推力"空间扭曲

焦散效果

反射效果

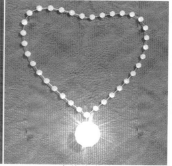

光能传递效果

渲染动态图像

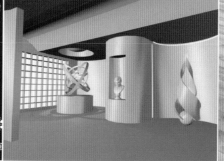

光线跟踪效果

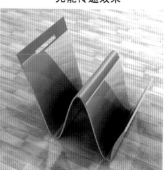

启动光线跟踪

暴风雪粒子效果

雪粒子效果

喷射粒子效果

创建PF Source粒子

创建粒子阵列粒子

创建粒子云粒子

创建超级喷射粒子

FFD自由变形

"全泛方向导向器"空间扭曲

中文版 3ds Max 应用基础教程

胶片颗粒效果

线性曝光控制

渲染效果（一）

渲染效果（二）

分层雾效果

体积光效果

背景贴图

染色效果　　　　环境光效果

电子产品——耳机

轮胎效果

水果盘效果

圆珠笔效果

渐变背景效果

火效果

21世纪 century 职业教育系列规划教材

中文版

3ds Max

应用基础教程

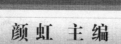

颜虹 主编

上海科学普及出版社

图书在版编目（CIP）数据

中文版 3ds Max 应用基础教程 / 颜虹 主编 . －上海：上海科学普及出版社，2010. 2

ISBN 978-7-5427-4505-7

Ⅰ.中… Ⅱ.颜… Ⅲ.三维—动画—图形软件，3DS MAX 2009—教材 Ⅳ.TP391.41

中国版本图书馆 CIP 数据核字（2009）第 229770 号

策划编辑 胡名正
责任编辑 徐丽萍

中文版 3ds Max 应用基础教程
颜 虹 主编

上海科学普及出版社出版发行

（上海中山北路 832 号 邮政编码 200070）

http://www.pspsh.com

各地新华书店经销 北京蓝迪彩色印务有限公司印刷

开本 787×1092 1/16 印张 20.75 彩插 4 字数 408000

2010 年 2 月第 1 版 2010 年 2 月第 1 次印刷

ISBN 978-7-5427-4505-7 定价：32.80 元

内 容 提 要

　　本书从培训与自学的角度出发，理论与实践相结合，全面、详细地介绍了 3ds Max 2009 这一三维制作软件的强大功能与实际应用。全书共分为 14 章，主要内容包括：3ds Max 2009 快速入门、视图控制和常用操作、对象的基本操作、二维建模、三维建模、高级建模、材质的设置与应用、贴图的应用、灯光和摄影机的应用、基础动画的创建、粒子和空间扭曲、环境和特效、渲染和输出、3ds Max 白金案例实训。

　　本书采用由浅入深、图文并茂、任务驱动的方式进行讲述，既可作为高等院校、职业教育学校及社会计算机培训中心的规划教材，同时也可作为室内设计、装修设计、建筑设计和游戏开发等设计人员的自学参考手册。

21 世纪职业教育系列规划教材

编审委员会名单

主任委员：崔亚量

执行委员：太洪春　　柏　松　　卓　文　　郭文亮

委　　员（以姓氏笔画为序）：

马国强　　王大敏　　王志杰　　刘艳琴　　闫　琰

李建丽　　李育云　　时晓龙　　芦艳芳　　武海燕

范沙浪　　金应生　　赵爱玲　　郜攀攀　　项仁轩

唐雪强　　秦红霞　　郭领艳　　常淑凤　　童红兵

暨百南　　谭予星　　颜　虹　　魏　星

前　言

3ds Max 2009 是美国 Autodesk 公司推出的三维制作软件，它界面友好、功能强大、操作简便，在建筑效果图制作、动画制作、电影特效和游戏开发等领域有着广泛的应用，深受相关行业设计人员的青睐。

高等职业教育不同于其他传统形式的高等教育，它既是我国高等教育的重要组成部分，也是适应我国现代化建设需要的特殊教育形式。它的根本任务是培养生产、建设、管理和服务第一线需要的德、智、体、美等全面发展的技术应用型专业人才，学生应在掌握必要的基础理论和专门知识的基础上，重点掌握从事本专业领域实际工作的基本知识和职业技能，因而对应这种形式的高等教育教材也应有自己的体系和特色。

为了适应我国高等职业教育对教学改革和教材建设的需要，我们根据《教育部关于加强高职高专教育人才培养工作的意见》文件的要求编写了本书。通过对本书的学习，读者可以迅速掌握 3ds Max 2009 这一三维制作软件的强大功能与实际应用，提高岗位适应能力和工作应用能力。

本书最大的特色是以实际应用为主线，采用"任务驱动、案例教学"的编写方式，力求在理论知识"够用为度"的基础上，通过案例的实际应用和实际训练让读者掌握更多的知识和技能，学以致用。

本书从培训与自学的角度出发，理论与实践相结合，全面、详细地介绍了 3ds Max 2009 这一三维制作软件的强大功能与实际应用。全书共分为 14 章，主要内容包括：3ds Max 2009 快速入门、视图控制和常用操作、对象的基本操作、二维建模、三维建模、高级建模、材质的设置与应用、贴图的应用、灯光和摄影机的应用、基础动画的创建、粒子和空间扭曲、环境和特效、渲染和输出、3ds Max 白金案例实训。

本书采用了由浅入深、图文并茂、任务驱动的方式进行讲解，既可作为高等院校、职业学校及社会计算机培训中心的规划教材，也可作为室内设计、装修设计、建筑设计和游戏开发等设计人员的自学参考手册。

本书由颜虹主编，参与编写的还有王志杰、武海燕、郭领艳、马国强、张志科等人，由于编者水平所限，且时间仓促，书中不足之处在所难免，恳请广大读者批评指正，联系网址：http://www.china-ebooks.com。

编　者

总　序

　　高等职业教育不同于其他传统形式的高等教育，它既是我国高等教育的重要组成部分，也是适应我国现代化建设需要的特殊教育形式。它的根本任务是培养生产、建设、管理和服务第一线需要的德、智、体、美等全面发展的技术应用型专业人才，学生应在掌握必要的基础理论和专门知识的基础上，重点掌握从事本专业领域实际工作的基本知识和职业技能，因而对应这种形式的高等教育教材也应有自己的体系和特色。

　　为了适应我国高等职业教育对教学改革和教材建设的需要，根据《教育部关于加强高职高专教育人才培养工作的意见》文件的要求，上海科学普及出版社和电子科技大学出版社联合在全国范围内挑选来自于从事高职高专和高等教育教学与研究工作第一线的优秀教师和专家，组织并成立了"21世纪职业教育系列规划教材编审委员会"，旨在研究高职高专的教学改革与教材建设，规划教材出版计划，编写和审定适合于各类高等专科学校、高等职业学校、成人高等学校及本科院校主办的职业技术学院使用的教材。

　　"21世纪职业教育系列规划教材编审委员会"力求本套教材能够充分体现教育思想和教育观念的转变，反映高等学校课程和教学内容体系的改革方向，依据教学内容、教学方法和教学手段的现状和趋势精心策划，系统、全面地研究高等院校教学改革、教材建设的需求，倾力推出本套实用性强、多种媒体有机结合的立体化教材。本套教材主要具有以下特点：

　　1. 任务驱动，案例教学，突出理论应用和实践技能的培养，注重教材的科学性、实用性和通用性。

　　2. 定位明确，顺应现代社会发展和就业需求，面向就业，突出应用。

　　3. 精心选材，体现新知识、新技术、新方法、新成果的应用，具有超前性、先进性。

　　4. 合理编排，根据教学内容、教学大纲的要求，采用模块化编写体系，突出学习重点与难点。

　　5. 教材内容有利于扩展学生的思维空间和自主学习能力，着力培养和提高学生的综合素质，使学生具有较强的创新能力，促进学生的个性发展。

　　6. 体现建设"立体化"精品教材的宗旨，为主干课程配备电子教案、学习指导、习题解答、上机操作指导等，并为理论类课程配备 PowerPoint 多媒体课件，以便于实际教学，有需要多媒体课件的教师可以登录网站 http://www.china-ebooks.com 免费下载，在教材使用过程中若有好的意见或建议也可以直接在网站上进行交流。

21世纪职业教育系列规划教材编审委员会

目 录

第 1 章　3ds Max 2009 快速入门

通过本章的学习，读者应了解中文版 3ds Max 2009 的主要功能和工作界面的组成，掌握 3ds Max 的工作流程及常见的基本概念等三维建模的基础知识。

- 3ds Max 的应用领域
- 3ds Max 支持的文件格式
- 3ds Max 的基本概念

- 启动与退出 3ds Max 2009
- 3ds Max 2009 的工作界面
- 3ds Max 2009 界面各部分的功能

1.1　3ds Max 简介

3ds Max 是当今世界上应用领域最广、使用人数最多的三维动画制作软件，为建筑设计、场景制作、影视广告、角色游戏等行业提供了一款专业的、易掌握的、全面的三维软件。

中文版 3ds Max 2009 是由 Autodesk 公司最新推出的三维建模、动画、渲染软件，增加了全新的光照系统，提供了更多的着色器和加速渲染能力，另外还增强了毛发和布料功能，例如可以在视图中直接设计发型等。

1.1.1　3ds Max 的应用领域

3ds Max 是全球拥有用户最多的三维设计软件，它集众多软件之长，提供了非常丰富的造型建模、动画、灯光、材质、渲染、效果和环境等功能，已广泛应用于建筑装饰、游戏开发和设计、电视及电影制作等诸多领域。

1. 建筑装饰

建筑装饰设计是 3ds Max 在国内应用最为广泛的领域。3ds Max 能够与 AutoCAD 紧密结合，并提供对 Lightscape 的强大支持，同时拥有光影跟踪、光能传递和全息渲染等功能，使设计师从繁重的手工绘图中解脱出来，从而快捷精确地表现建筑装饰设计，如图 1-1 所示。

2. 游戏开发

游戏是娱乐产业中的顶梁柱，每年都能创造巨大的利润。Discreet 公司专为 3ds Max 提供了一个名为 gMAX 的游戏开发工具，有数百万的游戏玩家正在使用，3ds Max 是当今世界上销量最好的游戏开发软件之一。图 1-2 所示为使用 3ds Max 2009 制作的游戏场景效果。

3. 设计领域

设计领域包括平面设计、工业设计和网页设计等，通过使用 3ds Max 2009 对产品进行造型设计，可以很真实地模拟出产品的材质、造型和外观等特性，如图 1-3 所示。

图 1-1　建筑装饰设计

图 1-2　游戏开发　　　　　　　　　　图 1-3　设计领域

4. 电视制作

3ds Max 2009 在电视制作领域的发展是有目共睹的。当今栏目包装和片头广告越来越多，3ds Max 利用自身的强大功能，并配合 Autodesk 公司的 combustion，在电视制作领域大放异彩，受到电视制作人员的广泛关注，图 1-4 所示为使用 3ds Max 2009 制作的电视栏目作品。

5. 电影制作

3ds Max 2009 提供了丰富的效果插件，如 Vray、mental ray 和 Brazil 等渲染器，通过这些插件可以制作出逼真的视觉效果和鲜明的色彩

图 1-4　电视制作领域

分级。如今电影特技特效和动画电影越来越多地开始使用三维动画，把 3ds Max 面向高端的特点体现得淋漓尽致，图 1-5 所示为使用 3ds Max 2009 制作的动画电影场景效果。

图 1-5　电影制作领域

1.1.2　3ds Max 的工作流程

3ds Max 在创作过程中有着无比的优越性。使用 3ds Max 2009 制作三维作品，一般都需要经历制作和处理两大创作流程，其典型的工作流程如图 1-6 所示。

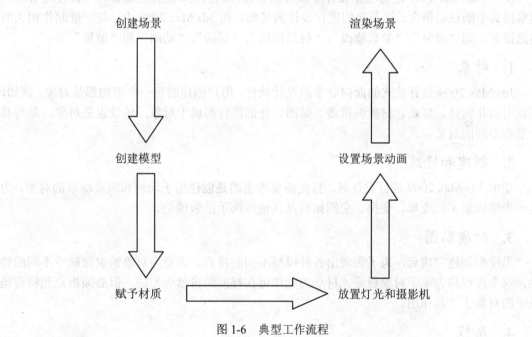

图 1-6　典型工作流程

1.1.3　3ds Max 支持的文件格式

模型文件格式是指模型文件在计算机中表示、存储数据信息的格式，用户可以针对不同的操作选择不同的文件格式。3ds Max 2009 支持 10 多种文件格式，下面将介绍 4 种常用的文件格式。

1. MAX 格式

MAX 格式是 3ds Max 软件的默认存储格式，也是唯一支持所有模型模式的文件格式。可以保存场景中的模型、材质和贴图等。

2. DRF 格式

DRF 是用于 VIZ Render 的文件格式，它是早期版本的 AutoCAD Architecture 附带的渲染工具。DRF 文件类似于 Autodesk VIZ 先前版本中的 MAX 文件。

3. DWG 格式

DWG 格式是 AutoCAD 默认的存储格式，用户可以将该格式文件导入 3ds Max 程序中用于建模。

4. 3DS 格式

3DS 格式是一种带压缩的文件格式，其压缩率是目前各种模型文件格式中最高的，主要用于贴图归类。

1.1.4 3ds Max 常用的基本概念

使用 3ds Max 2009 进行三维设计不仅仅需要相应的技巧，而且更需要每一位使用者牢固地掌握其中的核心概念，这是我们进行设计的基础。在 3ds Max 2009 中，与三维制作相关的概念很多，如"对象"、"参数修改"、"材质贴图"、"层级"、"动画"和"渲染"等。

1. 对象

3ds Max 2009 是开放式的面向对象的设计软件，用户创建的每一个事物都是对象。例如，场景中的几何体、灯光、材质编辑器、贴图、外部插件都属于对象；场景也是对象，是与其他事物不同的对象。

2. 创建和修改

使用 3ds Max 2009 进行设计时，首先需要考虑的是创建用于动画和渲染场景的对象，为进一步编辑加工、变形、变换、空间扭曲及其他修饰手法做铺垫。

3. 材质贴图

当模型创建完成后，为了表现出各种模型不同的特点，需要为对象的表面赋予不同的特性，这个过程称为赋予对象材质。材质的制作可在材质编辑器中完成，但必须指定到特定场景中的对象上才起作用。

4. 层级

在 3ds Max 2009 中，层级概念十分重要，每一个对象都通过层级结构来组织。同一层级结构中的对象遵循相同的规则，即层级结构中较高一层代表有较大影响力的普通信息；低一层代表信息的细节且影响力小。

5. 动画

建模、材质贴图、层级都是为动画制作服务的，3ds Max 本身就是一款动画设计软件，动画制作技术是 3ds Max 的精髓所在。

1.1.5　3ds Max 2009 的新增功能

3ds Max 2009 软件引入了新的节省时间的动画和贴图工作流程工具、开创性的新渲染技术，提高了 3ds Max 与行业标准产品（如 Autodesk Revit、Autodesk Mudbox、Autodesk Maya 以及 Autodesk MotionBuilder 等软件）的互操作性和兼容性，简化了对两足动物设置动画和蒙皮的操作，增强了毛发功能（如图 1-7 所示），更容易创建现实中的场景。

3ds Max 2009 改进了光度测定照明，支持新版本的区域灯光（圆形和柱形），增强了 3 种新的阴影投射形状、远距衰减控制和白炽灯变暗时的颜色变化，其分布类型可以支持任何放射性形状，而且设计师可以将它们的灯光形状显示在渲染图像中，如图 1-8 所示。

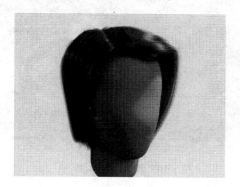
图 1-7　毛发功能

图 1-8　灯光效果

1.2　3ds Max 2009 的硬件要求

选择操作系统主要考虑系统的稳定性和对硬件的支持程度，3ds Max 2009 适用于 Windows XP、Windows Vista 等操作系统。要想正确地安装与使用 3ds Max 2009，至少应该满足以下硬件配置要求：

● CPU：CPU 是计算机运算速度的决定性硬件，推荐使用 3.0GHz 或更高的 64 位处理器，同时 3ds Max 2009 还支持双核 CPU 或四核 CPU。

● 内存：内存也是影响计算机速度的重要硬件之一，推荐使用 1GB 内存或更高。

● 硬盘：硬盘的容量应保证用于安装 3ds Max 2009 的磁盘分区里有 1GB 的可用空间。

● 显卡：只要支持 OpenGL 或 DirectX 的显卡都可以选择，应保证显卡内存不低于 256MB，并支持 1024×768 分辨率和 16 位真彩色。

● 光驱：一般的 CD-ROM。

● 鼠标：双键鼠标。

1.3　启动与退出 3ds Max 2009

要启动 3ds Max 2009，首先需要安装该软件，安装完毕后，在"所有程序"的级联菜单中和桌面上，系统将分别添加 3ds Max 2009 启动程序及其快捷方式图标。

1.3.1　启动 3ds Max 2009

要在 3ds Max 2009 中建模和制作动画，首先需要启动该程序。下面以在 Windows XP 操作系统中启动 3ds Max 2009 为例，介绍启动 3ds Max 2009 的方法。

（1）安装好 3ds Max 2009 后，在桌面上的 Autodesk 3ds Max 2009 快捷方式图标上双击鼠标左键，如图 1-9 所示。

（2）系统开始加载 3ds Max 2009 应用程序，弹出 Autodesk 3ds Max 2009 启动界面，在该界面的下方显示程序启动的相关信息，如图 1-10 所示。

图 1-9　双击 3ds Max 图标

图 1-10　程序启动界面

（3）加载完成后，系统默认情况下将弹出"学习影片"对话框，如图 1-11 所示。

（4）单击"学习影片"对话框右下角的"关闭"按钮，即可关闭该对话框，此时将进入 3ds Max 2009 的工作界面，如图 1-12 所示。

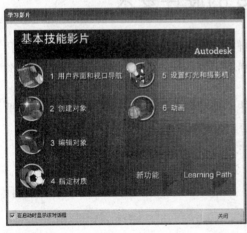

图 1-11　"学习影片"对话框

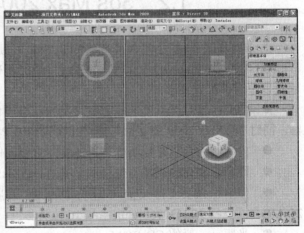

图 1-12　3ds Max 2009 的工作界面

1.3.2　退出 3ds Max 2009

用户在创建好模型后，不再需要使用 3ds Max 2009 时，可以退出该程序，以减少电脑资源的占用。要退出 3ds Max 2009，只需单击"文件"|"退出"命令即可。

专家指点

> 除了上述退出 3ds Max 2009 的方法外，还有以下 3 种常用的方法：
> 单击程序窗口右上角的"关闭"按钮 ⊠。
> 按【Alt+F4】组合键。
> 将鼠标指针置于 3ds Max 2009 的标题栏上，单击鼠标右键，在弹出的快捷菜单中选择"关闭"选项。

1.4　认识 3ds Max 2009 的工作界面

3ds Max 2009 是一个集模型建立、动画制作和渲染于一体的智能化集成环境，其工作界面如图 1-13 所示。该软件的各组成部分按功能大致分为菜单栏、主工具栏、视图区、命令面板区、视图控制区、动画控制区、状态栏与提示栏，下面将分别进行介绍。

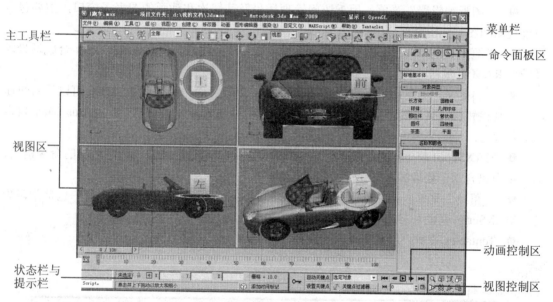

图 1-13　3ds Max 2009 的工作界面

1.4.1　菜单栏

菜单栏位于标题栏的下方，由"文件"、"编辑"、"工具"、"组"、"视图"、"创建"、"修改器"、"动画"、"图形编辑器"、"渲染"、"自定义"、MAXScript、"帮助"及 Tentacles 14 个菜单项组成，选择任意一个菜单项都会弹出其相应的命令，3ds Max 2009 中的绝大部分功能都可以利用菜单栏中的命令来实现。在菜单栏中各菜单的作用如下：

● "文件"菜单：用于打开或者保存 MAX 文件、输入和输出扩展名不是 max 的文件、检查场景中的多边形数目以及对文件进行其他操作。

● "编辑"菜单：用于选择和编辑场景对象（如恢复、暂存、删除、复制和选择对象等），也可以在"编辑"菜单中撤销和重做执行过的操作。其中一些命令在工具栏上也有相

应的工具按钮，若要执行某个命令，单击工具栏上相应的按钮即可。

● "工具"菜单：用于提供各种各样的常用工具，这些工具由于使用频繁，绝大部分在工具栏中都有相应的工具按钮，如镜像、阵列和对齐等。

● "组"菜单：用于对 3ds Max 2009 中的群组进行控制，包括成组、解组和炸开等操作。

● "视图"菜单：用于控制视图区和视图窗口的显示方式。"视图"菜单包含视图最新导航控制命令的撤销和重复、网格控制选项等工具，并允许显示适用于特定命令的一些功能。

● "创建"菜单：用于创建基本形体、灯光、摄影机和粒子系统等，该菜单中包含的各种子菜单与"创建"面板上的命令相对应。

● "修改器"菜单：用于对物体进行调整。"修改器"菜单提供了快速应用最常用修改器的命令，与"修改"面板的功能相同。

● "动画"菜单：用于设置对象动画。该菜单提供一组有关动画、约束和控制器以及反向运动学解算器的命令，利用它可以更方便地进行动画制作。

● "图形编辑器"菜单：用于访问管理场景及其层次和动画的图表子窗口，主要包含轨迹视图和图解视图两部分内容。

● "渲染"菜单：用于渲染场景、设置环境和渲染效果、使用 Video Post 合成场景以及访问 RAM 播放器。

● "自定义"菜单：用于自定义 3ds Max 的用户界面，利用其中的命令可以设置快捷键、工具栏和四元菜单等。"首选项"命令用以打开"首选项"对话框，进行 3ds Max 自定义参数设定。

● MAXScript 菜单：用于编辑相应的脚本语言。脚本是用来完成一定功能的命令语句，该菜单中包含用于处理脚本的命令。

● "帮助"菜单：该菜单提供 3ds Max 2009 中的一些帮助菜单命令，其中包括学习影片、MAXScript 帮助和教程等。

● Tentacles 菜单：用于配置系统路径。

专家指点

　　　对于当前不可操作的菜单命令，在菜单栏上将以灰色显示，表示无法进行选取操作；对于包含子菜单的菜单项，如果不可用，单击时将不会弹出子菜单。

1.4.2　主工具栏

主工具栏位于菜单栏的下方，3ds Max 2009 使用频率最高的工具都在该工具栏中。主工具栏为日常操作提供了快捷而直观的图标和对话框，列出了近 30 多个操作按钮，其中包括选择与操作类、坐标类、捕捉类等工具按钮（如图 1-14 所示），使用十分方便。

图 1-14　主工具栏

1．撤销

使用"撤销"按钮 可取消上一次操作。在"撤销"按钮上单击鼠标右键，在弹出的列表中将显示最近的操作（如图 1-15 所示），从中可以选择需要撤销至哪一步操作。

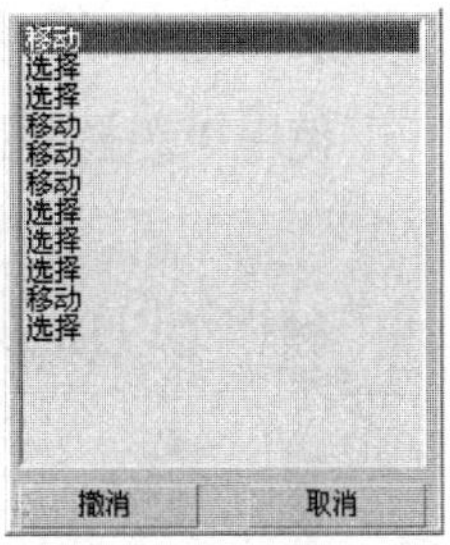

2．选择并链接

通过使用"选择并链接"按钮 可以将两个对象链接为父子关系，定义它们之间的层次关系。用户可以从当前选定对象（子）链接到其他任意对象（父），执行操作后，对象将称为父级的子级，子级将继承应用于父级的变换，但子级的变换对父级没有任何影响，如图 1-16 所示。

图 1-15　"撤销"列表

3．绑定到空间扭曲

使用"绑定到空间扭曲"按钮 可以将当前选择依附到空间扭曲，如图 1-17 所示。空间扭曲还可以为场景中的其他对象提供各种"力场"效果的对象。

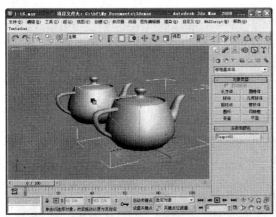

图 1-16　选择并链接对象

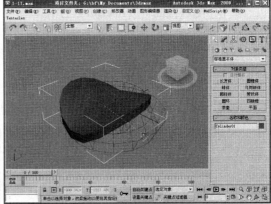

图 1-17　绑定到空间扭曲对象

4．按名称选择

使用"按名称选择"按钮 ，可以利用"从场景选择"窗口从当前场景所有对象的结构树中选择对象，如图 1-18 所示。

图 1-18　"从场景选择"窗口

5. 选择并移动

使用"选择并移动"按钮 ⊕，可以选择并移动对象，如图 1-19 所示。

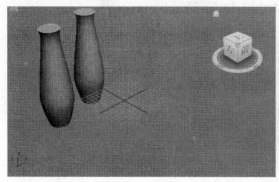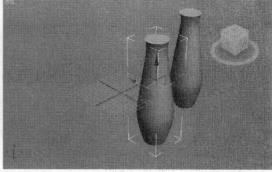

图 1-19　选择并移动对象

6. 图解视图

使用"图解视图"按钮 🖹 可以打开基于节点的场景图，通过它可以访问对象属性、材质、控制器、修改器、层次和不可见场景关系；也可以查看、创建并编辑对象间的关系；还可以创建层次、指定控制器、材质、修改器或约束，如图 1-20 所示。

7. 渲染产品

使用"渲染产品"按钮 💿，可以应用当前渲染设置来渲染场景，如图 1-21 所示。

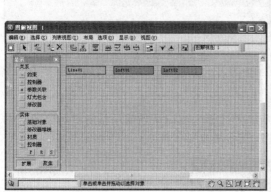

图 1-20　"图解视图"窗口　　　　　　　　　　图 1-21　渲染产品

1.4.3　视图区

视图区位于 3ds Max 2009 界面中部左侧，它占据了屏幕的大部分空间，用户可以从不同的角度、以不同的显示方式来观察场景。默认设置是 4 个同样大小的视图，右下角是一个透视视图，它以任意角度显示场景。其余的视图是当前设置的正投影视图，分别是顶视图、前视图和左视图，如图 1-22 所示。

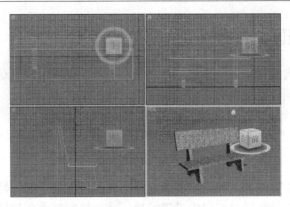

图 1-22 视图区

1.4.4 命令面板区

命令面板区位于工作界面的最右侧，它是 3ds Max 的核心部分，很多操作都要通过命令面板来完成。大多数工具和命令按钮也都放置在命令面板中，方便模型的创建和编辑修改操作，如图 1-23 所示。

1. "修改"面板

单击命令面板中的"修改"图标，切换至"修改"面板（如图 1-24 所示），该面板用于存取和改变被选定对象的参数，并可以对对象应用不同的编辑器进行修改。

2. "层次"面板

单击命令面板中的"层次"图标，切换至"层次"面板（如图 1-25 所示），该面板用于对对象进行连接控制，通过连接可以在对象之间建立父子关系，并提供正向运动和反向运动的双向控制功能，从而使对象的动作表现得更生动、更自然。

3. "运动"面板

单击命令面板中的"运动"图标，切换至"运动"面板（如图 1-26 所示），该面板用于通过对象的轨迹运动对其进行有效的控制。

图 1-23 命令面板区 　 图 1-24 "修改"面板 　 图 1-25 "层次"面板 　 图 1-26 "运动"面板

1.4.5 动画控制区

动画控制区位于状态栏和视图导航控件之间，用于在视图中控制动画的播放，包含一个动画时间滑条、关键帧设置按钮和 7 个控制按钮，如图 1-27 所示。

图 1-27 动画控制区

制作动画需要制作关键帧，因此需要确定整个视图目前处于哪一帧。这些控制图标可以用来查看动画，并在当前激活时间段中设置帧数。动画控制区中各按钮的功能如下：

- "转至开头"按钮 ：用于移动到激活时间段的第一帧。
- "上一帧"按钮 ：用于移到前一帧或前一个关键帧。
- "播放动画"按钮 ：这是下拉式按钮，用于播放设置的动画或为播放选择对象。
- "下一帧"按钮 ：用于移到下一帧或下一个关键帧。
- "转至结尾"按钮 ：用于移到激活时间段的最后一帧。
- "时间配置"按钮 ：单击该按钮会弹出"时间配置"对话框，用于设置动画的时间长度、动画制式等。

1.4.6 视图控制区

视图控制区位于系统界面的右下角，使用该区域中的功能按钮，可以改变场景的观察效果，却并不改变场景中的对象，如图 1-28 所示。

图 1-28 视图控制区

对于非镜头视图，各按钮的功能如下：

- "缩放"按钮 ：缩放当前视图，包括透视图。
- "缩放所有视图"按钮 ：缩放所有视图区的视图。
- "最大化显示"按钮 ：缩放当前视图到场景范围之内。
- "所有视图最大化显示"按钮 ：全视图缩放，类似于"最大化显示"按钮，只是作用于所有视图中。
- "缩放区域"按钮 ：在正交视图内拖动光标指定某一区域，并缩放该区域。
- "平移视图"按钮 ：控制视图平移。
- "环绕"按钮 ：以当前视图为中心，在三维方向旋转视图，常对透视图使用这个按钮。
- "最大化视口切换"按钮 ：最大化当前视口或恢复原貌。

1.4.7 状态栏与提示栏

状态栏与提示栏（如图 1-29 所示）位于界面的左下角，显示有关场景和活动命令的提示及状态信息。该区域也是坐标显示区域，用户可以在此输入数值，从而调整坐标值。

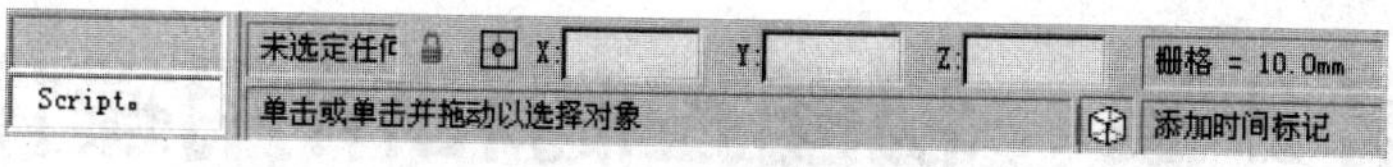

图 1-29　状态栏与提示栏

习题与上机操作

一、填空题

1．3ds Max 2009 集众多软件之长，提供了非常丰富的_____、_____、灯光、_____、渲染、_____和_____等功能。

2．在 3ds Max 2009 中的工作流程是创建场景、创建模型、_____、_____、设置场景动画和_____。

3．在 3ds Max 2009 中的系统默认设置下，工作视图区共有 4 个视图，它们分别是顶视图、_____、_____和_____。

二、思考题

1．3ds Max 2009 支持哪些常用的文件格式？

2．3ds Max 2009 的新增功能主要有哪些？

三、上机操作

1．练习启动与退出 3ds Max 2009 应用程序。

2．熟悉 3ds Max 2009 工作界面各部分的使用方法，并能说明其主要作用。

第2章 视图控制和常用操作

本章学习目标

通过本章的学习，读者应掌握自定义 3ds Max 工作界面、控制场景视图、设置文件路径和单位、使用层管理器等内容，并学会新建、打开、保存、合并、重置场景等常用的基本操作。

学习重点和难点

- 自定义工作界面
- 控制场景视图
- 文件的基本操作
- 设置文件路径和单位
- 使用层管理器

2.1 自定义工作界面

在 3ds Max 2009 中，用户可以通过"自定义用户界面"命令来对软件界面进行自定义，使操作更为方便和快捷，从而提高工作效率。

2.1.1 自定义快捷键

自定义快捷键可以简化使用菜单的过程，极大地提高建模速度，给用户工作带来很大的帮助。自定义快捷键的具体操作步骤如下：

（1）启动 3ds Max 2009 程序，按【Ctrl+O】组合键，打开一个素材模型文件，如图 2-1 所示。

（2）单击"自定义"|"自定义用户界面"命令，在弹出的"自定义用户界面"对话框中选择"保存文件为"选项，并在"热键"文本框中输入 Shift+Ctrl+S，如图 2-2 所示。

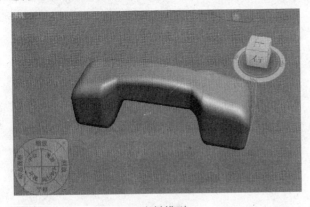

图 2-1 素材模型

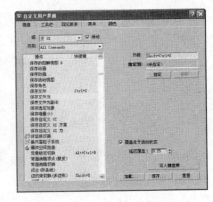

图 2-2 设置快捷键

（3）设置好快捷键后，单击"指定"按钮即可完成快捷键的自定义操作。

专家指点

> 在设置键盘快捷键时，对于系统默认的快捷键，不能设置重复的键盘快捷键。

2.1.2　自定义工具栏

通过自定义工具栏，用户可以新建、删除和重命名工具栏。自定义工具栏的具体操作步骤如下：

（1）单击"自定义"|"自定义用户界面"命令，在弹出的"自定义用户界面"对话框中单击"工具栏"选项卡，切换至"工具栏"参数设置选项区，如图2-3所示。

图2-3　"工具栏"参数设置选项区

（2）单击"新建"按钮，弹出"新建工具栏"对话框，在"名称"文本框中输入"新建"，如图2-4所示。

（3）单击"确定"按钮，即可在视图中看到新建的工具栏，如图2-5所示。

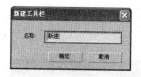

图2-4　"新建工具栏"对话框　　　　图2-5　"新建"工具栏

2.1.3　自定义四元菜单

用户可以自由定义菜单，并为不同类型的命令添加分隔符，这样便于将同类命令放在一个区域内。自定义四元菜单的具体操作步骤如下：

（1）单击"自定义"|"自定义用户界面"命令，在弹出的"自定义用户界面"对话框中单击"四元菜单"选项卡，切换至"四元菜单"参数设置选项区，如图2-6所示。

（2）单击"新建"按钮，弹出"新建四元菜单集"对话框，在"名称"文本框中输入

"四元菜单 1"（如图 2-7 所示），单击"确定"按钮即可创建一个新菜单。

图 2-6 "四元菜单"参数设置选项区

图 2-7 "新建四元菜单集"对话框

2.1.4 自定义菜单

在 3ds Max 2009 中可以对运行环境中的菜单项目进行编辑和修改，用户可以将常用的命令组合在一起，使运行环境更加简洁明快。自定义菜单的具体操作步骤如下：

（1）单击"自定义"|"自定义用户界面"命令，在弹出的"自定义用户界面"对话框中单击"菜单"选项卡，切换至"菜单"参数设置选项区，如图 2-8 所示。

（2）单击"新建"按钮，弹出"新建菜单"对话框，在"名称"文本框中输入"新建"（如图 2-9 所示），单击"确定"按钮即可创建一个新菜单。

图 2-8 "菜单"参数设置选项区

图 2-9 "新建菜单"对话框

2.1.5 自定义界面颜色

用户可以对运行环境的界面构成元素进行颜色设置，可以为选定的元素和对象指定颜色。自定义界面颜色的具体操作步骤如下：

（1）单击"自定义"|"自定义用户界面"命令，在弹出的"自定义用户界面"对话框中单击"颜色"选项卡，切换至"颜色"参数设置选项区，如图 2-10 所示。

（2）在"元素"选项下方的列表框中，选择"视口背景"选项，单击右侧的"颜色"色块，在弹出的"颜色选择器："对话框中的"红""绿""蓝"数值框中分别输入所需的颜色参数值，如图 2-11 所示。

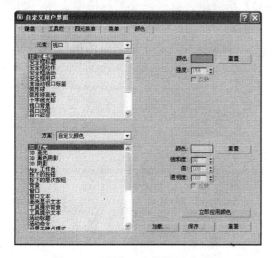

图 2-10　"颜色"参数设置选项区

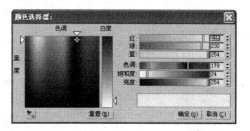

图 2-11　"颜色选择器："对话框

（3）单击"确定"按钮，返回到"颜色"参数设置选项区，单击"立即应用颜色"按钮，效果如图 2-12 所示。

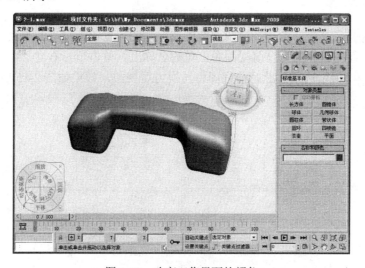

图 2-12　改变工作界面的颜色

2.2　控制场景视图

视图是 3ds Max 2009 的工作区，用户可以利用各个视图来观察和安排对象的位置。下面介绍控制场景视图区域的操作方法。

2.2.1 激活视图

激活的视图也就是用户当前正在工作的视图，无论在任何时候，只能激活一个视图。激活视图的具体操作步骤如下：

（1）启动 3ds Max 2009 程序，按【Ctrl+O】组合键，打开一个素材模型文件，如图 2-13 所示。

（2）移动鼠标指针至顶视图左上角的名称上，单击鼠标左键，即可激活顶视图，效果如图 2-14 所示。

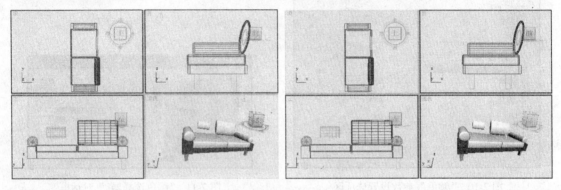

图 2-13　素材模型　　　　　　　　　　　图 2-14　激活顶视图

2.2.2 切换视图

视图切换功能可以从任意一个视图切换到其他视图，以便于模型的观察。以上一小节的素材模型为例，移动鼠标指针至前视图左上角的名称上，单击鼠标右键，在弹出的快捷菜单中选择"视图"|"后"选项，此时前视图将转换为后视图，效果如图 2-15 所示。

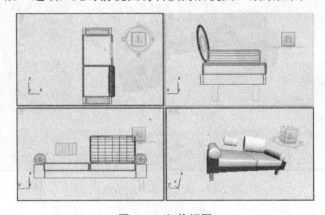

图 2-15　切换视图

专家指点

> 如果场景中有摄影机，则在"视图"的下一级菜单的上方会显示摄影机的名称，若选择该名称，则视图将切换至该摄影机视图。

2.2.3　调整视图大小

默认情况下，3ds Max 2009 中的 4 个视图大小相等，用户可根据需要对视图大小进行调整。以 2.2.1 小节的素材为例，移动鼠标指针至视图边缘线上，当鼠标指针呈双向箭头形状↕时，向上拖曳鼠标至合适位置，即可手动调整视图大小，如图 2-16 所示。

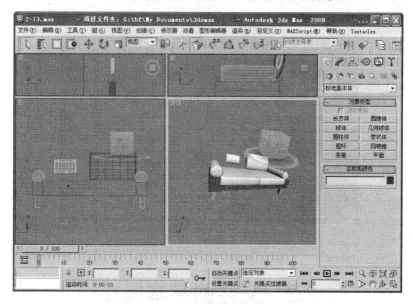

图 2-16　调整视图大小

2.2.4　控制视图显示

系统默认状态下，3ds Max 2009 中所有正视图均采用线框显示模式，而透视图则采用平滑加高光的显示模式。在实际建模中，用户可以根据场景的需要，更改对象的显示模式，以方便操作。控制视图显示的具体操作步骤如下：

（1）单击"文件"｜"打开"命令，打开一个素材模型文件，如图 2-17 所示。

（2）移动鼠标指针至前视图左上角的名称上，单击鼠标右键，在弹出的快捷菜单中选择"平滑+高光"选项，将模型以平滑加高光模式显示，如图 2-18 所示。

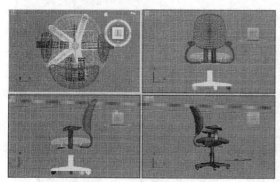

图 2-17　素材模型

图 2-18　平滑加高光显示模式

2.2.5　显示与隐藏视图中的网格

默认状态下，3ds Max 2009 中的视图会显示网格，以作为参考使用。有时用户为了便于观察场景，可以隐藏网格。以上一小节的素材模型为例，移动鼠标指针至顶视图左上角的名称上，单击鼠标右键，在弹出的快捷菜单中选择"显示栅格"选项，即可将网格隐藏，如图2-19 所示。

图 2-19　隐藏视图网格

2.3　文件的基本操作

3ds Max 2009 的文件基本操作，包括新建场景、打开场景、保存场景、合并场景、导入文件以及导出文件等。

2.3.1　新建场景

当开始设计一个新项目时，往往需要新建一个场景文件，每次启动 3ds Max 2009 应用程序，系统会直接创建一个新场景，如果当前正在制作其他项目，则需要重新创建一个场景。新建场景的具体操作步骤如下：

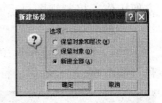

（1）单击"文件"|"新建"命令，弹出"新建场景"对话框，如图 2-20 所示。

图 2-20　"新建场景"对话框

（2）选中"新建全部"单选按钮，单击"确定"按钮即可新建一个场景文件，如图 2-21 所示。

 专家指点

在"新建场景"对话框中，还有"保留对象和层次"和"保留对象"两个单选按钮，若选中"保留对象和层次"单选按钮，则在新的场景中保留原来场景中的对象以及对象与对象之间的连接层次，但是对象的关键帧将被删除；若选中"保留对象"单选按钮，则在新的场景中只保留原来场景中的对象，对象和对象之间的连接层次将被删除。

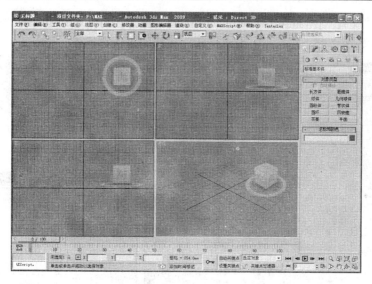

图 2-21　新建文件

2.3.2　打开场景

若用户需要对以前创建的图形继续进行编辑,则可先将保存好的文件打开,然后再进行编辑。打开场景的具体操作步骤如下:

（1）单击"文件"|"打开"命令，弹出"打开文件"对话框，选择需要打开的素材模型，如图 2-22 所示。

（2）单击"打开"按钮即可打开素材模型，如图 2-23 所示。

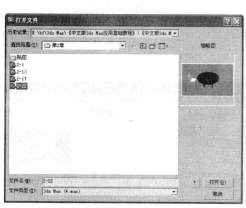

图 2-22　"打开文件"对话框

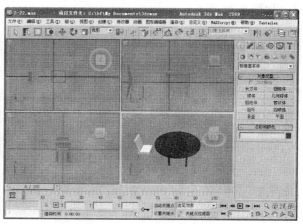

图 2-23　打开的素材模型

2.3.3　保存场景

在默认状态下，3ds Max 2009 是以 MAX 格式保存文件的。在实际建模中，用户可以根据需要，选择其他的格式对文件进行保存。保存场景的具体操作步骤如下:

（1）单击"文件"|"打开"命令，打开一个素材模型文件，如图 2-24 所示。

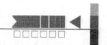

（2）单击"文件"|"另存为"命令，弹出"文件另存为"对话框，在"文件名"文本框中输入2-25（如图2-25所示），单击"保存"按钮即可保存场景。

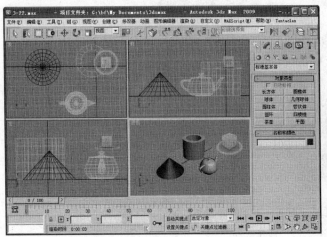

图2-24　素材模型　　　　　　　　　　　　图2-25　"文件另存为"对话框

2.3.4　合并场景

"合并"命令用来将其他场景中的对象合并到当前场景中，用户也可以将整个场景与其他场景组合。合并场景的具体操作步骤如下：

（1）单击"文件"|"打开"命令，打开一个素材模型文件，如图2-26所示。

（2）单击"文件"|"合并"命令，弹出"合并文件"对话框，选择需要合并的模型文件，如图2-27所示。

图2-26　素材模型　　　　　　　　　　　图2-27　选择合并的模型文件

（3）单击"打开"按钮，弹出"合并 - 2-27.max"对话框，单击"全部"按钮全选对象，然后单击"确定"按钮，弹出"重复名称"对话框，选中"应用于所有重复情况"复选框，如图2-28所示。

（4）单击"合并"按钮，弹出"重复材质名称"对话框，选中"应用于所有重复情况"复选框，单击"使用合并材质"按钮即可合并场景，效果如图2-29所示。

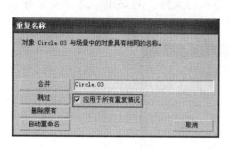

图 2-28　"重复名称"对话框　　　　　　图 2-29　合并场景效果

2.3.5　重置场景

重置场景可以清除场景中的所有数据，同时重置程序的设置，将 3ds Max 返回到初始状态。重置场景的具体操作步骤如下：

（1）单击"文件"|"打开"命令，打开一个素材模型文件，如图 2-30 所示。

（2）单击"文件"|"重置"命令，弹出提示信息框（如图 2-31 所示），单击"是"按钮即可重置场景。

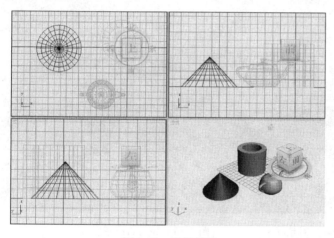

图 2-30　素材模型　　　　　　　　图 2-31　提示信息框

专家指点

重置场景将会丢弃用户在当前场景中对视图、材质编辑器等方面的设置，是重新加载 3ds Max 的默认设置，用户在执行"重置"命令之前要记得保存场景文件。

2.3.6　导入文件

导入文件和导出文件，是 3ds Max 与其他软件之间相互交换数据的一种通道。在 3ds Max 2009 中，通过"打开"命令，只能打开 MAX 格式的文件，但是通过"导入"命令，用户可以在 3ds Max 2009 中导入很多其他非 3D 软件的文件格式，如 3DS、PRJ、SHP、AI、DWG、DXF、IPT、IAM、FBX、HIR 和 SYL 等。导入文件的具体操作步骤如下：

（1）单击"文件" | "导入"命令，弹出"选择要导入的文件"对话框，选择需要导入的文件，如图 2-32 所示。

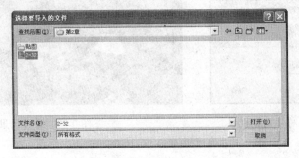

图 2-32　选择导入的文件

（2）单击"打开"按钮，弹出"AutoCAD DWG/DXF 导入选项"对话框（如图 2-33 所示），单击"确定"按钮即可导入一个素材模型文件，如图 2-34 所示。

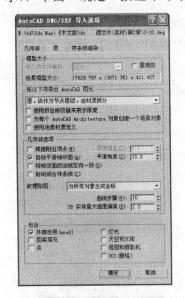
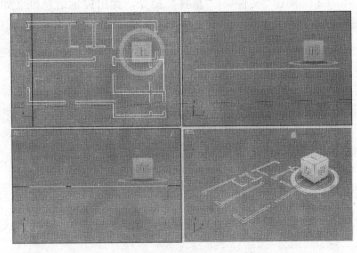

图 2-33　"AutoCAD DWG/DXF 导入选项"对话框　　　　图 2-34　导入的模型

2.3.7　导出文件

"导出"命令可以将 3D 模型导出为非 3D 软件的文件格式，如 3DS、PRJ、SHP、AI、DWG、DXF、IPT、IAM、FBX、HIR 和 SYL 等。导出文件的具体操作步骤如下：

（1）单击"文件" | "打开"命令，打开一个素材模型文件，如图 2-35 所示。

（2）单击"文件" | "导出"命令，弹出"选择要导出的文件"对话框，设置"文件名"为 2-36，并设置"保存类型"为 AutoCAD（*.DWG），如图 2-36 所示。

（3）单击"保存"按钮，弹出"导出到 AutoCAD 文件"对话框（如图 2-37 所示），单击"确定"按钮即可将素材模型导出为 AutoCAD 文件。

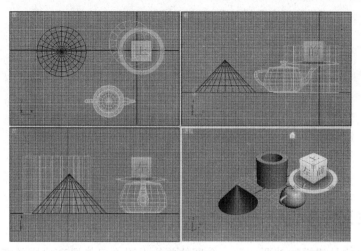

图 2-35　素材模型

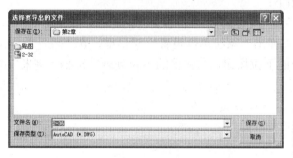

图 2-36　"选择要导出的文件"对话框

图 2-37　"导出到 AutoCAD 文件"对话框

2.4　设置文件路径和单位

在 3ds Max 2009 中，用户可以对文件的路径和单位进行设置，以便提高建模的精确性。

2.4.1　设置文件路径

设置合理的文件路径，能够避免资料的丢失，这对用户来说是非常重要的，其具体操作步骤如下：

（1）单击"自定义"|"配置用户路径"命令，弹出"配置用户路径"对话框，如图 2-38 所示。

（2）在列表框中选择 Import 选项，单击"修改"按钮，弹出"选择目录 Import"对话框，如图 2-39 所示。

（3）指定目标路径，单击"使用路径"按钮，返回到"配置用户路径"对话框，单击"确定"按钮即可设置文件路径。

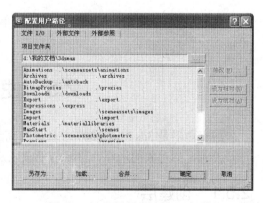

图 2-38　"配置用户路径"对话框

图 2-39 "选择目录 Import"对话框

2.4.2 设置文件单位

设置文件单位是建模的首要环节，合理的单位设置不仅能提高建模效率，还能避免很多错误。设置文件单位的具体操作步骤如下：

（1）单击"自定义"|"单位设置"命令，弹出"单位设置"对话框，如图 2-40 所示。

（2）单击"系统单位设置"按钮，弹出"系统单位设置"对话框，在"系统单位比例"选项区中，单击"英寸"下拉列表框中的下拉按钮，在弹出的下拉列表中选择"毫米"选项，如图 2-41 所示。

图 2-40 "单位设置"对话框　　　　　图 2-41 选择"毫米"选项

（3）单击"确定"按钮，返回到"单位设置"对话框，再单击"确定"按钮即可完成单位的设置。

2.5 使用层管理器

层管理器是 3ds Max 2009 中场景的高级管理工具，使用层管理器可以方便地对同类对象进行控制，如对象的选择、显示与隐藏以及冻结与渲染等。

2.5.1 创建层

在 3ds Max 2009 默认状态下，整个场景中只有一个图层 0，创建的所有对象都自动增加至这个图层中。在实际建模中，用户可以使用层管理器创建新图层，以便对场景中的对象进行管理。创建层的具体操作步骤如下：

（1）单击主工具栏中的"层管理器"按钮，弹出"层"对话框，如图 2-42 所示。

（2）单击"创建新层"按钮，即可在默认的图层下方创建一个新图层，如图 2-43 所示。

图 2-42　"层"对话框

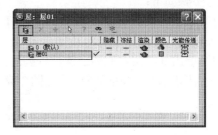

图 2-43　创建层

2.5.2　隐藏层

在 3ds Max 2009 中，用户可以将不需要的图层或其中的对象隐藏，以便对模型进行编辑处理。隐藏层的具体操作步骤如下：

（1）单击"文件"|"打开"命令，打开一个素材模型文件，如图 2-44 所示。

（2）单击主工具栏中的"层管理器"按钮，弹出"层"对话框，如图 2-45 所示。

（3）单击"层 01"选项右侧的"隐藏"列的按钮，即可隐藏该层中的所有对象，效果如图 2-46 所示。

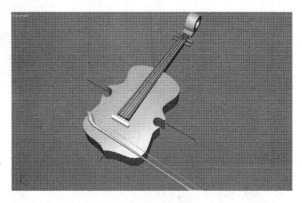

图 2-44　素材模型

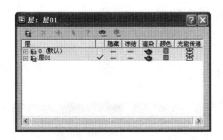

图 2-45　"层"对话框

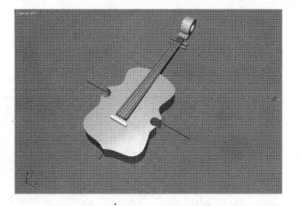

图 2-46　隐藏层

专家指点

在处理大型场景时，大量的图形对象不但有碍于选择、编辑操作，同时也会降低计算机的处理与显示速度，这时用户可以暂时将不需要处理的图层隐藏起来。

2.5.3 冻结层

用户可以对层进行冻结处理，冻结后的图形对象将不参与处理过程中的运算。冻结层的具体操作步骤如下：

（1）单击"文件"|"打开"命令，打开上一小节的素材模型，单击主工具栏中的"层管理器"按钮，弹出"层"对话框。

（2）单击 0 图层右侧的"冻结"列的按钮 ，即可冻结所选层中的所有对象（如图 2-47 所示），此时对象颜色将变为灰色，如图 2-48 所示。

图 2-47　单击"冻结"按钮

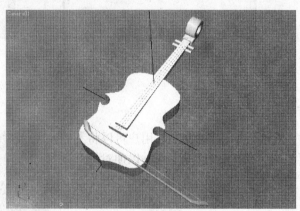

图 2-48　冻结层

2.5.4 禁止渲染层

用户可以将层设置为禁止渲染层。禁止渲染层中的所有图形对象，将不能进行后期渲染操作。禁止渲染层的具体操作步骤如下：

（1）单击"文件"|"打开"命令，打开一个素材模型文件，如图 2-49 所示。

（2）单击主工具栏中的"层管理器"按钮，在弹出的"层"对话框中单击"层01"选项左侧的"＋"号，展开"层01"选项，单击"床垫"选项右侧"渲染"列的 按钮。

（3）执行上述操作后，"渲染"列的按钮将变成如图 2-50 所示的形状。

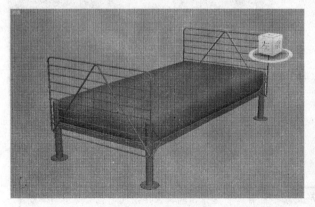

图 2-49　素材模型

图 2-50　"渲染"按钮当前形状

（4）对图形进行渲染处理，禁止渲染层中的对象将不能被渲染，如图2-51所示。

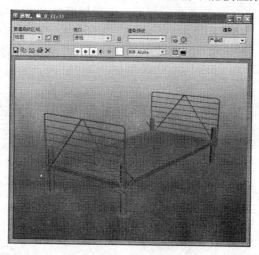

图2-51　禁止渲染层

2.5.5　查看层属性

用户可以通过"层属性"对话框了解该层下的所有对象的属性，如"隐藏"、"冻结"、"渲染"、"颜色"及"光能传递"等。查看层属性的具体操作步骤如下：

（1）单击"文件"|"打开"命令，打开一个素材模型文件，如图2-52所示。

（2）单击主工具栏中的"层管理器"按钮，在弹出的"层"对话框中选择"层 01"选项。

（3）单击鼠标右键，在弹出的快捷菜单中选择"层属性"选项，弹出"层属性"对话框，从中可查看层属性，如图2-53所示。

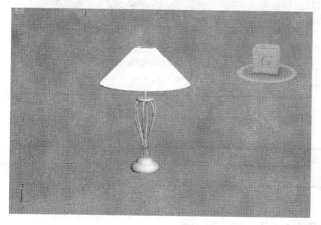

图2-52　素材模型

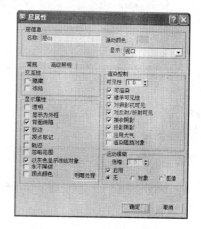

图2-53　"层属性"对话框

2.5.6　选定层中的所有对象

用户可以通过选定层中的对象来选择场景中的对象。选定层中的所有对象的具体操作步

骤如下:

(1) 单击"文件"|"打开"命令,打开一个素材模型文件,如图 2-54 所示。

(2) 单击主工具栏中的"层管理器"按钮,在弹出的"层"对话框中选中层 0,然后单击"选择高亮对象和层"按钮，即可选择该层中的所有对象,被选中的对象呈白色线框显示,如图 2-55 所示。

图 2-54　素材模型　　　　　　　　　　图 2-55　选定层中的所有对象

(3) 单击"层 01"选项左侧的"＋"号,选择"石桌"选项,然后单击"选择高亮对象和层"按钮，即可选择页面对象,如图 2-56 所示。

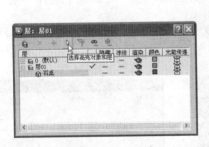
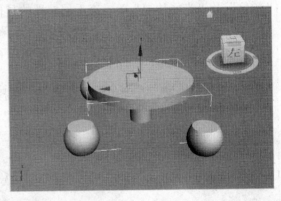

图 2-56　选择石桌对象

专家指点

要选定层中的所有对象,还可以先在"层"对话框中选择需要的图层,然后单击鼠标右键,在弹出的快捷菜单中选择"选择"选项。

习题与上机操作

一、填空题

1. 在 3ds Max 2009 中,用户可以通过_____命令来对软件界面进行自定义,使操作更为方便和快捷，从而提高工作效率。

2．3ds Max 2009 的文件基本操作，包括＿＿＿＿＿＿、＿＿＿＿＿＿、＿＿＿＿＿＿、合并场景、导入文件以及导出文件等。

3．在 3ds Max 2009 默认状态下，整个场景中只有一个图层＿＿＿，创建的所有对象都自动增加至这个图层中。在实际建模中，用户可以使用＿＿＿＿＿创建新图层，以便对场景中的对象进行管理。

二、思考题

1．简述自定义四元菜单的方法。

2．简述控制场景视图的方法。

3．在 3ds Max 2009 中，如何导入和导出文件？

三、上机操作

1．练习新建、打开、保存、重置场景。

2．练习在新建的场景文件中调整视图大小，并将视图中的网格隐藏。

3．练习利用层管理器隐藏和冻结层。

第3章　对象的基本操作

通过本章的学习，读者应掌握在 3ds Max 2009 中操作对象的方法，熟练掌握选择对象、变换对象、复制对象、捕捉和对齐对象、排列和删除对象、隐藏和冻结对象、组合对象等操作。

学习重点和难点

- 选择对象
- 变换对象
- 复制对象
- 捕捉和对齐对象

- 排列和删除对象
- 隐藏和冻结对象
- 组合对象

3.1　选择对象

要对创建好的对象进行修改和编辑操作，或者利用材质编辑器添加材质，首先需要选择对象。本节将介绍在 3ds Max 2009 中准确、快速地选定被操作对象的方法。

3.1.1　使用选择工具选择

运用选择工具选择对象是所有选择对象方法中最常用的一种，其具体操作步骤如下：

（1）按【Ctrl+O】组合键，打开一个素材模型文件，如图 3-1 所示。

（2）单击主工具栏中的"选择对象"按钮，移动鼠标指针至要选择的对象上，单击鼠标左键，即可选择一个操作对象，此时该对象呈白色线框显示，如图 3-2 所示。

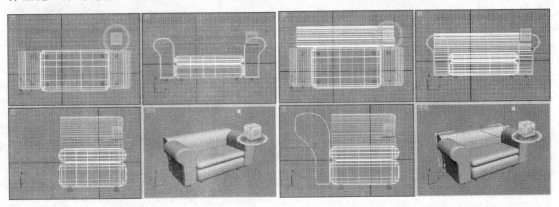

图 3-1　素材模型　　　　　　　　　图 3-2　运用选择工具选择对象

3.1.2　使用区域工具选择

运用区域工具选择对象是指在视图中通过拖曳鼠标框出一个区域，来选择要操作的对象，其具体操作步骤如下：

（1）按【Ctrl+O】组合键，打开一个素材模型文件，如图 3-3 所示。

（2）单击主工具栏中的"矩形选择区域"按钮 🔲，移动鼠标指针至视图中，按住鼠标左键并拖动至合适位置，此时将出现一个矩形虚线框，释放鼠标后，被选取的对象四周出现一个白色线框，如图 3-4 所示。

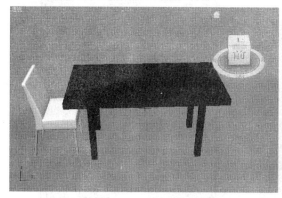

图 3-3　素材模型（一）　　　　　　图 3-4　运用区域工具选择对象

3.1.3　使用过滤器选择

运用过滤器可以选择特定类型的对象，而其他类型的对象都将被过滤掉。运用过滤器选择对象的具体操作步骤如下：

（1）按【Ctrl+O】组合键，打开一个素材模型文件，如图 3-5 所示。

（2）单击主工具栏中的"选择过滤器"下拉列表框 全部 ▾ 右侧的下拉按钮，在弹出的下拉列表中选择"C-摄影机"选项。

（3）移动鼠标指针至视图中，单击透视图右下角的摄影机对象，即可只选择该视图中的摄影机，如图 3-6 所示。

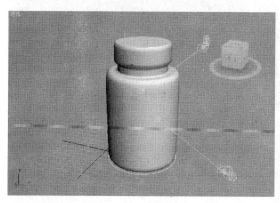
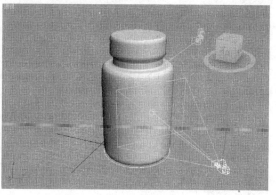

图 3-5　素材模型（二）　　　　　　图 3-6　选择摄影机对象

3.1.4　按名称选择对象

在一个包含许多对象的复杂场景中，如果需要快速选择操作的对象时，可以按对象的名称来选择，其具体操作步骤如下：

（1）按【Ctrl+O】组合键，打开一个素材模型文件，如图 3-7 所示。

（2）单击主工具栏中的"按名称选择"按钮 █，弹出"从场景选择"窗口，在"查找"文本框中输入"书本"（如图 3-8 所示），视图中同名称的对象会呈灰色显示。

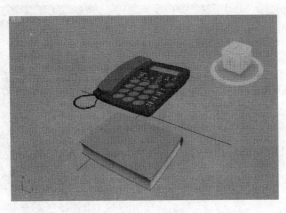

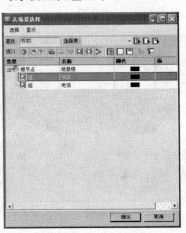

图 3-7　素材模型（三）　　　　　　　　　图 3-8　"从场景选择"窗口

（3）单击"确定"按钮即可选择书本对象，如图 3-9 所示。

（4）用同样的方法，在"查找"文本框中输入"电话"，单击"确定"按钮即可选择电话对象，如图 3-10 所示。

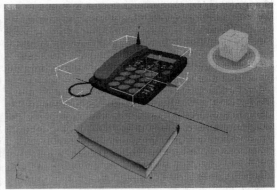

图 3-9　选择书本对象　　　　　　　　　图 3-10　选择电话对象

3.1.5　按颜色选择对象

在一个包含许多对象的复杂场景中，用户可以根据颜色准确地选择所需的对象，其具体操作步骤如下：

（1）单击"文件"|"打开"命令，打开一个素材模型文件，如图 3-11 所示。

（2）单击"编辑"|"选择方式"|"颜色"命令，然后移动鼠标指针至视图中，当鼠标指针呈 形状时，单击茶杯对象。

（3）完成上述操作后，相同颜色的对象即被选中，且所选对象周围出现一个白色线框，如图 3-12 所示。

图 3-11　素材模型（四）

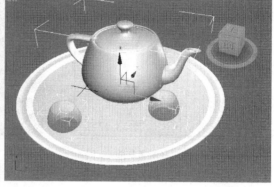

图 3-12　通过颜色选择对象

3.1.6　按材质选择对象

用户可以根据当前选择的材质来选定对象，这主要通过材质编辑器来实现，其具体操作步骤如下：

（1）按【Ctrl+O】组合键，打开一个素材模型文件，如图 3-13 所示。

（2）单击主工具栏中的"材质编辑器"按钮 ，在弹出的"材质编辑器"窗口中单击右侧的"按材质选择"按钮 ，如图 3-14 所示。

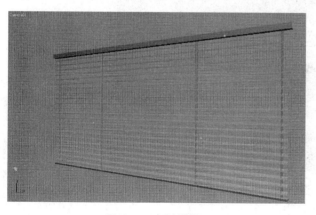

图 3-13　素材模型（五）

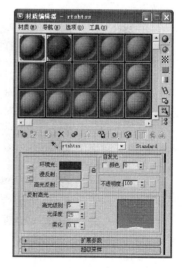

图 3-14　"材质编辑器"窗口

（3）弹出"选择对象"窗口，选择所需对象，如图 3-15 所示。

（4）单击"选择"按钮，即可选择应用了该材质的对象，且选中对象边界框的颜色显示为白色，如图 3-16 所示。

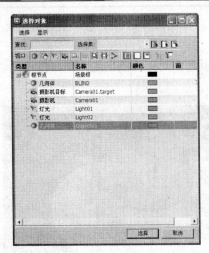

图 3-15 "选择对象"窗口

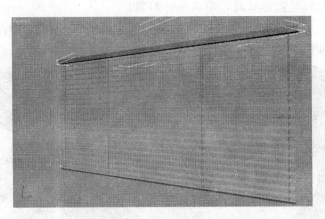

图 3-16 按材质选择对象

3.1.7 全选对象

用户可以通过全选对象来选择场景中的
所有对象,其具体操作步骤如下:

(1)按【Ctrl+O】组合键,打开一个素
材模型文件,如图 3-17 所示。

(2)单击"编辑"|"全选"命令,此
时所有对象都将被选中,如图 3-18 所示。

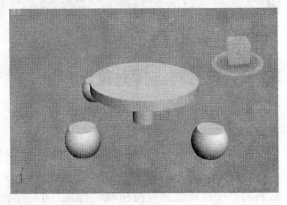

图 3-17 素材模型(六)

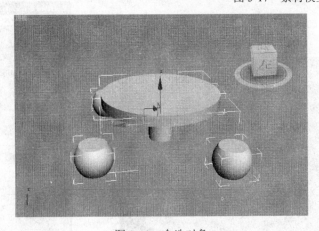

图 3-18 全选对象

3.1.8 反选对象

在 3ds Max 2009 中,用户可以通过"反选"命令,反选场景中的对象,其具体操作步骤
如下:

　　（1）按【Ctrl+O】组合键，打开上一小节的素材模型，移动鼠标指针至视图中，选择石桌对象，如图 3-19 所示。

　　（2）单击"编辑"│"反选"命令，即可反选对象，效果如图 3-20 所示。

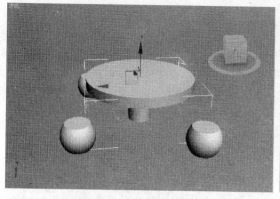

图 3-19　选择石桌对象

图 3-20　反选对象

3.2　变换对象

　　在制作场景和编辑对象的过程中，变换是指对象的外观、形态的改变，如位移、旋转和尺寸方面的调整等。

3.2.1　移动对象

　　移动对象操作可以很方便地调整对象在场景中的位置，其具体操作步骤如下：

　　（1）按【Ctrl+O】组合键，打开一个素材模型文件，如图 3-21 所示。

　　（2）单击主工具栏中的"选择并移动"按钮 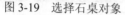，选择书本对象，当鼠标指针呈移动箭头形状 时，按住鼠标左键并拖动鼠标，将其移动至合适位置，如图 3-22 所示。

图 3-21　素材模型（七）

图 3-22　移动对象

3.2.2　旋转对象

　　在 3ds Max 2009 中，旋转对象操作可以调整对象在场景中的方向，其具体操作步骤如下：

（1）按【Ctrl+O】组合键，打开一个素材模型文件，如图 3-23 所示。

（2）单击主工具栏中的"选择并旋转"按钮 ，选择座椅对象并沿 Z 轴进行旋转，如图 3-24 所示。

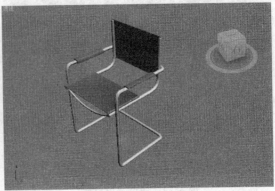

图 3-23　素材模型　　　　　　　　　　　图 3-24　旋转对象

3.2.3　缩放对象

通过缩放对象操作可以调整视图中对象的大小，其具体操作步骤如下：

（1）单击"文件"｜"打开"命令，打开上一小节的素材模型。

（2）单击主工具栏上的"选择并均匀缩放"按钮 ，在视图中选择全部对象为缩放对象，沿 Y 轴向左拖曳鼠标至合适位置，即可缩小对象，如图 2-25 所示。

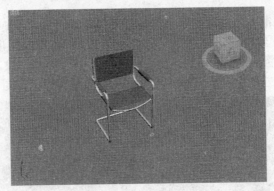

图 2-25　缩放对象

专家指点

> 除了运用上述方法执行"缩放"操作外，还有以下两种常用的方法：
> 单击"编辑"｜"缩放"命令。
> 在视图中单击鼠标右键，在弹出的快捷菜单中选择"缩放"选项。

3.2.4　链接对象

链接对象操作可以将两个对象链接在一起，使它们建立父体与子体的关系，其具体操作

步骤如下：

（1）按【Ctrl+O】组合键，打开一个素材模型文件，如图 3-26 所示。

（2）单击主工具栏中的"选择并链接"按钮 ，在视图区中单击一个对象并将其拖曳至另一个对象上，如图 3-27 所示。

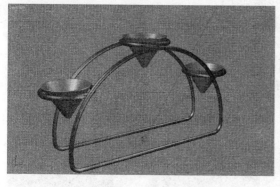

图 3-26　素材模型（八）

图 3-27　链接对象

（3）释放鼠标左键后，即可将两个对象链接在一起。

专家指点

> 一个父对象可以包含多个子对象，但一个子对象只能对应一个父对象，一个对象可以同时有子对象和父对象。子对象会继承父对象的变换，但其自身的变换不会影响父对象。另外，链接对象时，无须先选择子对象。

3.2.5　控制对象轴心

在 3ds Max 2009 中，对对象进行各种编辑操作都是以轴心作为坐标中心。"轴心"是指编辑对象时中心定位的位置，用户可以通过控制对象轴心来控制对象的操作结果。控制对象轴心的具体操作步骤如下：

（1）按【Ctrl+O】组合键，打开一个素材模型文件，如图 3-28 所示。

（2）单击主工具栏中的"选择并旋转"按钮 ，单击主工具栏中的"使用轴点中心"按钮 ，在视图中选择心形对象，拖曳鼠标旋转对象，并调整其位置，效果如图 3-29 所示。

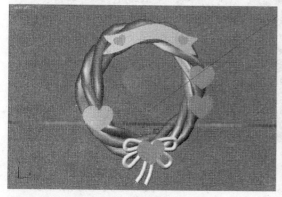

图 3-28　素材模型（九）

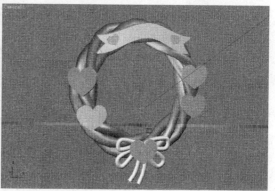

图 3-29　调整对象轴心和位置

3.2.6　设置坐标系

在 3ds Max 2009 中，不同的视图类型所用的坐标系并不都是相同的，用户可以根据建模需要自行设置坐标系。设置坐标系的具体操作步骤如下：

（1）按【Ctrl+O】组合键，打开一个素材模型文件，在视图区中选择帽子图形，其坐标系如图 3-30 所示。

（2）单击主工具栏的"参考坐标系"下拉列表框，在弹出的下拉列表中选择"屏幕"选项，视图将切换至屏幕坐标系，如图 3-31 所示。

图 3-30　素材模型的参考坐标系　　　　　　　图 3-31　屏幕坐标系

3.3　复制对象

在制作三维模型过程中，通常会用到相同或相似的模型，如果重新创建，会增加操作的繁琐性，影响工作效率，此时可以通过 3ds Max 2009 提供的复制或批量复制的功能，创建相同或相似的模型。

3.3.1　克隆复制

克隆复制可以进行对象的实例复制，或者对象的参考复制，它们都具备各自独特的属性。克隆复制的具体操作步骤如下：

（1）单击"文件"|"打开"命令，打开一个素材模型文件，如图 3-32 所示。

（2）单击主工具栏中的"选择对象"按钮，在视图中选择要复制的对象，单击"编辑"|"克隆"命令，弹出"克隆选项"

图 3-32　素材模型（十）

对话框，单击"确定"按钮即可克隆所选对象，在透视图中沿 X 轴向右拖曳克隆的对象，效果如图 3-33 所示。

图 3-33　克隆对象

3.3.2　镜像复制

　　镜像复制是以所选对象的轴心为中心，将对象绕着某个轴翻转，同时进行复制。进行镜像复制时，对象的大小和比例不发生任何变化，只是方向和位置发生改变。镜像复制对象的具体操作步骤如下：

　　（1）单击"文件"|"打开"命令，打开上一小节的素材模型。

　　（2）选择视图中的杯子对象，单击主工具栏中的"镜像"按钮▶，弹出"镜像：世界 坐标"对话框，在"偏移"数值框中输入 250，并选中"复制"单选按钮，如图 3-34 所示。

　　（3）单击"确定"按钮即可镜像复制对象，如图 3-35 所示。

图 3-34　"镜像：世界 坐标"对话框　　　　　　　　　　图 3-35　镜像复制对象

3.3.3　阵列复制

　　阵列复制工具是所有复制工具中功能最强大的，使用"阵列"命令不仅可以对对象进行移动、旋转、缩放复制，还可以同时在两个或三个方向上进行多维复制，常用于复制大量有规律的对象。阵列复制对象的具体操作步骤如下：

　　（1）按【Ctrl+O】组合键，打开一个素材模型文件，如图 3-36 所示。

　　（2）选择圆柱体对象，单击"工具"|"阵列"命令，弹出"阵列"对话框，在"对象类型"选项区中选中"复制"单选按钮，在"阵列变换"选项区中设置 Y 增量为 100，如图

3-37 所示。

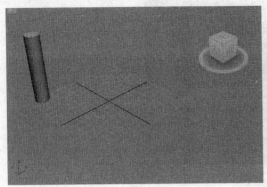

图 3-36　素材模型（十一）

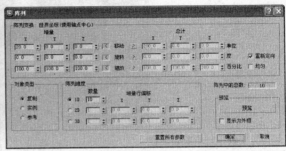

图 3-37　"阵列"对话框

（3）单击"确定"按钮即可阵列复制对象，如图 3-38 所示。

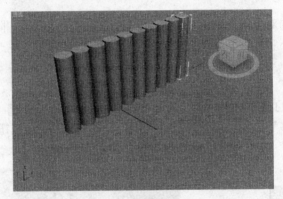

图 3-38　阵列复制对象

3.4　捕捉和对齐对象

捕捉与对齐对象常用于精确定位某一对象的位置，当场景中各个对象的几何位置有一定关系时，可采用对齐与捕捉工具进行定位。

3.4.1　捕捉对象

捕捉工具可以精确捕捉对象的位置，为建模提供了有利条件，常用的捕捉工具有捕捉开关、角度捕捉切换、百分比捕捉切换和微调器捕捉切换 4 种。设置对象捕捉的具体操作步骤如下：

（1）按【Ctrl+O】组合键，打开一个素材模型文件，如图 3-39 所示。

（2）在主工具栏的"捕捉开关"按钮 上单击鼠标右键，弹出"栅格和捕捉设置"窗口，选中"顶点"复选框，如图 3-40 所示。

（3）单击主工具栏中的"选择并移动"按钮，即可在视图中捕捉对象的顶点，如图 3-41 所示。

（4）用同样的方法，在"栅格和捕捉设置"窗口中选中"中点"复选框，单击主工具栏中的"选择并移动"按钮，即可捕捉对象的中点，如图 3-42 所示。

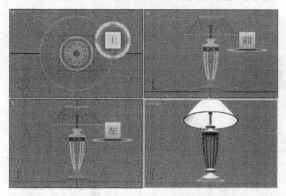

图 3-39　素材模型（十一）　　　　图 3-40　"栅格和捕捉设置"窗口

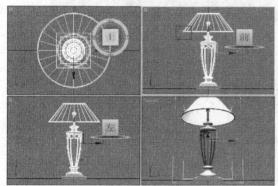

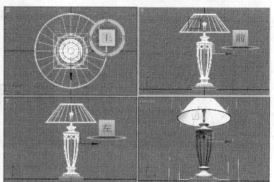

图 3-41　捕捉对象顶点　　　　　　图 3-42　捕捉对象中点

3.4.2　对齐对象

使用对齐工具时，必须要有选择对象和目标对象。对齐工具可根据几何位置来对齐对象，也可以根据轴心点来对齐对象。对齐对象的具体操作步骤如下：

（1）单击"文件"|"打开"命令，打开一个素材模型文件，如图 3-43 所示。

（2）单击主工具栏中的"选择对象"按钮 ，在视图中选择右侧的扶手对象，单击主工具栏中的"对齐"按钮 ，在顶视图中移动鼠标指针至右侧的扶手上，如图 3-44 所示。

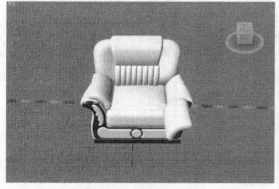

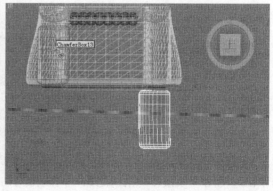

图 3-43　素材模型（十三）　　　　图 3-44　选择对象

（3）单击鼠标左键，弹出"对齐当前选择"对话框，在其中设置相应的参数，如图 3-45 所示。

（4）单击"确定"按钮即可对齐对象，如图 3-46 所示。

图 3-45 "对齐当前选择"对话框　　　　图 3-46 对齐对象

3.5 排列和删除对象

用户可以将对象按指定的路径进行排列，而对于多余的图形对象，还可以直接将其删除。

3.5.1 间隔排列对象

间隔排列可以让对象以指定的样条线作为路径，在样条线上均匀分布对象的副本，并且通过设置参数确定排列对象的数量、间隔距离等。间隔排列对象的具体操作步骤如下：

（1）按【Ctrl+O】组合键，打开一个素材模型文件，如图 3-47 所示。

（2）选择小钻石对象，单击"工具"|"对齐"|"间隔工具"命令，弹出"间隔工具"窗口，单击"拾取路径"按钮，如图 3-48 所示。

图 3-47 素材模型（十四）　　　　图 3-48 "间隔工具"窗口

（3）移动鼠标指针至视图中，拾取路径 Circle01，并在"计数"右侧的数值框中输入 40，单击"应用"按钮即可沿所选路径间隔排列钻石对象，如图 3-49 所示。

（4）为场景中的对象指定合适的材质和贴图，按【F9】键进行快速渲染，效果如图 3-50

所示。

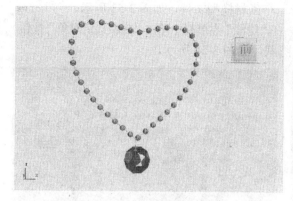

图 3-49　间隔排列对象

图 3-50　渲染效果

3.5.2　删除对象

　　用户可以使用"删除"命令，很方便地删除多余的对象和辅助对象，以节省模型空间并提高显示速度。删除对象的具体操作步骤如下：

　　（1）按【Ctrl+O】组合键，打开一个素材模型文件，如图 3-51 所示。

　　（2）选择对象办公椅，单击"编辑"|"删除"命令或按【Delete】键，即可将其删除，如图 3-52 所示。

图 3-51　素材模型（十五）

图 3-52　删除对象

3.6　隐藏和冻结对象

　　在处理大型场景时，众多的场景对象不但有碍于选择、编辑操作，同时也会降低计算机的处理和显示速度，这时可以将暂时不需要处理的对象隐藏或冻结起来。

3.6.1　隐藏对象

　　隐藏对象可以使复杂的场景显得简洁，能降低系统的负担，提高视图的刷新速度。隐藏对象的具体操作步骤如下：

（1）单击"文件"|"打开"命令，打开一个素材模型文件，如图 3-53 所示。

（2）选择球体对象，单击"显示"图标，在"隐藏"卷展栏中单击"隐藏选定对象"按钮。

（3）执行上述操作后，所选对象即可被隐藏，如图 3-54 所示。

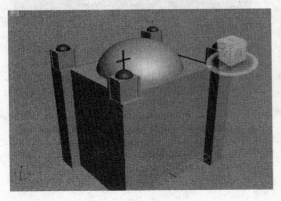 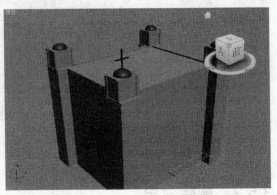

图 3-53　素材模型（十六）　　　　　　　图 3-54　隐藏所选对象

3.6.2　冻结对象

如果用户需要将一个对象作为参考对象放在视口中，可以将该对象冻结以节省系统资源并避免误操作。系统默认情况下冻结的对象显示为灰色，并且不能进行选择、变换或修改等操作。冻结对象的具体操作步骤如下：

（1）按【Ctrl+O】组合键，打开上一小节的素材模型。

（2）选择球体对象，单击"显示"图标，打开"显示"面板，在"冻结"卷展栏中单击"冻结选定对象"按钮，如图 3-55 所示。

（3）执行上述操作后，所选对象被冻结，且呈灰色显示，如图 3-56 所示。

 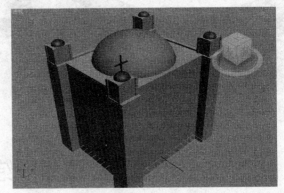

图 3-55　单击"冻结选定对象"按钮　　　　图 3-56　冻结所选球体对象

3.7　组合对象

用户可以将同一类对象合并为一组，这样可以同时对一组对象进行选取和编辑操作，从而提高工作效率。

3.7.1　组合对象

可以将多个对象合并为一个组合，组合中的对象将作为一个整体，并拥有一个共同的坐标系和轴点。组合对象的具体操作步骤如下：

（1）按【Ctrl+O】组合键，打开一个素材模型文件，如图 3-57 所示。

（2）选择所有对象，单击"组"|"成组"命令，弹出"组"对话框，在"组名"文本框中输入"灯"。

（3）单击"确定"按钮即可将所选对象合成为一个组，此时其四周出现一个白色线框，如图 3-58 所示。

图 3-57　素材模型（十七）　　　　　　　　图 3-58　组合对象

3.7.2　解除组合

解除组合是指将组分解，恢复为多个对象状态。解组后的所有对象都保持选定状态。解除组合的具体操作步骤如下：

（1）按【Ctrl+O】组合键，打开一个素材模型文件，如图 3-59 所示。

（2）选择组中所有对象，单击"组"|"解组"命令即可解除组合，如图 3-60 所示。

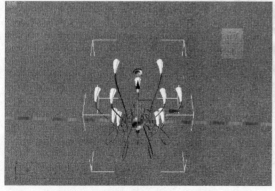
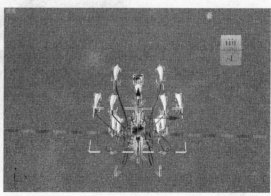

图 3-59　素材模型（十八）　　　　　　　　图 3-60　解除组合

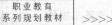

3.7.3　打开组

在 3ds Max 2009 中，用户可以打开组，对组里的对象进行单独操作。打开组的具体操作步骤如下：

（1）按【Ctrl+O】组合键，打开一个素材模型文件，如图 3-61 所示。

（2）选择所有对象，单击"组"|"打开"命令，即可打开组，此时白色线框转换为粉红色线框，如图 3-62 所示。

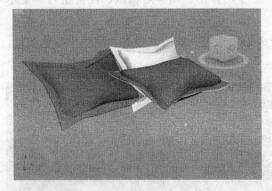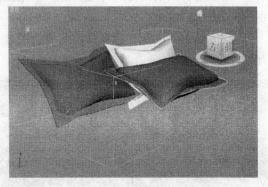

图 3-61　素材模型（十九）　　　　　　　　　　　图 3-62　打开组

专家指点

> 打开组并不会完全破坏组，组被打开后仍然存在，只是可以对组中的对象进行单独操作；而解组是将组完全破坏，使之不存在。

3.7.4　关闭组

对打开组中的对象执行完操作后可以再将组关闭，以上一小节的素材模型为例，单击"组"|"关闭"命令，即可将其恢复至成组后的状态，如图 3-63 所示。

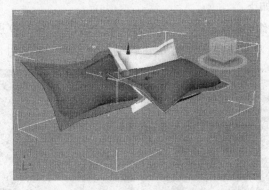

图 3-63　关闭组

3.7.5　增加组对象

在建模时，用户可以将某个对象添加到已经成组的组中，但是添加的对象必须是一个独立的对象或组，不能是其他组中的成员。增加组对象的具体操作步骤如下：

（1）按【Ctrl+O】组合键，打开一个素材模型文件，如图 3-64 所示。

（2）选择灯罩对象，单击"组"|"附加"命令，移动鼠标指针至视图中，选择吊灯组对象，即可将灯罩对象增加至吊灯组对象中，如图 3-65 所示。

图 3-64　素材模型（二十）　　　　　　　　图 3-65　增加组对象

3.7.6　分离组对象

用户可以将组中的对象单独分离出来。分离组对象时，首先需要将组打开。分离组对象的具体操作步骤如下：

（1）按【Ctrl+O】组合键，打开一个素材模型文件，如图 3-66 所示。

（2）选择场景中的组对象，单击"组"|"打开"命令，打开组对象，选择其中一个枕头对象，单击"组"|"分离"命令，即可将其从组中分离出来，如图 3-67 所示。

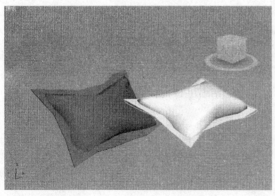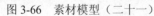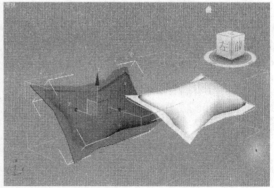

图 3-66　素材模型（二十一）　　　　　　　图 3-67　分离组对象

习题与上机操作

一、填空题

1. 在 3ds Max 2009 中，常用的捕捉工具有捕捉开关、＿＿＿＿＿＿＿、＿＿＿＿＿＿＿和

_____4 种。

2．对齐工具可以根据几何位置来对齐对象，也可以根据_____来对齐对象。

二、思考题

1．简述几种选择对象的具体方法。
2．简述几种变换对象的方式。
3．简述捕捉和对齐对象的方法。
4．简述排列和删除对象的方法。

三、上机操作

1．练习选择对象的方法。
2．练习复制对象、捕捉和对齐对象的方法。

第4章 二维建模

通过本章的学习，读者应掌握绘制线、矩形、圆、椭圆、弧、圆环、多边形、星形、文本、螺旋线等二维图形，以及绘制墙矩形、角度、T形、通道、宽法兰等扩展样条线的操作，熟悉编辑二维图形和使用常用二维模型修改器的方法。

- 绘制二维图形
- 绘制扩展样条线
- 修改二维图形
- 使用常用二维模型修改器

4.1 绘制二维图形

在 3ds Max 2009 中，一些复杂的模型都是建立在二维图形的基础之上的。二维图形由一条或多条曲线组成，而每一条曲线由点和线段连接组合而成。二维图形的创建在 3ds Max 2009 绘制中有着十分重要的地位，其中包括线、圆、圆弧、圆环等图形，从这些图形通过挤出、旋转等修改器即可得到三维模型。

4.1.1 绘制线

线是由多个节点组成的，它是最基础的二维基本参数模型。绘制线的具体操作步骤如下：

（1）按【Ctrl+O】组合键，打开一个素材模型文件，如图 4-1 所示。

（2）单击"创建"面板中的"图形"按钮，在"对象类型"卷展栏中单击"线"按钮；在"渲染"卷展栏中分别选中"在渲染中启用"和"在视口中启用"复选框，如图 4-2 所示。

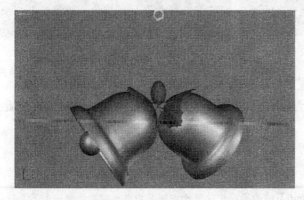

图 4-1　素材模型（一）

图 4-2　设置参数

（3）在前视图中单击鼠标左键，确定起点并拖曳至下一点，确定线段的长度，单击鼠标右键结束操作，绘制一条直线，如图 4-3 所示。

（4）调整直线至合适位置，为其赋予相应的材质并进行渲染处理，效果如图 4-4 所示。

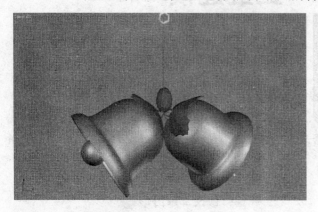
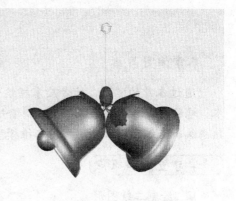

图 4-3　绘制线　　　　　　　　　　　　　　　　图 4-4　渲染效果

4.1.2　绘制矩形

利用"矩形"按钮可以绘制矩形或正方形，绘制矩形的具体操作步骤如下：

（1）单击"文件"|"打开"命令，打开一个素材模型文件，如图 4-5 所示。

（2）单击"创建"面板中的"图形"按钮 ，在"对象类型"卷展栏中单击"矩形"按钮；在"渲染"卷展栏中分别选中"在渲染中启用"和"在视口中启用"复选框，在前视图中按下鼠标左键并拖动，至合适位置后释放鼠标左键，即可绘制一个矩形，如图 4-6 所示。

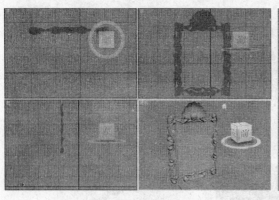

图 4-5　素材模型（二）　　　　　　　　　　　　图 4-6　绘制矩形

（3）在"参数"卷展栏中设置"长度"为 30、"宽度"为 23，如图 4-7 所示。

（4）按【Enter】键确认，在透视图中将其移至合适位置，为其赋予相应的材质并进行渲染处理，效果如图 4-8 所示。

专家指点

用户在绘制矩形时，按住【Shift】键的同时按住鼠标左键并拖曳，即可绘制一个正方形。

图 4-7　设置参数　　　　　　　　　　　图 4-8　矩形效果

4.1.3　绘制圆

圆主要由圆心和半径确定，利用"圆"按钮，即可创建由四个顶点组成的闭合圆形样条线。绘制圆的具体操作步骤如下：

（1）单击"文件"|"打开"命令，打开一个素材模型文件，如图 4-9 所示。

（2）单击"创建"面板中的"图形"按钮 ⟨⟩，在"对象类型"卷展栏中单击"圆"按钮，在"渲染"卷展栏中分别选中"在渲染中启用"和"在视口中启用"复选框，移动鼠标指针至顶视图中的对象中心，按住鼠标左键并拖动，至合适位置后释放鼠标左键，即可绘制一个圆，如图 4-10 所示。

图 4-9　素材模型（二）

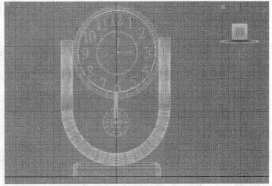

图 4-10　绘制圆

（3）在"渲染"卷展栏中设置"厚度"为 20；在"参数"卷展栏中设置"半径"为 1580，如图 4-11 所示。

（4）按【Enter】键确认，在左视图中将其移至合适位置，为其赋予相应的材质并进行渲染处理，效果如图 4-12 所示。

图 4-11　设置参数

图 4-12　圆效果

4.1.4　绘制椭圆

椭圆对象在垂直和水平两个方向上的轴长不同，因此不能设置半径参数，而只能通过分别设置长度和宽度两个参数定义椭圆。绘制椭圆的具体操作步骤如下：

（1）单击"文件"|"打开"命令，打开一个素材模型文件，如图 4-13 所示。

（2）单击"创建"面板中的"图形"按钮 ，在"对象类型"卷展栏中单击"椭圆"按钮，移动鼠标指针至顶视图中，按住鼠标左键并拖动，至合适位置后释放鼠标左键，即可绘制一个椭圆，如图 4-14 所示。

图 4-13　素材模型（四）

（3）在"参数"卷展栏中设置"长度"为 147.45、"宽度"为 335.482，按【Enter】键确认，挤出模型并赋予材质，将其移至合适位置后并进行渲染处理，效果如图 4-15 所示。

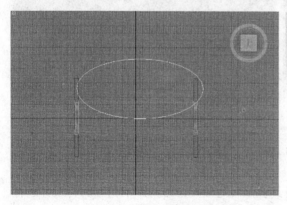

图 4-14　绘制椭圆

图 4-15　椭圆效果

4.1.5　绘制弧

利用"弧"按钮可以绘制出各种各样的圆弧和扇形，绘制弧的具体操作步骤如下：

（1）单击"文件"|"打开"命令，打开一个素材模型文件，如图 4-16 所示。

（2）单击"创建"面板中的"图形"按钮 ，在"对象类型"卷展栏中单击"弧"按钮；在"渲染"卷展栏中分别选中"在渲染中启用"和"在视口中启用"复选框，在前视图中单击鼠标左键确定起点，按住鼠标左键并向右拖动至终点，释放鼠标左键，适当移动鼠标以确定弧的半径和弧度，如图 4-17 所示。

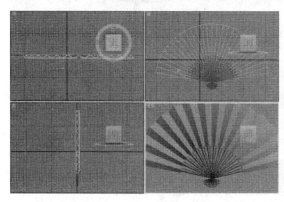

图 4-16　素材模型（五）

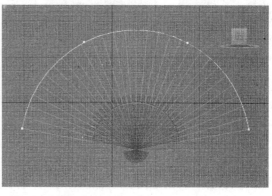

图 4-17　确定起点和终点的位置

（3）单击鼠标即可创建弧，在"参数"卷展栏中设置"半径"为 263、"从"为 10、"到"为 170，按【Enter】键确认，为其赋予相应的材质并进行渲染处理，效果如图 4-18 所示。

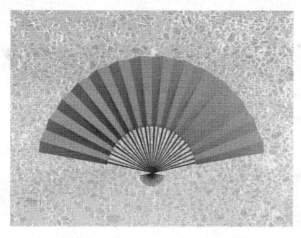

图 4-18　弧效果

4.1.6　绘制圆环

使用"圆环"按钮可以创建由两个同心圆组成的圆环，圆环中的每一个圆都是由 4 个顶点组成的。绘制圆环的具体操作步骤如下：

（1）按【Ctrl+O】组合键，打开一个素材模型文件，如图 4-19 所示。

（2）单击"创建"面板中的"图形"按钮，在"对象类型"卷展栏中单击"圆环"按钮，在顶视图中单击鼠标左键并拖动鼠标，创建一个圆环；在"参数"卷展栏中设置"半径1"为185、"半径2"为185，按回车键确认，并移动圆环至合适位置，效果如图4-20所示。

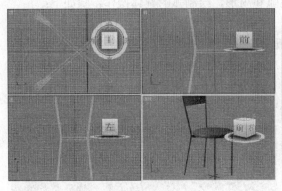

图4-19 素材模型（六）   图4-20 绘制圆环

4.1.7 绘制正多边形

使用"多边形"按钮可以绘制任意边数的正多边形，边数越多图形越接近于圆形。在系统默认状态下，创建的多边形边数为6。绘制正多边形的具体操作步骤如下：

（1）单击"文件"|"打开"命令，打开一个素材模型文件，如图4-21所示。

（2）单击"创建"面板中的"图形"按钮 ，在"对象类型"卷展栏中单击"多边形"按钮；在"渲染"卷展栏中分别选中"在渲染中启用"和"在视口中启用"复选框，设置"厚度"为100，在顶视图中按住鼠标左键并拖动，至合适位置后释放鼠标左键，即可绘制一个正多边形；在"参数"卷展栏中设置"半径"为2880，按回车键确认，移动正多边形至合适位置，如图4-22所示。

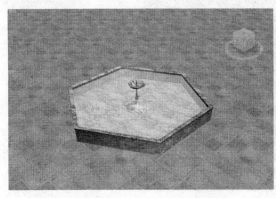

图4-21 素材模型（七）   图4-22 绘制正多边形

4.1.8 绘制星形

星形工具用于创建具有许多点的闭合星形样条线。星形样条线通过两个半径来设置点之间的距离。绘制星形的具体操作步骤如下：

（1）按【Ctrl+O】组合键，打开一个素材模型文件，如图4-23所示。

（2）单击"创建"面板中的"图形"按钮，在"对象类型"卷展栏中单击"星形"按钮，在顶视图中单击鼠标左键并拖动鼠标，创建一个星形，如图 4-24 所示。

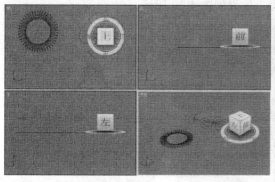
图 4-23　素材模型（八）

图 4-24　创建星形

（3）在"参数"卷展栏中设置"半径 1"为 400、"半径 2"为 230、"点"为 20、"扭曲"为 30、"圆角半径 1"为 100、"圆角半径 2"为 20，按回车键确认，并对星形进行渲染处理，效果如图 4-25 所示。

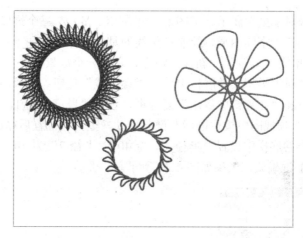

图 4-25　渲染效果

4.1.9　绘制文本

3ds Max 2009 允许用户在视图中直接插入文本，并提供了相应的文字编辑功能。绘制文本的具体操作步骤如下：

（1）按【Ctrl+O】组合键，打开一个素材模型文件，如图 4-26 所示。

（2）单击"创建"面板中的"图形"按钮，在"对象类型"卷展栏中单击"文本"按钮；在"参数"卷展栏的"文本"选项区中输入 Welcome，如图 4-27 所示。

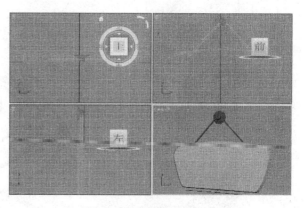
图 4-26　素材模型（九）

（3）在前视图中单击鼠标左键，即可创建文字，在"渲染"卷展栏中分别选中"在渲染中启用"和"在视口中启用"复选框，设置"厚度"为2，此时文字效果如图4-28所示。

（4）为文字对象赋予材质并进行渲染处理，效果如图4-29所示。

图4-27　输入文字　　　　　图4-28　创建的文字效果　　　　　图4-29　渲染效果

4.1.10　绘制螺旋线

螺旋线对象虽然属于二维图形，却在 X、Y、Z 三个维度上都有分布，是二维图形对象里面唯一的三维空间图形。绘制螺旋线的具体操作步骤如下：

（1）单击"文件"|"新建"命令，新建一个场景文件，单击"创建"面板中的"图形"按钮，在"对象类型"卷展栏中单击"螺旋线"按钮；在"渲染"卷展栏中分别选中"在渲染中启用"和"在视口中启用"复选框，设置"厚度"为1，如图4-30所示。

（2）在顶视图中按住鼠标左键并拖动，至合适位置后释放鼠标左键，即可创建螺旋线，在"参数"卷展栏中设置"半径1"为40、"半径2"为10、"高度"为10、"圈数"为5，按【Enter】键确认，效果如图4-31所示。

 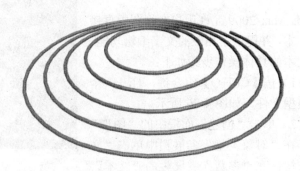

图4-30　设置参数　　　　　　　　　　图4-31　绘制螺旋线

4.2 绘制扩展样条线

在 3ds Max 2009 中有 5 种扩展样条线创建工具，分别是墙矩形、通道、角度、T 形和宽法兰工具，这些工具的使用方法和样条线创建工具的使用方法相同。

4.2.1 绘制墙矩形

墙矩形一般用在建筑效果图设计中，用于绘制墙体。利用"墙矩形"工具可以通过两个同心矩形创建封闭的形状，其中每个矩形都由 4 个顶点组成。绘制墙矩形的具体操作步骤如下：

（1）按【Ctrl+O】组合键，打开一个素材模型文件，如图 4-32 所示。

（2）单击"创建"面板中的"图形"按钮，单击 "样条线"下拉列表框，在弹出的下拉列表中选择"扩展样条线"选项，如图 4-33 所示。

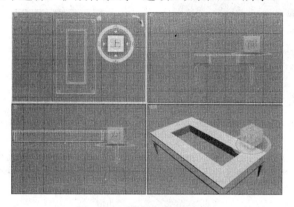

图 4-32 素材模型（十）　　　　　　　　图 4-33 选择"扩展样条线"选项

（3）在"对象类型"卷展栏中单击"墙矩形"按钮，在"渲染"卷展栏中分别选中"在渲染中启用"和"在视口中启用"复选框，在顶视图中按住鼠标左键并向右下方拖曳至合适位置，即可绘制一个墙矩形，如图 4-34 所示。

（4）在"参数"卷展栏中设置"长度"为 42、"宽度"为 14、"厚度"为 0.5，按【Enter】键确认，并将其移至合适位置，效果如图 4-35 所示。

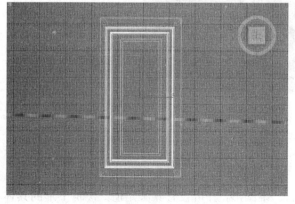

图 4-34 绘制墙矩形　　　　　　　　　　图 4-35 墙矩形效果

4.2.2 绘制角度

使用"角度"工具可以创建各种直角和圆角图形，创建方法与其他二维图形的创建方法类似。绘制角度的具体操作步骤如下：

（1）按【Ctrl+O】组合键，打开一个素材模型文件，如图 4-36 所示。

（2）单击"创建"面板中的"图形"按钮，在其下方的下拉列表中选择"扩展样条线"选项，单击"对象类型"卷展栏中的"角度"按钮，在前视图中按住鼠标左键并拖动鼠标，即可创建角度，在"参数"卷展栏中设置"长度"为550、"宽度"为630、"厚度"为0，如图 4-37 所示。

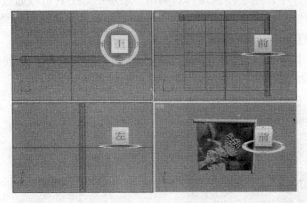

图 4-36　素材模型（十一）　　　　　　　　　　图 4-37　设置参数

（3）在"渲染"卷展栏中分别选中"在渲染中启用"和"在视口中启用"复选框，设置"厚度"40，调整角度至合适位置并赋予相应的材质，效果如图 4-38 所示。

图 4-38　绘制角度后的效果

4.2.3 绘制 T 形

使用 T 形工具可创建各种类似字母 T 的二维图形，并可设置其圆角值。绘制 T 形的具体操作步骤如下：

（1）单击"文件"|"打开"命令，打开一个素材模型文件，如图 4-39 所示。

（2）单击"创建"面板中的"图形"按钮，在其下方的下拉列表中选择"扩展样条线"选项，单击"对象类型"卷展栏中的"T 形"按钮，移动鼠标指针至左视图中，按住鼠标左键并拖动鼠标，至合适位置后释放鼠标，即可绘制 T 形，如图 4-40 所示。

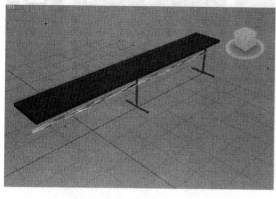

图 4-39　素材模型（十二）

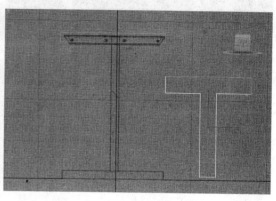

图 4-40　绘制 T 形

（3）在"参数"卷展栏中设置"长度"为 45、"宽度"为 35、"厚度"为 3；打开"修改"面板，在"修改器列表"下拉列表框中选择"挤出"选项，在"参数"卷展栏中设置"数量"为 3，如图 3-41 所示。

（4）按【Enter】键确认，旋转并移动对象至合适位置，为对象赋予合适的材质，效果如图 3-42 所示。

图 4-41　设置参数

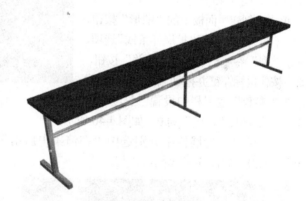

图 4-42　T 形效果

4.2.4　绘制通道

绘制通道的方法非常简单，利用"通道"工具即可创建 C 型的闭合通道，其具体操作步骤如下：

（1）单击"文件"|"打开"命令，打开一个素材模型文件，如图 4-43 所示。

（2）单击"创建"面板中的"图形"按钮，在"扩展样条线"选项区中，单击"对象类型"卷展栏中的"通道"按钮，在"渲染"卷展栏中分别选中"在渲染中启用"和"在视口中启用"复选框，在顶视图中按住鼠标左键并拖动，至合适位置后释放鼠标左键，即可绘制一个通道；在"参数"卷展栏中设置"长度"为 170、"宽度"为 220、"厚度"为 60，按【Enter】键确认，效果如图 4-44 所示。

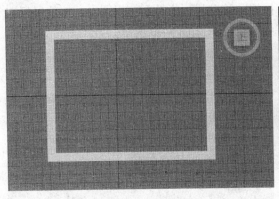

图 4-43　素材模型（十三）

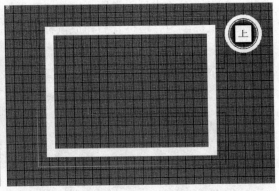

图 4-44　绘制通道

4.2.5　绘制宽法兰

使用"宽法兰"工具可以创建形状类似于"工"字的二维图形。绘制宽法兰的具体操作步骤如下：

（1）按【Ctrl+O】组合键，打开一个素材模型文件，如图 4-45 所示。

（2）单击"创建"面板中的"图形"按钮，在其下方的下拉列表中选择"扩展样条线"选项，单击"对象类型"卷展栏中的"宽法兰"按钮，在顶视图中按住鼠标左键并拖动鼠标，即可创建宽法兰，在"参数"卷展栏中设置"长度"为

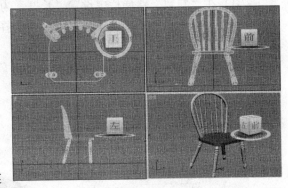

图 4-45　素材模型（十四）

400、"宽度"为 420、"厚度"为 0，如图 4-46 所示。

（3）在"渲染"卷展栏中分别选中"在渲染中启用"和"在视口中启用"复选框，设置"厚度"为 30，如图 4-47 所示。

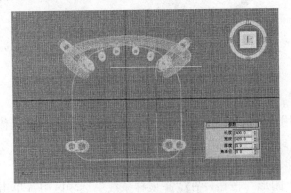

图 4-46　创建宽法兰

图 4-47　设置参数

（4）调整宽法兰至合适位置，并赋予相应的材质，效果如图 4-48 所示。

图 4-48　绘制宽法兰

4.3　修改二维图形

在使用二维图形工具创建对象时，仅使用图形工具往往不可能直接绘制出所需的模型，有时还需要用"编辑样条线"的修改功能来对绘制完成后的二维图形进行修改。

4.3.1　转化为可编辑样条线

在 3ds Max 2009 中，样条曲线属于参量化对象，只能调整尺寸和形状。当需要生成复杂的样条曲线时，就必须将样条曲线转化为可编辑样条线。转换为可编辑样条线的具体操作步骤如下：

（1）按【Ctrl+O】组合键，打开一个素材模型文件，如图 4-49 所示。

（2）选择 Line03 对象，打开"修改"面板，单击"修改器列表"下拉列表框，在弹出的下拉列表中选择"编辑样条线"选项，如图 4-50 所示。

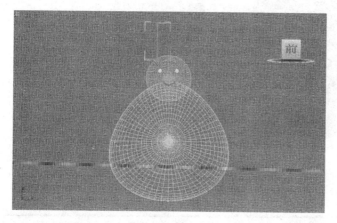

图 4-49　素材模型（十五）

图 4-50　选择"编辑样条线"选项

（3）执行上述操作后，即可将所选对象转化为可编辑样条线。

4.3.2 编辑顶点

在 3ds Max 2009 中，线段之间是靠顶点连接的，因此可以通过设置顶点的属性来控制样条线的线型或者曲线的曲率。

1. 编辑 Bezier 角点

编辑 Bezier 角点时，顶点两侧的控制柄的作用是不同的，其中的一个用来调整入射向量，另一个用来调整出射向量。编辑 Bezier 角点的具体操作步骤如下：

（1）单击"文件"|"打开"命令，打开一个素材模型文件，如图 4-51 所示。

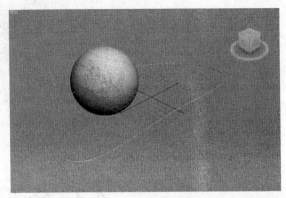

图 4-51　素材模型（十六）

（2）选择 Line02 对象，打开"修改"面板，单击 Line 选项前的"＋"号，在展开的修改器堆栈中选择"顶点"选项，如图 4-52 所示。

图 4-52　选择"顶点"选项

（3）在顶视图中选择一个节点，该节点将以红色显示，在节点上单击鼠标右键，在弹出的快捷菜单中选择"Bezier 角点"选项，所选的节点将变为带控制柄的 Bezier 型角点，单击主工具栏中的"选择并移动"按钮，调节节点的控制柄（这里向下拖曳鼠标），效果如图 4-53 所示。

（4）执行上述操作后，即可完成 Bezier 角点的编辑，效果如图 4-54 所示。

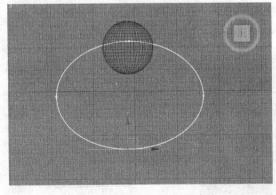

图 4-53　调节节点

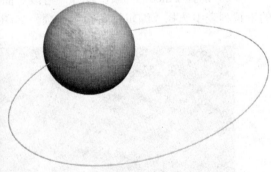

图 4-54　编辑 Bezier 角点

专家指点

除了运用上述方法选择"Bezier 角点"选项外，用户还可以打开"修改"面板，在"选择"卷展栏中选择"顶点"选项；在"几何体"卷展栏中选中"Bezier 角点"单选按钮，即可将顶点类型转换为 Bezier 角点。

2. 平滑节点

使用"平滑"选项调整节点时，节点没有控制柄，因此不能进行曲率的编辑，经过此点的线段将被强制转变为平滑的曲线。平滑节点的具体操作步骤如下：

（1）单击"文件"|"打开"命令，打开一个素材模型文件，如图 4-55 所示。

（2）选择星形对象，打开"修改"面板，在展开的修改器堆栈中选择"顶点"选项，在顶视图中选择星形的所有节点，在选择的节点上单击鼠标右键，在弹出的快捷菜单中选择"平滑"选项，即可平滑节点，效果如图 4-56 所示。

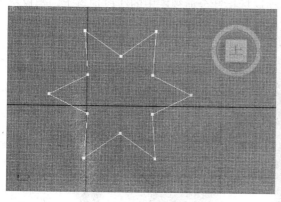

图 4-55　素材模型（十七）　　　　　　　　图 4-56　平滑节点

3. 断开顶点

使用"断开顶点"选项可以将样条线从选择的顶点处断开。断开顶点的具体操作步骤如下：

（1）单击"文件"|"打开"命令，打开一个素材模型文件，如图 4-57 所示。

（2）选择 Line01 对象，打开"修改"面板，在展开的修改器堆栈中选择"顶点"选项，在前视图中选择线段的一个节点，在选择的节点上单击鼠标右键，在弹出的快捷菜单中选择"断开顶点"选项，样条线即在该顶点断开，单击主工具栏中的"选择并移动"按钮，移动断开的顶点至合适位置，效果如图 4-58 所示。

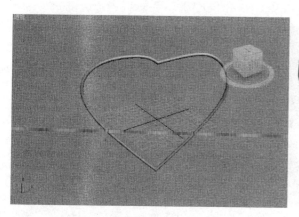 

图 4-57　素材模型（十八）　　　　　　　图 4-58　移动断开后的顶点

4.3.3　编辑线段

线段是两个顶点之间的连线，它可以是直线，也可以是曲线。

1.　插入线段

使用"插入"按钮，可以插入一个或多个顶点，以创建相应的线段，其具体操作步骤如下：

（1）单击"文件"|"打开"命令，打开一个素材模型文件，如图 4-59 所示。

（2）选择 Line01 对象，打开"修改"面板，在展开的修改器堆栈中选择"线段"选项，单击"几何体"卷展栏中的"插入"按钮，移动鼠标指针至前视图中的线段顶点上，当鼠标指针呈插入形状时，单击鼠标左键并移动鼠标指针，此时窗帘也跟随其变化，至合适位置后单击鼠标右键，即可插入线段，如图 4-60 所示。

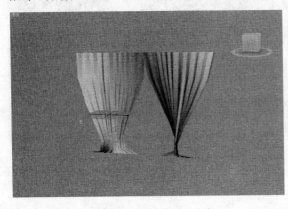
图 4-59　素材模型（十九）

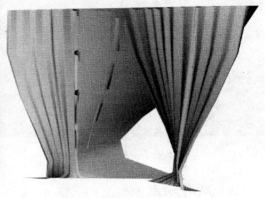
图 4-60　插入线段

2.　拆分线段

使用"拆分"选项，可以在当前线段中插入顶点，将当前线段平均分成更多的线段。拆分线段的具体操作步骤如下：

（1）单击"文件"|"打开"命令，打开一个素材模型文件，如图 4-61 所示。

（2）选择 Line01 对象，打开"修改"面板，在展开的修改器堆栈中选择"线段"选项，在"几何体"卷展栏中"拆分"按钮右侧的数值框中输入 10，单击"拆分"按钮，所选的线段即被拆分，如图 4-62 所示。

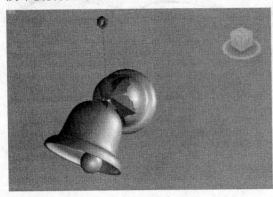
图 4-61　素材模型（二十）

图 4-62　拆分线段

3．分离线段

使用"分离"按钮，可以将选定的线段从原图中分离出来，其具体操作步骤如下：

（1）单击"文件"|"打开"命令，打开一个素材模型文件，如图 4-63 所示。

（2）选择书本对象，打开"修改"面板，展开修改器堆栈，选择"可编辑样条线"中的"页 2"选项，在前视图中选择最下方的一条线段，单击"几何体"卷展栏中的"分离"按钮，弹出"分离"对话框，单击"确定"按钮，所选的线段将成为单独的图形被分离出来，效果如图 4-64 所示。

图 4-63 素材模型（二十一）

图 4-64 分离线段

4.3.4 编辑样条线

在 3ds Max 2009 中，用户可以附加单条样条线，还可以设置样条线的轮廓，并且可以对样条线进行布尔操作。

1．附加样条线

使用"附加"按钮，可以将场景中的其他样条线附加到所选样条线中。附加样条线的具体操作步骤如下：

（1）单击"文件"|"打开"命令，打开一个素材模型文件，如图 4-65 所示。

（2）选择圆环对象，打开"修改"面板，展开修改器堆栈，选择"可编辑样条线"中的"样条线"选项，单击"几何体"卷展栏中的"附加"按钮，移动鼠标指针至顶视图中，当鼠标指针呈附加形状 时，在星形对象上单击鼠标左键，即可附加单条样条线，如图 4-66 所示。

2．设置样条线的轮廓

使用"轮廓"按钮，可以设置样条线的轮廓，其具体操作步骤如下：

（1）按【Ctrl+O】组合键，打开一个素材模型文件，如图 4-67 所示。

（2）选择 Helix02，打开"修改"面板，在展开的修改器堆栈中选择"样条线"选项，单击"几何体"卷展栏中的"轮廓"按钮，在其右侧的数值框中输入 5，按回车键确认，即完成样条线的轮廓设置，如图 4-68 所示。

3．布尔操作样条线

使用"布尔"按钮，可以对多条样条线进行布尔运算，获得其交集或并集。例如，对两条样条线进行并集就是将两条重叠的样条线组合成一条样条线，在组合后的样条线中，重叠的部分将被删除，两条样条线不重叠的部分构成一条新的样条线。并集样条线的具体操作步骤如下：

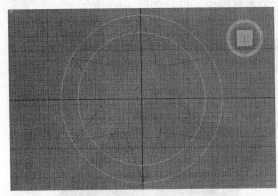

图 4-65　素材模型（二十二）

图 4-66　附加单个样条线

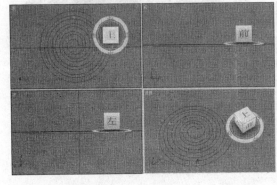

图 4-67　素材模型（二十三）

图 4-68　设置样条线轮廓

（1）单击"文件"|"打开"命令，打开一个素材模型文件，如图 4-69 所示。

（2）选择场景中的所有对象，打开"修改"面板，选择"编辑样条线"修改器堆栈中的"样条线"选项，在顶视图中的圆上单击鼠标，使之呈红色显示；在前视图中移动鼠标指针至星形上，当鼠标指针呈并集形状  时，在需要操作的样条线上单击鼠标左键，即可并集样条线，如图 4-70 所示。

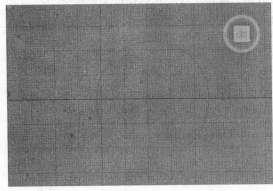

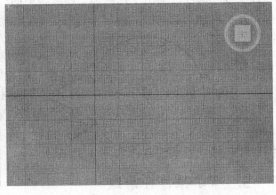

图 4-69　素材模型（二十四）

图 4-70　并集样条线

专家指点

> 对样条线进行布尔操作应注意以下 3 点：
> 样条线必须是同一个二维图形的样条线，单独的样条线应先合并为一个二维图形。
> 进行布尔运算的样条线必须是封闭的。
> 样条线本身不能相交，要进行布尔运算的样条线之间不允许有重叠的部分。

4.4 常用二维模型修改器

在建模过程中，许多复杂的模型是无法使用三维模型创建工具直接完成的，此时需要利用二维图形工具绘制出相应的图形，再通过合适的编辑修改命令，将二维图形转换为三维模型。

4.4.1 "挤出"修改器

挤出是将二维图形转换为三维模型的重要建模方法之一，也是 3ds Max 2009 中最常用的模型编辑方式。挤出建模的基本原理是利用二维图形作为图形轮廓，制作出相同形状、厚度的可调节三维模型。使用"挤出"修改器的具体操作步骤如下：

（1）单击"文件"|"打开"命令，打开一个素材模型文件，如图 4-71 所示。

（2）选择 Circle01 对象，在"修改"面板的"修改器列表"下拉列表中选择"挤出"选项，在"参数"卷展栏中设置"数量"为 1，按【Enter】键确认，并为对象赋予合适的材质，即可挤出对象，效果如图 4-72 所示。

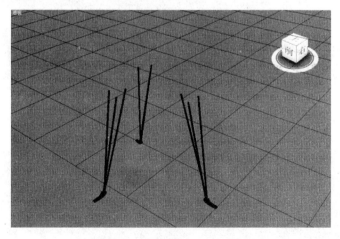

图 4-71 素材模型（二十五）

图 4-72 挤出对象

4.4.2 "倒角"修改器

"倒角"修改器可以将二维图形挤出为三维对象，同时在对象边缘产生平或圆的倒角效果。使用"倒角"修改器的具体操作步骤如下：

（1）单击"文件"|"打开"命令，打开一个素材模型文件，如图 4-73 所示。

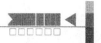

（2）选择 Text01 对象，在"修改"面板的"修改器列表"下拉列表中选择"倒角"选项，在"倒角值"卷展栏中设置"级别 1"选项区中的"高度"为 400、"轮廓"为 5，按【Enter】键确认即可倒角对象，效果如图 4-74 所示。

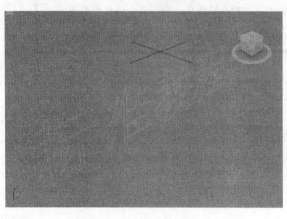
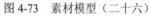

图 4-73　素材模型（二十六）

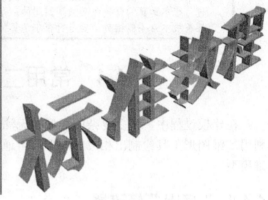

图 4-74　倒角对象

4.4.3 "车削"修改器

"车削"修改器是通过绕轴旋转一个二维图形来创建三维对象。所有具有回转对称的对象，都可以通过"车削"修改器来制作。使用"车削"修改器的具体操作步骤如下：

（1）单击"文件"|"打开"命令，打开一个素材模型文件，如图 4-75 所示。

（2）选择 Line05 对象，在"修改"面板的"修改器列表"下拉列表中选择"车削"选项，即可产生车削效果，如图 4-76 所示。

（3）单击"参数"卷展栏中的"最小"按钮，调整车削效果，如图 4-77 所示。

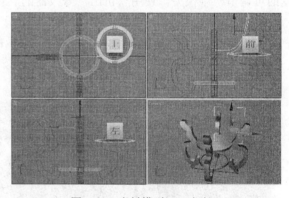

图 4-75　素材模型（二十七）

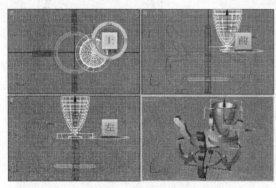

图 4-76　车削处理

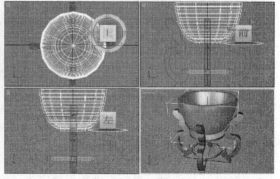

图 4-77　调整效果

（4）按【F9】键进行快速渲染处理，效果如图 4-78 所示。

图 4-78　渲染效果

4.4.4　"倒角剖面"修改器

"倒角剖面"修改器可以看作是"倒角"修改器的升级。使用"倒角剖面"修改器，可以使用另一个图形路径作为倒角剖面来挤出一个图形。使用"倒角剖面"修改器的具体操作步骤如下：

（1）单击"文件"|"打开"命令，打开一个素材模型文件，如图 4-79 所示。

（2）选择 Line02 对象，在"修改"面板的"修改器列表"下拉列表中选择"倒角剖面"选项，在"参数"卷展栏中单击"拾取剖面"按钮，在透视视图中的 Line01 对象上单击鼠标左键，即可倒角剖面对象，并旋转对象至合适角度，效果如图 4-80 所示。

图 4-79　素材模型（二十八）

图 4-80　倒角剖面对象

4.4.5　"可渲染样条线"修改器

使用"可渲染样条线"修改器，可以设置样条线对象的可渲染属性，而不需将样条线转换为可编辑的样条线。使用"可渲染样条线"修改器的具体操作步骤如下：

（1）单击"文件"|"打开"命令，打开一个素材模型文件，如图 4-81 所示。

（2）在顶视图中选择所有对象，在"修改"面板的"修改器列表"下拉列表中选择"可渲染样条线"选项，在"参数"卷展栏中设置"厚度"为 60，按【Enter】键确认即可渲染样条线对象，并调整对象至合适位置，效果如图 4-82 所示。

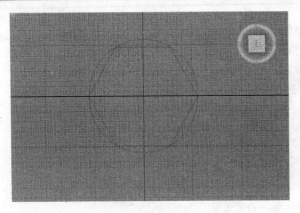

图 4-81　素材模型（二十九）

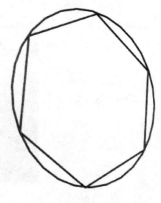

图 4-82　渲染样条线对象

习题与上机操作

一、填空题

1. ＿＿＿＿＿＿是由多个节点组成的，它是最基础的二维基本参数模型。

2. 在 3ds Max 2009 中有 5 种扩展样条线创建工具，分别是墙矩形、＿＿＿＿＿＿、＿＿＿＿＿＿、T 形和＿＿＿＿＿＿创建工具。

3. ＿＿＿＿＿＿是通过绕轴旋转一个二维图形来创建三维的对象。所有具有中心对称特征的三维对象都可以通过车削来制作。

二、思考题

1. 简述转换二维图形的方法。

2. 简述并集样条线的方法。

三、上机操作

1. 上机练习使用"挤出"命令，创建出如图 4-83 所示的模型。

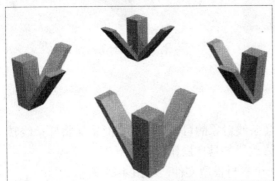
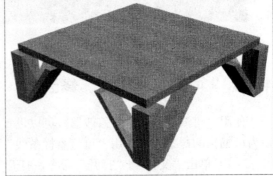

图 4-88　茶几

2. 上机练习编辑样条线。

第 5 章　三维建模

本章学习目标

通过本章的学习，读者应了解 3ds Max 中常用的三维建模方式，掌握创建编辑基本体、创建扩展基本体、创建扩展几何体常用三维模型修改器和特殊效果修改器的使用等操作。

学习重点和难点

- 绘制标准基本体
- 绘制扩展基本体
- 绘制扩展几何体
- 使用常用三维模型修改器
- 使用特殊效果修改器

5.1　绘制标准基本体

在 3ds Max 2009 中，标准基本体就像现实世界中的皮球、管道、长方体、圆环和圆锥形冰淇淋等形状，是构造三维模型的基础。在实际建模过程中，用户只需根据不同的形状，创建类似的基本体，然后通过对其进行编辑修改，即可得到丰富多样的模型。

5.1.1　创建长方体

长方体是各种模型中最基本，也是最常用的模型，其常用于设计日常生活中的家具和房屋等模型。创建长方体的具体操作步骤如下：

（1）单击"文件"|"打开"命令，打开一个素材模型文件，如图 5-1 所示。

（2）单击"创建"面板中的"几何体"按钮 ，在"对象类型"卷展栏中单击"长方体"按钮，然后移动鼠标指针至顶视图中，按住鼠标左键并拖曳至合适位置，释放鼠标，创建一个长方体，如图 5-2 所示。

图 5-1　素材模型（一）

（3）在"参数"卷展栏中设置"长度"和"宽度"均为 22、"高度"为 1.5，按【Enter】键确认，移动对象至合适位置并赋予相应的材质，效果如图 5-3 所示。

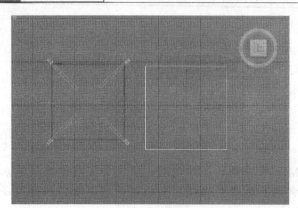

图 5-2　创建长方体

图 5-3　长方体效果

5.1.2　创建圆锥体

通过"圆锥体"工具，可以创建圆锥、圆台等模型，并且可以生成直立或倒立的圆锥体，其具体操作步骤如下：

（1）单击"文件"|"打开"命令，打开一个素材模型文件，如图 5-4 所示。

（2）单击"创建"面板中的"几何体"按钮 ⚪，在"对象类型"卷展栏中单击"圆锥体"按钮，移动鼠标指针至顶视图中，按住鼠标左键并拖曳至合适位置，释放鼠标后即可创建一个圆锥体；在"参数"卷展栏中设置"半径 1"为 75、"半径 2"为 25、"高度"为 50、"高度分段"为 1，按【Enter】键确认，移动对象至合适位置并赋予相应的材质，效果如图 5-5 所示。

图 5-4　素材模型（二）

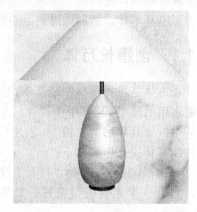

图 5-5　创建圆锥体

专家指点

当创建圆锥体时，若两个底面半径中有一个为 0 时，则模型为圆锥体；若都不为 0 且不相等时，则模型为圆台；若都不为 0 且相等时，则模型为圆柱体。

5.1.3　创建球体

球体一般由四角面片组成。通过"球体"工具，可以创建完整的球体、半球体模型或球体模型的某部分，还可以围绕球体的垂直轴对其进行切片。创建球体的具体操作步骤如下：

（1）按【Ctrl+O】组合键，打开一个素材模型文件，如图 5-6 所示。

（2）单击"创建"面板中的"几何体"按钮，单击"对象类型"卷展栏中的"球体"按钮，移动鼠标指针至前视图中，按住鼠标左键并拖动鼠标，即可创建一个球体，在"参数"卷展栏中设置"半径"为 22、"分段"为 16，按回车键确认，并移动球体至合适位置，效果如图 5-7 所示。

图 5-6　素材模型（三）

图 5-7　创建球体

5.1.4　创建几何球体

几何球体由三角面拼接而成，使用"几何球体"工具，可以基于规则多面体制作球体和半球体模型。创建几何球体的具体操作步骤如下：

（1）单击"文件"|"打开"命令，打开一个素材模型文件，如图 5-8 所示。

（2）单击"创建"面板中的"几何体"按钮，在"对象类型"卷展栏中单击"几何球体"按钮，移动鼠标指针至顶视图中，按住鼠标左键并拖曳至合适位置，即可创建一个几何球体；在"参数"卷展栏中设置"半径"为 55，按【Enter】键确认，并移动球体至合适位置，效果如图 5-9 所示。

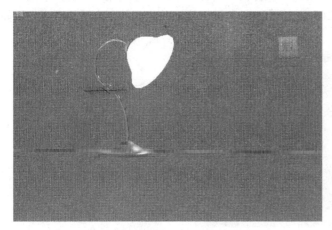

图 5-8　素材模型（四）

图 5-9　创建几何球体

5.1.5　创建圆柱体

圆柱体是圆锥体的一种特殊形式，使用"圆柱体"工具，可以创建棱柱体、圆柱体或局部圆柱体，还可以围绕其主轴进行切片。创建圆柱体的具体操作步骤如下：

（1）按【Ctrl+O】组合键，打开一个素材模型文件，如图 5-10 所示。

（2）单击"创建"面板中的"几何体"按钮；单击"对象类型"卷展栏中的"圆柱体"按钮，在顶视图中按住鼠标左键并拖动鼠标，创建一个圆柱体，在"参数"卷展栏中设置"半径"为 20、"高度"为 200，按回车键确认，并移动圆柱体至合适位置，效果如图 5-11 所示。

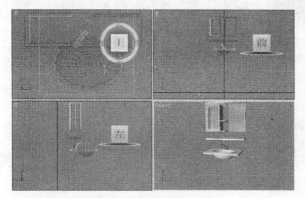

图 5-10　素材模型（五）

图 5-11　创建圆柱体

5.1.6　创建管状体

管状体是一个圆管，类似于中空的圆柱体。使用"管状体"工具，可以创建圆柱形和棱柱形管道模型。创建管状体的具体操作步骤如下：

（1）单击"文件"|"打开"命令，打开一个素材模型文件，如图 5-12 所示。

（2）单击"创建"面板中的"几何体"按钮 ◎，在"对象类型"卷展栏中单击"管状体"按钮，移动鼠标指针至顶视图中，按住鼠标左键并拖曳至合适位置释放鼠标，然后移动鼠标指针至合适位置，单击鼠标左键，即可创建一个管状体，在"参数"卷展栏中设置"半径 1"为 420、"半径 2"为 50、"高度"为 2650，按【Enter】键确认，并将其移至合适位置，效果如图 5-13 所示。

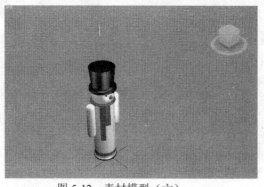

图 5-12　素材模型（六）

图 5-13　创建管状体

5.1.7   创建圆环

圆环是由一个圆面围绕一条与该圆在同一平面内的直线旋转一周而生成的几何体。使用"圆环"工具，可以生成一个环形或具有圆形横截面的环。创建圆环的具体操作步骤如下：

（1）单击"文件"|"打开"命令，打开一个素材模型文件，如图 5-14 所示。

（2）单击"创建"面板中的"几何体"按钮 ，在"对象类型"卷展栏中单击"圆环"按钮，移动鼠标指针至顶视图中，按住鼠标左键并拖曳至合适位置后释放鼠标，然后向外移动鼠标指针至合适位置，单击鼠标左键，即可创建一个圆环，如图 5-15 所示。

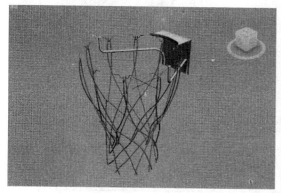
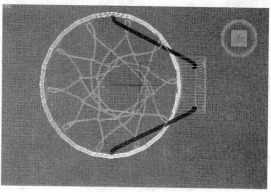

图 5-14   素材模型（七）   图 5-15   绘制圆环

（3）在"参数"卷展栏中设置"半径 1"为 178、"半径 2"为 2，按【Enter】键确认，在顶视图中单击"选择并移动"按钮，移动对象至合适位置并赋予相应的材质，效果如图 5-16 所示。

图 5-16   圆环效果

5.1.8   创建四棱锥

使用"四棱锥"工具，可以生成具有方形或矩形底部和三角形侧面的四棱锥。四棱锥的底面是一个矩形，而不是普通的四边形。创建四棱锥的具体操作步骤如下：

（1）单击"文件"｜"打开"命令，打开一个素材模型文件，如图 5-17 所示。

（2）单击"创建"面板中的"几何体"按钮 ⦿ ，在"对象类型"卷展栏中单击"四棱锥"按钮，移动鼠标指针至顶视图中，按住鼠标左键并拖曳至合适位置，即可创建一个四棱锥，在"参数"卷展栏中设置"宽度"为 60、"深度"为 45、"高度"为 70，按【Enter】键确认，并为对象赋予合适的材质，效果如图 5-18 所示。

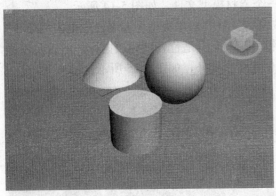

图 5-17　素材模型（八）　　　　　　　　　图 5-18　创建四棱锥

 专家指点

用户在按住【Ctrl】键的同时单击鼠标左键并拖曳，可创建出底部是正方形的四棱锥。

5.1.9　创建茶壶

茶壶是一种比较特殊的三维几何体模型，它是一个完整的三维对象，常用于设计过程中的一些材质测试和渲染效果的评比。创建茶壶的具体操作步骤如下：

（1）单击"文件"｜"打开"命令，打开一个素材模型文件，如图 5-19 所示。

（2）单击"创建"面板中的"几何体"按钮 ⦿ ，在"对象类型"卷展栏中单击"茶壶"按钮，移动鼠标指针至顶视图中，按住鼠标左键并拖曳至合适位置，即可创建一个茶壶，在"参数"卷展栏中设置"半径"为 7，按【Enter】键确认，并将其移动至合适位置，效果如图 5-20 所示。

图 5-19　素材模型（九）　　　　　　　　　图 5-20　创建茶壶

5.1.10　创建平面

在 3ds Max 2009 中，"平面"对象是特殊类型的平面多边形网络，可在渲染时无限放大，还可以指定放大分段的大小或数量的因子。创建平面的具体操作步骤如下：

（1）按【Ctrl+O】组合键，打开一个素材模型文件，如图 5-21 所示。

（2）单击"创建"面板中的"几何体"按钮，单击"对象类型"卷展栏中的"平面"按钮，在顶视图中单击鼠标左键并拖曳至合适位置，即可创建一个平面，在"参数"卷展栏中设置"长度"为 500、"宽度"为 800，如图 5-22 所示。

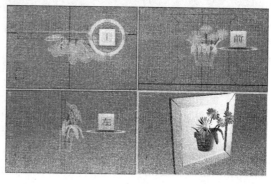

图 5-21　素材模型（十）

（3）选择平面对象，在视图中将其移至合适位置，并赋予相应的材质，按【F9】键进行快速渲染操作，效果如图 5-23 所示。

图 5-22　创建平面

图 5-23　渲染效果

5.2　绘制扩展基本体

扩展基本体是 3ds Max 中复杂基本体的集合，其创建方法与标准基本体的创建方法是一样的，不同之处在于扩展基本体各参数的设置往往比较复杂，应用比较少。

5.2.1　创建异面体

异面体是扩展基本体中比较简单却典型的一种，常用于创建各种类型的多面体和星形。创建异面体的具体操作步骤如下：

（1）单击"文件"|"打开"命令，打开一个素材模型文件，如图 5-24 所示。单击"创建"面板中的"几何体"按钮，单击"标准基本体"下拉列表框，在弹出下拉列表中选择"扩展基本体"选项。

（2）单击"对象类型"卷展栏中的"异面体"按钮，在前视图中按住鼠标左键并拖曳至合适位置，即可创建一个异面体，在"参数"卷展栏中设置"半径"为10，"系列"为"十二面体/二十面体"，按【Enter】键确认，并将其移至合适位置，然后调整异面体的颜色，效果如图 5-25 所示。

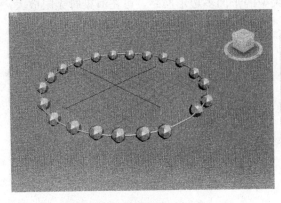

图 5-24　素材模型（十一）

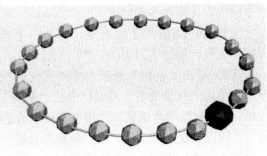

图 5-25　异面体效果

5.2.2　创建环形结

环形结是由圆环通过打结得到的扩展基本体，其创建方法与圆环体的创建方法类似，其具体操作步骤如下：

（1）单击"文件"|"打开"命令，打开一个素材模型文件，如图 5-26 所示。

（2）单击"创建"面板中的"几何体"按钮，在下方的下拉列表中选择"扩展基本体"选项，单击"对象类型"卷展栏中的"环形结"按钮，在顶视图中按住鼠标左键并拖曳至合适位置，即可创建一个环形结。

（3）在"参数"卷展栏的"基础曲线"选项区中设置"半径"为1，在"横截面"选项区中设置"半径"为0.8，按【Enter】键确认，并将其移至合适位置，效果如图 5-27 所示。

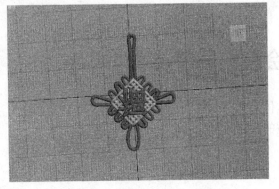

图 5-26　素材模型（十二）

图 5-27　环形结效果

5.2.3　创建切角长方体

切角长方体是由长方体通过切角的方式得到的扩展基本体。使用"切角长方体"工具，可以创建沙发、椅垫等模型。创建切角长方体的具体操作步骤如下：

（1）单击"文件"|"打开"命令，打开一个素材模型文件，如图 5-28 所示。

（2）单击"创建"面板中的"几何体"按钮，在下方的下拉列表中选择"扩展基本体"选项，单击"对象类型"卷展栏中的"切角长方体"按钮，在顶视图中按住鼠标左键并向右下方拖曳，至合适位置后释放鼠标左键，然后沿 X 轴向上拖曳鼠标至合适位置并单击，向内移动鼠标指针至合适位置，单击鼠标左键，即可创建一个切角长方体。

（3）在"参数"卷展栏中设置"长度"为 50、"宽度"为 60、"高度"为 15、"圆角"为 30、"圆角分段"为 12，按【Enter】键确认，为其赋予相应的材质并移动至合适位置，效果如图 5-29 所示。

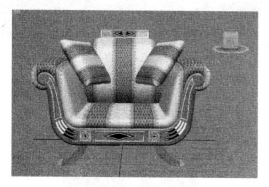

图 5-28　素材模型（十三）

图 5-29　切角长方体效果

5.2.4　创建切角圆柱体

切角圆柱体是由圆柱体通过切角方式得到的扩展基本体。通过"切角圆柱体"工具，可以方便、快速地创建一些需要圆角的圆柱模型。创建切角圆柱体的具体操作步骤如下：

（1）单击"文件"|"打开"命令，打开一个素材模型文件，如图 5-30 所示。

（2）单击"创建"面板中的"几何体"按钮，在下方的下拉列表中选择"扩展基本体"选项，单击"对象类型"卷展栏中的"切角圆柱体"按钮，在顶视图中按住鼠标左键并沿 X 轴向右拖曳，至合适位置后释放鼠标左键，然后沿 Y 轴向上拖曳鼠标至合适位置并单击，再次向内拖曳鼠标至合适位置并单击，即可创建一个切角圆柱体。

（3）在"参数"卷展栏中设置"半径"为 10、"高度"为 240、"圆角"为 5，按【Enter】键确认，为其赋予相应的材质并移至合适位置，效果如图 5-31 所示。

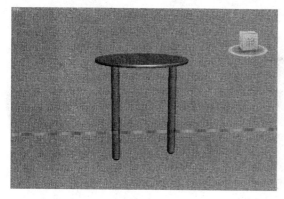

图 5-30　素材模型（十四）

图 5-31　切角圆柱体效果

5.2.5 创建油罐

油罐由圆柱体扩展而来,其上下两端不是平面,而是具有一定弯曲程度的曲面。使用"油罐"工具,可以创建带有凸面封口的圆柱体。创建油罐的具体操作步骤如下:

(1)单击"文件"|"打开"命令,打开一个素材模型文件,如图 5-32 所示。

(2)单击"创建"面板中的"几何体"按钮,在下方的下拉列表中选择"扩展基本体"选项,单击"对象类型"卷展栏中的"油罐"按钮,移动鼠标指针至顶视图中,按住鼠标左键并沿 X 轴向右拖曳至合适位置,然后沿 Y 轴向上移动鼠标指针至合适位置,单击鼠标左键,即可创建一个油罐,在"参数"卷展栏中设置"半径"为 100、"高度"为 400、"封口高度"为 10,按回车键确认,效果如图 5-33 所示。

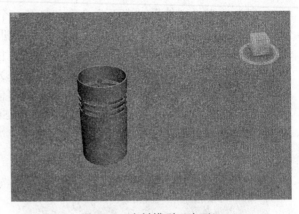

图 5-32 素材模型(十五)

图 5-33 创建油罐

5.2.6 创建胶囊

使用"胶囊"工具,可以创建带有半球状封口的圆柱体,其具体操作步骤如下:

(1)单击"文件"|"打开"命令,打开一个素材模型文件,如图 5-34 所示。

(2)单击"创建"面板中的"几何体"按钮,在下方的下拉列表中选择"扩展基本体"选项,单击"对象类型"卷展栏中的"胶囊"按钮,移动鼠标指针至前视图中,按住鼠标左键并沿 X 轴向右拖曳,至合适位置后释放鼠标左键,然后沿 Y 轴向上移动鼠标指针至合适位置,单击鼠标左键,即可创建一个胶囊;在"参数"卷展栏中设置"半径"为 60、"高度"为 400,移动对象至合适位置并赋予合适的材质,效果如图 5-35 所示。

图 5-34 素材模型(十六)

图 5-35 创建胶囊

5.2.7　创建纺锤

纺锤与油罐模型基本相同,唯一的不同在于油罐的两端是球面,而纺锤的两端是锥形面。创建纺锤的具体操作步骤如下:

（1）按【Ctrl+O】组合键,打开一个素材模型文件,如图 5-36 所示。

（2）单击"创建"面板中的"几何体"按钮,在其下方的下拉列表中选择"扩展基本体"选项,单击"对象类型"卷展栏中的"纺锤"按钮,在顶视图中按住鼠标左键并拖动,至合适位置后释放鼠标左键,再沿 Y 轴拖曳鼠标至合适位置并单击,即可创建一个纺锤;在"参数"卷展栏中设置"半径"为 40、"高度"为 50、"封口高度"为 20,并将其调整至合适位置,效果如图 5-37 所示。

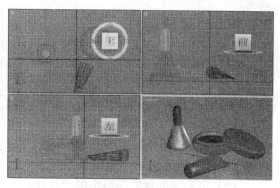

图 5-36　素材模型（十七）

图 5-37　创建纺锤

5.2.8　创建 L-Ext

使用 L-Ext 工具,可以创建挤出的 L 形对象,经常用于快速建模。创建 L-Ext 的具体操作步骤如下:

（1）单击"文件"|"打开"命令,打开一个素材模型文件,如图 5-38 所示。

（2）单击"创建"面板中的"几何体"按钮,在下方的下拉列表中选择"扩展基本体"选项,单击"对象类型"卷展栏中的 L-Ext 按钮,移动鼠标指针至顶视图中,按住鼠标左键并沿 X 轴向左拖曳至合适位置,然后沿 Y 轴向上拖曳鼠标至合适位置,再次向外拖曳鼠标至合适位置,在"参数"卷展栏中设置"侧面长度"为-103、"前面长度"为-148、"侧面宽度"和"前面宽度"均为 3、"高度"为 11,按【Enter】键确认,即可创建一个 L-Ext 对象。

（3）用与上述相同的方法,创建另一个 L-Ext 对象,在顶视图中分别沿 X、Y 轴调整至合适位置并赋予相应的材质,效果如图 5-39 所示。

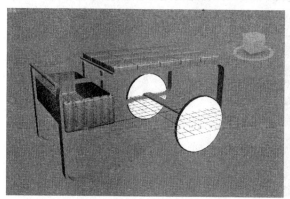

图 5-38　素材模型（十八）

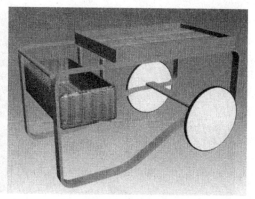

图 5-39　L-Ext 效果

5.2.9 创建球棱柱

球棱柱是带有棱角的柱体。使用"球棱柱"工具，可以利用可选的圆角面边，创建挤出的规则面多边形。创建球棱柱的具体操作步骤如下：

（1）按【Ctrl+O】组合键，打开一个素材模型文件，如图 5-40 所示。

（2）单击"创建"面板中的"几何体"按钮，在其下方的下拉列表中选择"扩展基本体"选项，单击"对象类型"卷展栏中的"球棱柱"按钮，在顶视图中按住鼠标左键并拖动鼠标，即可创建一个球棱柱，在"参数"卷展栏中设置"边数"为 5、"半径"为 60、"圆角"为 20、"高度"为 90，然后将其调整至合适位置并进行渲染处理，效果如图 5-41 所示。

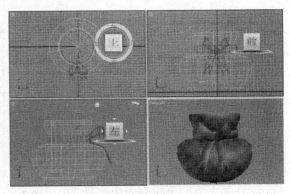

图 5-40　素材模型（十九）

图 5-41　创建球棱柱

5.2.10 创建 C-Ext

C-Ext 也是由长方体扩展而来的。通过 C-Ext 工具，可以创建挤出的 C 形对象。创建 C-Ext 的具体操作步骤如下：

（1）按【Ctrl+O】组合键，打开一个素材模型文件，如图 5-42 所示。

（2）单击"创建"面板中的"几何体"按钮，在其下方的下拉列表中选择"扩展基本体"选项，单击"对象类型"卷展栏中的 C-Ext 按钮，在前视图中按住鼠标左键并拖动鼠标，即可创建一个 C-Ext 对象。

（3）在"参数"卷展栏中设置"背面长度"为 280、"侧面长度"为-280、"前面长度"为 280、"背面宽度"、"侧面宽度"、"前面宽度"均为 10、"高度"为 20，在前视图中单击"选择并旋转"按钮，将其绕 Y 轴旋转 90 度，并移至合适位置，效果如图 5-43 所示。

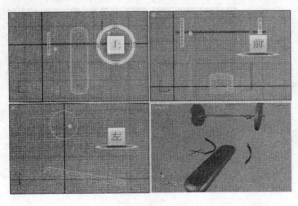

图 5-42　素材模型（二十）

图 5-43　创建 C-Ext

5.2.11　创建环形波

使用"环形波"工具可以创建一个环形，用户可以设置环形波对象的增长动画，也可以使用关键帧来设置相应对象的动画。创建环形波的具体操作步骤如下：

（1）单击"创建"面板中的"几何体"按钮，在其下方的下拉列表中选择"扩展基本体"选项，单击"对象类型"卷展栏中的"环形波"按钮，在顶视图中按住鼠标左键并拖动鼠标，即可创建环形波，在"参数"卷展栏中的"环形波大小"选项区的"半径"数值框中输入 8，在"环形宽度"数值框中输入 5，如图 5-44 所示。

（2）按回车键确认，为环形波赋予相应的材质并渲染，效果如图 5-45 所示。

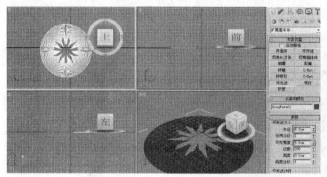

图 5-44　设置参数　　　　　　　　　　　　　图 5-45　环形波效果

5.2.12　创建棱柱

使用"棱柱"工具，可以创建带有独立分段面的三面棱柱。创建棱柱的具体操作步骤如下：

（1）单击"文件" | "打开"命令，打开一个素材模型文件，如图 5-46 所示。

（2）单击"创建"面板中的"几何体"按钮，在下方的下拉列表中选择"扩展基本体"选项，单击"对象类型"卷展栏中的"棱柱"按钮，在顶视图中按住鼠标左键并沿 X 轴向右拖曳，至合适位置释放鼠标，然后沿 Y 轴向上拖曳鼠标至合适位置并单击，再次沿 Y 轴向下拖曳鼠标至合适位置并单击，在"参数"卷展栏中设置"侧面 1 长度"、"侧面 2 长度"、"侧面 3 长度"均为 1000，"高度"为 200，按【Enter】键即可创建棱柱，效果如图 5-47 所示。

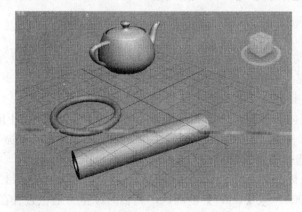
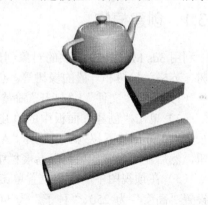

图 5-46　素材模型（二十一）　　　　　　　　图 5-47　创建棱柱

5.2.13　创建软管

软管是一个能连接两个对象的弹性对象，因而能表达所选对象的运动信息。它类似于弹簧，但不具备动力学属性。创建软管的具体操作步骤如下：

（1）单击"文件"|"打开"命令，打开一个素材模型文件，如图 5-48 所示。

（2）单击"创建"面板中的"几何体"按钮，在下方的下拉列表中选择"扩展基本体"选项，单击"对象类型"卷展栏中的"软管"按钮。

（3）在顶视图中按住鼠标左键并沿 X 轴向右拖曳，至合适位置后释放鼠标，然后沿 Y 轴向上拖曳鼠标至合适位置并单击，在"软管参数"卷展栏中设置"高度"为 250、"直径"为 35，按【Enter】键确认，并调整软管的位置和颜色，效果如图 5-49 所示。

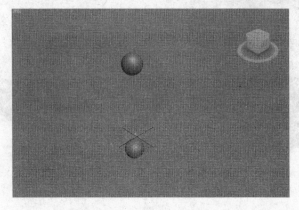

图 5-48　素材模型（二十二）

图 5-49　软管效果

5.3　绘制扩展几何体

3ds Max 2009 还有一个非常令人瞩目的特色，就是具备快速创建复杂对象的功能，一些结构复杂的模型（如门、墙、植物等），只需要简单地设置几个关键参数或选项，即可制作出逼真的 3D 模型。

5.3.1　创建植物

利用 3ds Max 2009 提供的对象创建功能可以快速创建各种不同种类的植物，如孟加拉菩提树、苏格兰松树和一般的橡树等。创建一般的橡树植物的具体操作步骤如下：

（1）单击"文件"|"打开"命令，打开一个素材模型文件，如图 5-50 所示。

（2）单击"创建"面板中的"几何体"按钮，单击"标准基本体"下拉列表框中的下拉按钮，在弹出的下拉列表中选择"AEC 扩展"选项，在"对象类型"卷展栏中单击"植物"按钮，然后在"收藏的植物"卷展栏中选择"一般的橡树"选项。

（3）在顶视图中的合适位置单击鼠标左键，即可创建一般的橡树，在"参数"卷展栏中设置"高度"为 250、"种子"为 900000，按【Enter】键确认，旋转对象至合适位置并在透视图中最大化显示对象，效果如图 5-51 所示。

专家指点

在创建植物后，其"参数"卷展栏中的"种子"是随机数。每次创建的种子数量都不一样，用户可以根据不同需要设置相应的种子数量。种子数值越大，植物的点面树就越多，但是将会降低系统的处理速度。

图 5-50　素材模型（二十三）

图 5-51　橡树效果

5.3.2　创建栏杆

栏杆对象包括栏杆、立柱和栅栏，栅栏包括支柱或实体填充材质。创建栏杆的具体操作步骤如下：

（1）按【Ctrl+O】组合键，打开一个素材模型文件，如图 5-52 所示。

（2）单击"创建"面板中的"几何体"按钮，单击"标准基本体"下拉列表框，在弹出的下拉列表中选择"AEC 扩展"选项，在"对象类型"卷展栏中单击"栏杆"按钮，在"栏杆"卷展栏中单击"拾取栏杆路径"按钮，移动鼠标指针至 Camera01 视图中拾取 Line01 对象，设置"高度"为 20。

（3）选中"匹配拐角"复选框，在"栅栏"卷展栏中设置"深度"为 5，并单击"支柱间距"按钮，弹出"支柱间距"对话框，在"计数"右侧的数值框中输入 30，单击"关闭"按钮即可设置栏杆的数量，为模型赋予相应的材质，效果如图 5-53 所示。

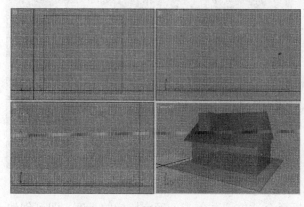

图 5-52　素材模型（二十四）

图 5-53　创建栏杆

5.3.3 创建墙

使用 3ds Max 2009 内置的墙工具,可以创建多种墙模型,如室外的墙壁和室内的墙壁等,而且能够控制墙的高度和厚度等特征。创建墙的具体操作步骤如下:

(1) 单击"文件"|"打开"命令,打开一个素材模型文件,如图 5-54 所示。

(2) 单击"创建"面板中的"几何体"按钮,在"标准基本体"下拉列表中选择"AEC 扩展"选项,在"对象类型"卷展栏中单击"墙"按钮;在"参数"卷展栏中设置"高度"为 510。

(3) 移动鼠标指针至顶视图中,单击鼠标左键确定起点,沿 X 轴移动鼠标指针至合适位置,再次单击鼠标左键,沿 Y 轴向上移动鼠标指针,单击鼠标左键结束,即可创建墙,为墙赋予相应的材质并移至合适位置,效果如图 5-55 所示。

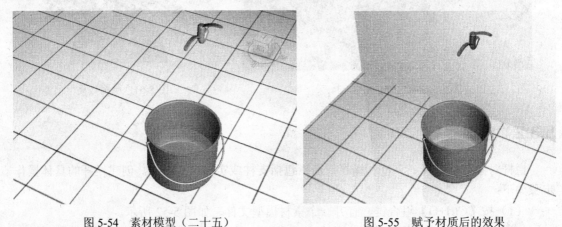

图 5-54 素材模型(二十五)　　　　　　图 5-55 赋予材质后的效果

5.3.4 创建楼梯

楼梯模型是一种非常复杂的结构模型,但在 3ds Max 2009 中可以轻松地创建出来。在 3ds Max 2009 中,系统提供了 4 种不同类型的楼梯,分别为 L 型楼梯、U 型楼梯、直线楼梯和螺旋楼梯。创建直线楼梯的具体操作步骤如下:

(1) 单击"文件"|"新建"命令,新建一个场景文件;单击"创建"面板中的"几何体"按钮,在"标准基本体"下拉列表中选择"楼梯"选项,然后在"对象类型"卷展栏中单击"直线楼梯"按钮。

(2) 移动鼠标指针至顶视图中,按住鼠标左键并沿 Y 轴向下拖曳,至合适位置后释放鼠标左键,确定楼梯的长度,然后沿 X 轴向右拖曳鼠标至合适位置并单击,

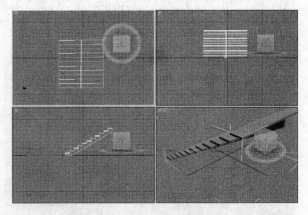

图 5-56 创建直线楼梯

确定楼梯的宽度,再次沿 Y 轴向上拖曳鼠标至合适位置并单击,确定楼梯的高度,即可创建

直线楼梯，如图 5-56 所示。

（3）在"参数"卷展栏中选中"落地式"单选按钮，在"布局"选项区中设置"长度"为 1800、"宽度"为 1200，在"梯级"选项区中设置"总高"为 400，按【Enter】键确认，然后在透视图中最大化显示对象，效果如图 5-57 所示。

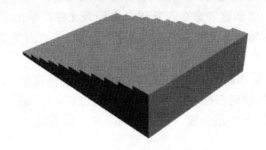

图 5-57　直线楼梯效果

5.3.5　创建门

在 3ds Max 2009 中提供了 3 种类型的门模型，分别为枢轴门、推拉门和折叠门，用户选用相应的门模型可以控制门外观的显示细节，还可以将门设置为打开、部分打开或关闭，同时可以设置打开门的动画。创建折叠门的具体操作步骤如下：

（1）单击"文件"|"新建"命令，新建一个场景文件；单击"创建"面板中的"几何体"按钮，在"标准基本体"下拉列表中选择"门"选项，在"对象类型"卷展栏中单击"折叠门"按钮。

（2）移动鼠标指针至顶视图中，按住鼠标左键并向下拖曳，至合适位置后释放鼠标，确定门的宽度，然后沿 X 轴向右拖曳鼠标至合适位置并单击，确定门的深度，再次按住鼠标左键并沿 Y 轴向上拖曳，至合适位置后单击，确定门的高度，创建的折叠门如图 5-58 所示。

（3）在"参数"卷展栏中设置"高度"为 2500、"宽度"为 2500、"深度"为 100，在"打开"右侧的数值框中输入 60，在"页扇参数"卷展栏中设置"水平窗格数"为 5，按【Enter】键确认，并为折叠门赋予合适的材质，效果如图 5-59 所示。

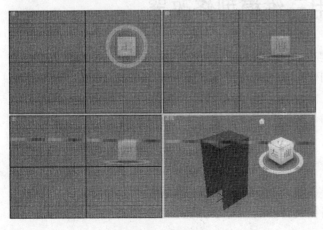

图 5-58　创建折叠门

图 5-59　折叠门效果

5.3.6 创建窗户

在 3ds Max 2009 中提供了 6 种类型的窗模型，分别是遮篷式窗、平开窗、固定窗、旋开窗、伸出式窗和推拉窗。创建遮篷式窗的具体操作步骤如下：

（1）单击"文件"|"新建"命令，新建一个场景文件；单击"创建"面板中的"几何体"按钮，在"标准基本体"下拉列表中选择"窗"选项，在"对象类型"卷展栏中单击"遮篷式窗"按钮。

（2）移动鼠标指针至顶视图中，按住鼠标左键并向下拖曳至合适位置，释放鼠标左键，确定窗的宽度，然后沿 X 轴向右移动鼠标指针至合适位置，单击鼠标左键确定窗的深度，再沿 Y 轴向上移动鼠标指针至合适位置，确定窗的高度，单击鼠标左键，即可创建遮篷式窗，如图 5-60 所示。

（3）在"参数"卷展栏中设置"高度"为 600、"宽度"为 500、"深度"为 50，在"打开"右侧的数值框中输入 40，按【Enter】键确认，并为遮篷式窗赋予材质，在透视图中最大化显示对象，效果如图 5-61 所示。

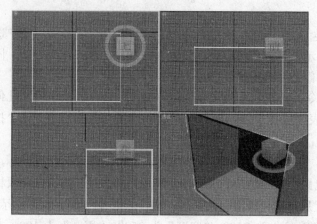

图 5-60　创建遮篷式窗

图 5-61　赋予材质后的效果

5.4　常用三维模型修改器

在 3ds Max 2009 中，对基本对象建模后，需要进行一系列的编辑或修改。在修改器堆栈中用户可以添加或编辑修改器，从而制作对象的动态变化效果。3ds Max 2009 提供了许多三维修改器，常用的主要有"路径变形"修改器、"贴图缩放器"修改器、"摄影机贴图"修改器、"补洞"修改器、"替换"修改器和"融化"修改器等。

5.4.1 "路径变形"修改器

"路径变形"修改器，常用来将样条线或 NURBS 曲线作为路径来变形对象，可以沿着该路径移动和拉伸对象，也可以沿该路径旋转和扭曲对象。使用"路径变形"修改器的具体操作步骤如下：

（1）单击"文件"|"打开"命令，打开一个素材模型文件，如图 5-62 所示。

（2）选择"新闻频道"文本，在"修改"面板的"修改器列表"下拉列表中选择"路径变形"选项，在"参数"卷展栏中单击"拾取路径"按钮，移动鼠标指针至视图中，拾取 Circle01 路径，在"路径变形"选项区中设置"旋转"为-90，在"路径变形轴"选项区中选中 X 单选按钮，按【F9】键进行快速渲染处理，效果如图 5-63 所示。

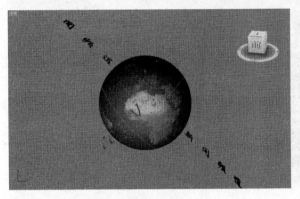
图 5-62　素材模型（二十六）

图 5-63　渲染效果（一）

5.4.2 "贴图缩放器"修改器

"贴图缩放器"修改器是针对整个场景内的所有对象的。使用"贴图缩放器"修改器可以保持对象的贴图坐标在整个场景内恒定不变，使其不受对象本身形态变化的影响。使用"贴图缩放器"修改器的具体操作步骤如下：

（1）单击"文件"|"打开"命令，打开一个素材模型文件，如图 5-64 所示。

（2）选择 Rectangle01 对象，在"修改"面板的"修改器列表"下拉列表中选择"贴图缩放器"选项，在"参数"卷展栏中设置"比例"为120、"U 向偏移"为 0.07、"V 向偏移"为 0.2，按回车键确认，并按【F9】键进行快速渲染处理，效果如图 5-65 所示。

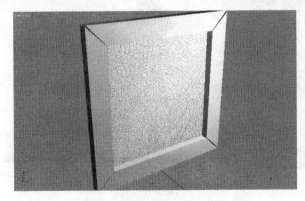
图 5-64　素材模型（二十七）

图 5-65　渲染效果（二）

5.4.3 "摄影机贴图"修改器

"摄影机贴图"修改器要求场景中必须有对象以及摄影机，并且对象应在摄影机视图中可以看到。使用"摄影机贴图"修改器的具体操作步骤如下：

（1）单击"文件"|"打开"命令，打开一个素材模型文件，如图 5-66 所示。

（2）选择 Rectangle01 对象，在"修改"面板的"修改器列表"下拉列表中选择"摄影机贴图"选项，在"摄影机贴图"卷展栏中单击"拾取摄影机"按钮，移动鼠标指针至前视图中拾取摄影机，则贴图跟随变化，效果如图 5-67 所示。

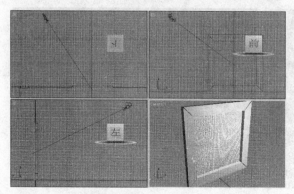

图 5-66　素材模型（二十八）

图 5-67　摄影机贴图效果

5.4.4 "补洞"修改器

"补洞"修改器用来对网格对象上的洞创建封口面，这些洞是由一些封闭的边组成的。也用来将对象表面破碎穿孔的地方加盖，进行补漏处理。使用"补洞"修改器的具体操作步骤如下：

（1）单击"文件"|"打开"命令，打开一个素材模型文件，如图 5-68 所示。

（2）选择 BADY 对象，在"修改"面板的"修改器列表"下拉列表中选择"补洞"选项，即可补好选定对象所缺的网格，效果如图 5-69 所示。

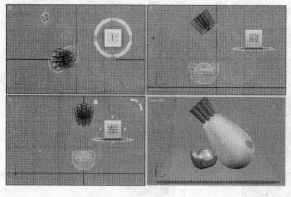

图 5-68　素材模型（二十九）

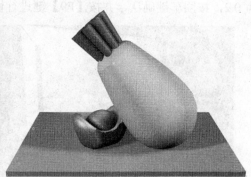

图 5-69　补洞效果

5.4.5 "替换"修改器

"替换"修改器可以将选定的三维模型替换为新的三维模型，使用"替换"修改器的具体操作步骤如下：

（1）单击"文件"|"打开"命令，打开一个素材模型文件，如图 5-70 所示。

（2）选择 Sphere01 对象，在"修改"面板的"修改器列表"下拉列表中选择"替换"选项，在"参数"卷展栏中单击"拾取场景对象"按钮，移动鼠标指针至前视图中选择 Loft02 对象，单击鼠标左键，在弹出的提示信息框中单击"是"按钮，即可替换所选对象，效果如图 5-71 所示。

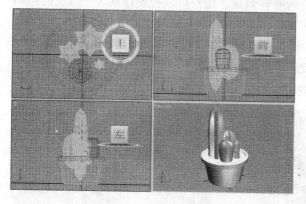

图 5-70　素材模型（三十）

图 5-71　替换效果

5.4.6　"融化"修改器

"融化"修改器可以将实际融化效果应用到所有类型的对象上，包括可编辑面片和 NURBS 对象。使用"融化"修改器的具体操作步骤如下：

（1）单击"文件"|"打开"命令，打开一个素材模型文件，如图 5-72 所示。

（2）选择蛋糕对象，在"修改"面板的"修改器列表"下拉列表中选择"融化"选项，在"参数"卷展栏中设置"数量"为 20，按回车键确认即可融化蛋糕，按【F9】键进行快速渲染，效果如图 5-73 所示。

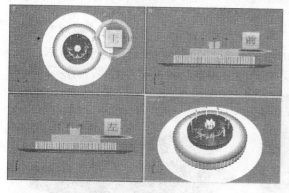

图 5-72　素材模型（三十一）

图 5-73　渲染效果（三）

5.5　常用变形修改器

变形修改器的类型很多，合理运用可以得到各式各样的编辑效果。在 3ds Max 2009 中常用的变形修改器主要包括："扭曲"修改器、"噪波"修改器、"弯曲"修改器、"拉伸"修改器、"挤压"修改器、"涟漪"修改器、"晶格"修改器及 FFD 4×4×4 修改器等。

5.5.1 "扭曲"修改器

"扭曲"修改器可使几何体对象产生一种旋转效果。用户可以控制任意 3 个轴上的扭曲角度，并设置偏移来压缩扭曲相对于轴点的效果。使用"扭曲"修改器的具体操作步骤如下：

（1）单击"文件"|"打开"命令，打开一个素材模型文件，如图 5-74 所示。

（2）选择 Star01 对象，在"修改"面板的"修改器列表"下拉列表中选择"扭曲"选项，在"参数"卷展栏中设置"角度"为 198，按回车键确认即可扭曲对象，效果如图 5-75 所示。

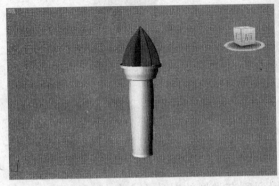

图 5-74　素材模型（三十二）　　　　　　　　图 5-75　扭曲效果

5.5.2 "噪波"修改器

使用"噪波"修改器可以对对象表面的顶点进行随机变动，使对象表面不规则起伏。使用"噪波"修改器的具体操作步骤如下：

（1）单击"文件"|"打开"命令，打开一个素材模型文件，如图 5-76 所示。

（2）选择平面对象，在"修改"面板的"修改器列表"下拉列表中选择"噪波"选项，在"参数"卷展栏中设置"种子"为 100、"比例"为 20，在"强度"选项区中设置 X、Y、Z 均为 50cm，按【Enter】键确认即可使对象表面产生"噪波"效果，如图 5-77 所示。

图 5-76　素材模型（三十三）　　　　　　　　图 5-77　噪波效果

5.5.3 "弯曲"修改器

使用"弯曲"修改器可以对对象进行弯曲处理，通过调整弯曲的角度、方向和轴向可以得到不同的弯曲效果。使用"弯曲"修改器的具体操作步骤如下：

（1）单击"文件"|"打开"命令，打开一个素材模型文件，如图 5-78 所示。

（2）选择衣架对象，在"修改"面板的"修改器列表"下拉列表中选择"弯曲"选项，在"参数"卷展栏中设置"角度"为 24、"方向"为 90，选中 X 单选按钮，即可弯曲所选对象，如图 5-79 所示。

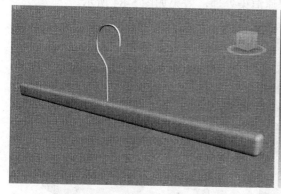 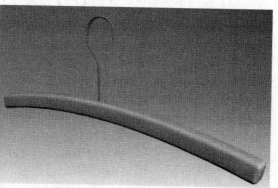

图 5-78 素材模型（三十四）　　　　　　　　　　图 5-79 弯曲对象

5.5.4 "拉伸"修改器

"拉伸"修改器可以使对象沿着指定的轴向产生缩放变化，并在其他两个副轴向上产生相反的缩放变化。使用"拉伸"修改器的具体操作步骤如下：

（1）单击"文件"|"打开"命令，打开一个素材模型文件，如图 5-80 所示。

（2）选择椅子对象，在"修改"面板的"修改器列表"下拉列表中选择"拉伸"选项，在"参数"卷展栏中设置"拉伸"为 0.5，选中"限制效果"复选框，在"上限"数值框中输入 300，按【Enter】键确认即可拉伸所选对象，如图 5-81 所示。

图 5-80 素材模型（三十五）　　　　　　　图 5-81 拉伸对象

5.5.5 "挤压"修改器

"挤压"修改器类似于"拉伸"修改器，不同之处在于"挤压"修改器对对象两端点的控制更为灵活。"挤压"修改器可通过改变对象的体积来改变对象的形态，其具体使用方法如下：

（1）单击"文件"|"打开"命令，打开一个素材模型文件，如图 5-82 所示。

（2）选择 Tube01 对象，在"修改"面板的"修改器列表"下拉列表中选择"挤压"选项，在"参数"卷展栏中设置"轴向凸出"选项区中的"数量"为 0.15，如图 5-83 所示。

（3）按回车键确认，并按【F9】键进行快速渲染处理，效果如图 5-84 所示。

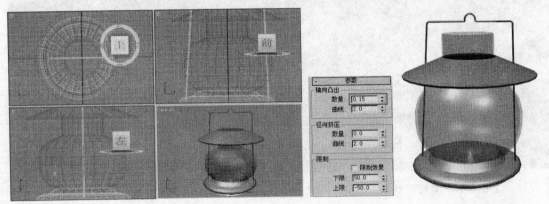

图 5-82　素材模型（三十六）　　　图 5-83　设置参数　　图 5-84　渲染效果

5.5.6 "涟漪"修改器

"涟漪"修改器可以在几何体对象中产生同心波纹效果，从中心向外辐射，振动对象表面的顶点。使用"涟漪"修改器的具体操作步骤如下：

（1）单击"文件"|"打开"命令，打开一个素材模型文件，如图 5-85 所示。

（2）选择水面对象，在"修改"面板的"修改器列表"下拉列表中选择"涟漪"选项，在"参数"卷展栏中设置"振幅 1"为 80、"振幅 2"为 80、"波长"为 50，按【Enter】键确认，即可使所选对象表面产生"涟漪"效果，如图 5-86 所示。

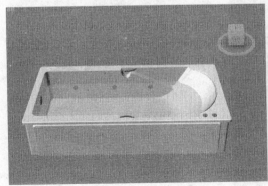
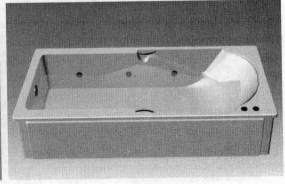

图 5-85　素材模型（三十七）　　　　图 5-86　涟漪效果

5.5.7 "晶格"修改器

"晶格"修改器可将图形的线段或边转化为圆柱形结构，并在顶点上产生可选的关节多面体，将对象变成网状结构。使用"晶格"修改器的具体操作步骤如下：

（1）单击"文件"|"打开"命令，打开一个素材模型文件，如图 5-87 所示。

（2）选择灯罩对象，在"修改"面板的"修改器列表"下拉列表中选择"晶格"选项，在"参数"卷展栏中设置"半径"为 5，按回车键确认，所选对象表面即会产生晶格效果，按【F9】键进行快速渲染处理，效果如图 5-88 所示。

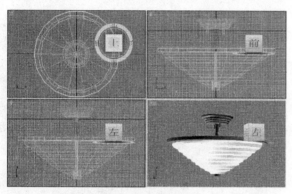

图 5-87　素材模型（三十八）

图 5-88　渲染效果（四）

5.5.8　FFD 4×4×4 修改器

FFD 4×4×4 修改器使用晶格框包围编辑对象，通过调整晶格的控制点，就可以很方便地改变对象的形状。使用 FFD 4×4×4 修改器的具体操作步骤如下：

（1）单击"文件"|"打开"命令，打开一个素材模型文件，如图 5-89 所示。

（2）选择靠背对象，在"修改"面板的"修改器列表"下拉列表中选择 FFD 4×4×4 选项，单击 FFD 4×4×4 修改器左侧的"＋"号，在展开的次对象中选择"控制点"选项，则模型的四周出现橙色的线框。

（3）在前视图中选择上方中间的 4 个节点，并将其沿 Y 轴向上移动至合适位置，按【F9】键进行快速渲染处理，效果如图 5-90 所示。

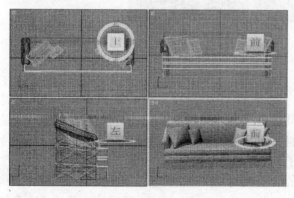

图 5-89　素材模型（三十九）

图 5-90　FFD 4×4×4 调节效果

5.6 特殊效果修改器

在 3ds Max 2009 中，用户可以在一个对象上应用多种修改器，以达到特殊的模型效果。常用的特殊效果修改器主要包括："平滑"修改器、"网格平滑"修改器、"优化"修改器、"推力"修改器、"壳"修改器、"倾斜"修改器、"切片"修改器和"锥化"修改器等。

5.6.1 "平滑"修改器

"平滑"修改器基于相邻面的角提供自动平滑，可以将新的平滑组应用到所选对象上。使用"平滑"修改器的具体操作步骤如下：

（1）单击"文件"|"打开"命令，打开一个素材模型文件，如图 5-91 所示。

（2）选择 Rectangle01 对象，在"修改"面板的"修改器列表"下拉列表中选择"平滑"选项，在"参数"卷展栏中选中"自动平滑"复选框，按回车键确认，

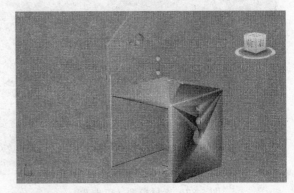

图 5-91　素材模型（四十）

并按【F9】键进行快速渲染处理，效果如图 5-92 所示。

图 5-92　渲染效果（五）

5.6.2 "网格平滑"修改器

"网格平滑"修改器可以通过多种不同的方式，对场景中的几何体进行平滑处理，并能对不规则的表面进行光滑处理。使用"网格平滑"修改器的具体操作步骤如下：

（1）单击"文件"|"打开"命令，打开一个素材模型文件，如图 5-93 所示。

（2）选择 Cylinder01 对象，在"修改"面板的"修改器列表"下拉列表中选择"网格平滑"选项，在"细分量"卷展栏中设置"迭代次数"为 2，按回车键确认，并按【F9】键

进行快速渲染处理，效果如图 5-94 所示。

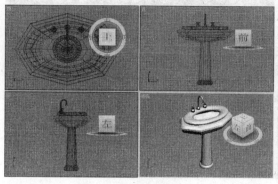

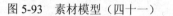
图 5-93　素材模型（四十一）

图 5-94　渲染效果（六）

5.6.3　"优化"修改器

"优化"修改器可以减少对象中不必要的面数和顶点数，在保持相似光滑效果的前提下，尽可能地简化几何体，以加快渲染速度。使用"优化"修改器的具体操作步骤如下：

（1）单击"文件"|"打开"命令，打开一个素材模型文件，如图 5-95 所示。

（2）选择蛋糕对象，在"修改"面板的"修改器列表"下拉列表中选择"优化"选项，在"参数"卷展栏的"上次优化状态"选项区中，可以看到优化后的顶点和面数的对比，按回车键确认，并按【F9】键进行快速渲染处理，效果如图 5-96 所示。

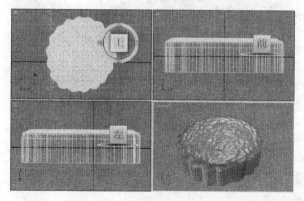
图 5-95　素材模型（四十二）

图 5-96　渲染效果（七）

5.6.4　"推力"修改器

"推力"修改器能够向内或向外挤压几何体的顶点，使对象产生内部膨胀或收缩的效果。使用"推力"修改器的具体操作步骤如下：

（1）单击"文件"|"打开"命令，打开一个素材模型文件，如图 5-97 所示。

（2）选择坐垫对象，在"修改"面板的"修改器列表"下拉列表中选择"推力"选项，在"参数"卷展栏中设置"推进值"为 4，按回车键确认，并按【F9】键进行快速渲染处理，效果如图 5-98 所示。

图 5-97　素材模型（四十三）

图 5-98　渲染效果（八）

5.6.5 "壳"修改器

　　"壳"修改器能够使没有厚度的面片产生厚度，使用"壳"修改器的具体操作步骤如下：

　　（1）单击"文件"|"打开"命令，打开一个素材模型文件，如图 5-99 所示。

　　（2）选择 Rectangle03 对象，在"修改"面板的"修改器列表"下拉列表中选择"壳"选项，在"参数"卷展栏中设置"外部量"为 5，按回车键确认，并按【F9】键进行快速渲染处理，效果如图 5-100 所示。

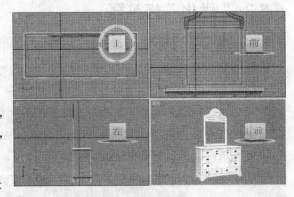
图 5-99　素材模型（四十四）

图 5-100　渲染效果（九）

5.6.6 "倾斜"修改器

　　"倾斜"修改器可以使对象产生均匀的偏移，用户可以在 3 个轴的任意一个轴向上控制倾斜的方向和数量。使用"倾斜"修改器的具体操作步骤如下：

　　（1）单击"文件"|"打开"命令，打开一个素材模型文件，如图 5-101 所示。

（2）选择所有对象，在"修改"面板的"修改器列表"下拉列表中选择"倾斜"选项，在"参数"卷展栏中设置"数量"为 20，按回车键确认，单击主工具栏中的"选择并移动"按钮，移动对象至合适位置，并按【F9】键进行快速渲染处理，效果如图 5-102 所示。

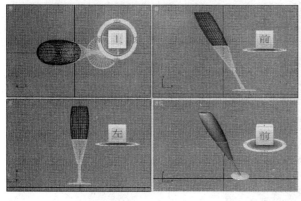

图 5-101　素材模型（四十五）

图 5-102　渲染效果（十）

5.6.7　"切片"修改器

"切片"修改器可以通过基于切片平面创建新的顶点、边和面，并将几何体分成两个单独的个体。使用"切片"修改器的具体操作步骤如下：

（1）单击"文件"|"打开"命令，打开一个素材模型文件，如图 5-103 所示。

（2）选择 BADY02 对象，在"修改"面板的"修改器列表"下拉列表中选择"切片"选项，在"参数"卷展栏中选中"移除底部"单选按钮，按回车键确认，并移动对象至合适位置，然后按【F9】键进行快速渲染处理，效果如图 5-104 所示。

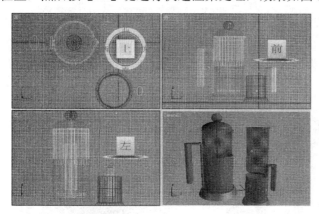

图 5-103　素材模型（四十六）

图 5-104　渲染效果（十一）

5.6.8　"锥化"修改器

"锥化"修改器可以使几何体对象的两端沿着某一轴向产生锥化轮廓，将其一端放大而另一端缩小。使用"锥化"修改器建模的具体操作步骤如下：

（1）单击"文件"|"打开"命令，打开一个素材模型文件，如图 5-105 所示。

（2）选择灯罩对象，在"修改"面板的"修改器列表"下拉列表中选择"锥化"选项，在"参数"卷展栏中设置"数量"为 0.5，按【Enter】键确认即可锥化所选对象，效果如图 5-106 所示。

图 5-105　素材模型（四十七）

图 5-106　锥化对象

习题与上机操作

一、填空题

1．使用＿＿＿＿＿＿工具，可以创建完整的球体、半球体或球体的其他部分，还可以围绕球体的垂直轴对其进行切片。

2．＿＿＿＿＿＿是扩展基本体中比较简单而且典型的一种，常用于创建各种类型的多面体和星形。

3．在 3ds Max 2009 中提供了 6 种类型的窗模型，分别是遮篷式窗、＿＿＿＿＿＿、固定窗、旋开窗、＿＿＿＿＿＿和＿＿＿＿＿＿。

二、思考题

1．简述扩展基本体有哪几种？

2．简述直线楼梯的创建方法。

三、上机操作

1．使用"螺旋楼梯"工具创建出如图 5-107 所示的三维模型。

图 5-107　螺旋楼梯

图 5-108　芳香蒜

2．创建芳香蒜植物对象，如图 5-108 所示。

第6章　高级建模

通过本章的学习，读者应掌握布尔建模、复合建模、放样建模、网格建模和面片建模等高级建模操作。

- 布尔建模
- 复合建模
- 放样建模

- 网格建模
- 面片建模

6.1　布尔建模

布尔建模是通过几何体空间位置的运算生成新的三维对象，通过布尔运算生成的对象称为布尔对象，每个参与布尔运算的对象则称为操作对象。

6.1.1　差集运算

差集建模用于在一个对象中减去其与另一个对象的相交部分。差集运算包括差集（A-B）和差集（B-A）两种运算方式。差集（B-A）运算对象的具体操作步骤如下：

（1）单击"文件"|"打开"命令，打开一个素材模型文件，如图6-1所示。

（2）在透视视图中选择 Line03 对象，单击"创建"面板中的"几何体"按钮，在"标准基本体"下拉列表中选择"复合对象"选项，单击"对象类型"卷展栏中的"布尔"按钮，在"拾取布尔"卷展栏中选中"操作"选项区的"差集（B-A）"单选按钮，单击"拾取操作对象 B"按钮，移动鼠标指针至视图中，拾取线 Line04 对象，弹出"布尔"提示信息框，单击"是"按钮即可差集运算对象，效果如图6-2所示。

图 6-1　素材模型（一）

图 6-2　差集运算对象

6.1.2　交集运算

交集运算是将两个运算对象重叠的部分保留下来，将不相交的部分删除。交集运算对象的具体操作步骤如下：

（1）单击"文件"|"打开"命令，打开一个素材模型文件，如图 6-3 所示。

（2）在透视视图中选择 Ellipse01 对象，单击"创建"面板中的"几何体"按钮，在"标准基本体"下拉列表中选择"复合对象"选项。

（3）单击"对象类型"卷展栏中的"布尔"按钮，在"拾取布尔"卷展栏中单击"拾取操作对象 B"按钮，并选中"操作"选项区中的"交集"单选按钮。

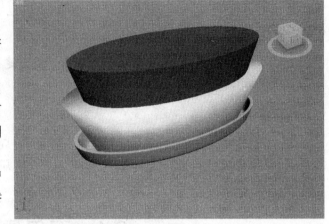

图 6-3　素材模型（二）

（4）移动鼠标指针至视图中拾取 Ellipse02 对象，即可交集运算对象，按【F9】键进行快速渲染处理，效果如图 6-4 所示。

图 6-4　交集运算对象

6.1.3　并集运算

并集运算是将两个运算对象合并为一个对象，并且将两个对象的相交部分删除。并集运算建模的具体操作步骤如下：

（1）按【Ctrl+O】组合键，打开一个素材模型文件，如图 6-5 所示。

（2）选择浴缸对象，单击"创建"面板中的"几何体"按钮，在"标准基本体"下拉列表中选择"复合对象"选项。

（3）单击"对象类型"卷展栏中的"布尔"按钮，在"拾取布尔"卷展栏中单击"拾取操作对象 B"按钮，并选中"操作"选项区中的"并集"单选按钮。

（4）移动鼠标指针至视图中拾取 Rectangle02 对象，即可对两个对象进行并集运算。按【F9】键进行快速渲染处理，效果如图 6-6 所示。

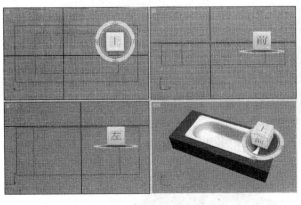

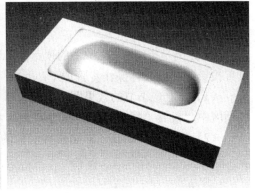

图 6-5　素材模型（三）　　　　　　　　　图 6-6　渲染效果（一）

6.2　复合建模

在 3ds Max 2009 中，标准基本体的创建方法与二维图形的创建方法类似，不同的标准基本体有着不同的特征。在实际建模中，可以先根据不同形状的对象创建相似的基本体，然后通过编辑该对象创建出丰富多样的模型。

6.2.1　一致建模

一致建模是通过将某个对象（称为"包裹器"）的顶点投影至另一个对象（称为"包裹对象"）的表面，来创建新的模型。

1．创建一致对象

一致对象是一种复合对象，常用于一些生物模型的制作。创建一致对象的具体操作步骤如下：

（1）按【Ctrl+O】组合键，打开一个素材模型文件，如图 6-7 所示。

（2）选择 Object1 对象，单击"创建"面板中的"几何体"按钮，在"标准基本体"下拉列表中选择"复合对象"选项，单击"对象类型"卷展栏中的"一致"按钮，在"拾取包裹到对象"卷展栏中单击"拾取包裹对象"按钮，移动鼠标指针至视图中，单击 Object2 对象，即可创建一致对象，按【F9】键进行快速渲染处理，效果如图 6-8 所示。

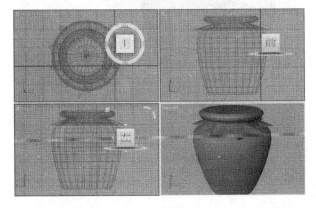

图 6-7　素材模型（四）　　　　　　　　　图 6-8　渲染效果（二）

2. 设置投影距离

投影距离是指包裹器对象中的顶点在未与包裹对象相交的情况下，距离其原始位置的距离。设置投影距离的具体操作步骤如下：

（1）以上一小节的效果图为例，选择 Object1 对象，在"参数"卷展栏的"包裹器参数"选项区中，设置"默认投影距离"为 80，如图 6-9 所示。

（2）按回车键确认，即可设置对象的投影距离，效果如图 6-10 所示。

图 6-9　设置参数　　　　　　　　　图 6-10　设置投影距离后的效果

3. 设置间隔距离

间隔距离是指包裹器对象的顶点与包裹对象表面之间的距离。数值越小，形状越接近包裹对象。设置间隔距离的具体操作步骤如下：

（1）以上一小节的效果图为例，选择 Object1 对象，在"参数"卷展栏的"包裹器参数"选项区中，设置"间隔距离"为 20，如图 6-11 所示。

（2）按回车键确认，即可设置对象之间的间隔距离，效果如图 6-12 所示。

图 6-11　参数设置　　　　　　　　图 6-12　设置间隔距离后的效果

6.2.2　散布建模

散布建模主要用来将所选的源对象散布为阵列，或散布到分布对象的表面。通常使用结构简单的物体作为散布对象。

1. 创建散布对象

通过创建散布对象,可将源对象以各种方式覆盖到目标对象的表面上,产生大量的复制品。创建散布对象的具体操作步骤如下:

(1)按【Ctrl+O】组合键,打开一个素材模型文件,如图 6-13 所示。

(2)选择球体对象,单击"创建"面板中的"几何体"按钮,在"标准基本体"下拉列表中选择"复合对象"选项,单击"对象类型"卷展栏中的"散布"按钮,在"拾取分布对象"卷展栏中单击"拾取分布对象"按钮。

(3)移动鼠标指针至视图中拾取水面,在"散布对象"卷展栏的"源对象参数"选项区中设置"重复数"为 40,在"分布对象参数"选项区中选中"体积"单选按钮,按回车键确认,即可在水面上散布球体对象,按【F9】键进行快速渲染处理,效果如图 6-14 所示。

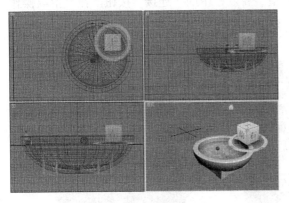

图 6-13　素材模型(五)

图 6-14　渲染效果(三)

2. 修改重复数

在创建散布对象时,用户可修改散布源对象的重复数目,默认情况下该值为 1。以上一节的效果为例,选择散布对象,在"散布对象"卷展栏的"源对象参数"选项区中,设置"重复数"为 20,按回车键确认,即可修改散布源对象的数量,效果如图 6-15 所示。

图 6-15　修改重复数后的效果

专家指点

重复数是设置散布源对象分布在目标对象表面上的复制数目,数值可以设得很大。例如表现头发,可以设为 5000 左右。

3. 设置比例

用户通过设置散布对象的比例,可以方便地控制对象的大小。以上一小节的效果图为例,选择散布对象,在"变换"卷展栏的"比例"选项区中设置 X 为 50,选中"锁定纵横比"

复选框,按回车键确认,即可设置散布对象的比例,
按【F9】键进行快速渲染处理,效果如图 6-16 所
示。

6.2.3 连接建模

使用连接建模,可以将两个网格对象的断面自
然地连接在一起,形成一个整体。创建连接对象的
具体操作步骤如下:

（1）单击"文件"|"打开"命令,打开一个
素材模型文件,如图 6-17 所示。

图 6-16 渲染效果（四）

（2）选择杯身对象,单击"创建"面板中的"几何体"按钮,在"标准基本体"下拉
列表中选择"复合对象"选项,单击"对象类型"卷展栏中的"连接"按钮,在"拾取操作
对象"卷展栏中单击"拾取操作对象"按钮,移动鼠标指针至视图中拾取杯柄对象,即可创
建连接对象,如图 6-18 所示。

图 6-17 素材模型（六）

图 6-18 创建连接对象

6.2.4 地形建模

地形建模能够制作出逼真的地形效果,并可以按照轮廓线数据生成地形对象。

1. 创建等高线

等高线是指地形对象上的等海拔高度线,创建等高线是地形建模的基础。创建等高线的
具体操作步骤如下:

（1）按【Ctrl+N】组合键,新建一个场景文件;单击"创建"面板中的"图形"按钮,
在"对象类型"卷展栏中单击"线"按钮,在"创建方法"卷展栏的"初始类型"与"拖动
类型"选项区中分别选中"平滑"单选按钮,移动鼠标指针至顶视图中,任意绘制一条封闭
的样条线,作为第一圈等高线,如图 6-19 所示。

（2）在第 1 圈等高线内,继续绘制其他封闭的样条线,在左视图中将圈内的等高线沿 Y
轴向上移至合适位置,即可完成等高线的创建,如图 6-20 所示。

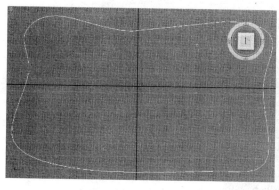

图 6-19 创建等高线（一）

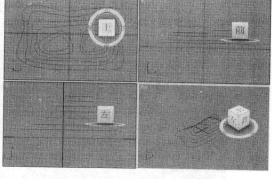

图 6-20 创建等高线（二）

2. 创建地形实体

使用"地形"按钮可以选择表示海拔轮廓的等高线，并在轮廓上创建地形实体。创建地形实体的具体操作步骤如下：

（1）以上一小节的效果图为例，选择最外面的等高线，单击"创建"面板中的"几何体"按钮，在"标准基本体"下拉列表中选择"复合对象"选项，单击"对象类型"卷展栏中的"地形"按钮，即可生成地形，如图 6-21 所示。

（2）单击"拾取操作对象"卷展栏中的"拾取操作对象"按钮，移动鼠标指针至顶视图中，由外至内依次单击各等高线，即可创建地形，然后为地形赋予相应的材质并删除等高线，按【F9】键进行快速渲染处理，效果如图 6-22 所示。

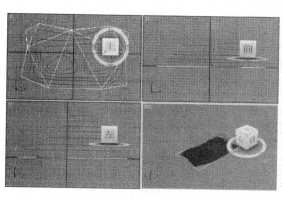

图 6-21 地形效果

图 6-22 渲染效果（五）

6.2.5 图形合并建模

图形合并建模可以用来创建网格对象和一个或多个图形的复合对象，从而产生相交或相减的效果。

1. 图形合并

使用"图形合并"工具可以将图形与网格对象曲面进行合并，其具体操作步骤如下：

（1）按【Ctrl+O】组合键，打开一个素材模型文件，如图 6-23 所示。

（2）选择灯罩对象，单击"创建"面板中的"几何体"按钮，在"标准基本体"下拉列表中选择"复合对象"选项，单击"对象类型"卷展栏中的"图形合并"按钮，在"拾取操作对象"卷展栏中单击"拾取图形"按钮，拾取视图中的 Circle01 对象，即可将图形合并到灯罩上，按【F9】键进行快速渲染处理，效果如图 6-24 所示。

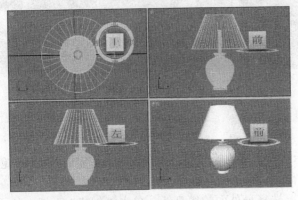

图 6-23　素材模型（七）

图 6-24　渲染效果（六）

2. 饼切图形

饼切图形是指切去网格对象曲面外部的图形，以上一小节的效果图为例，选择灯罩对象，在"参数"卷展栏的"操作"选项区中选中"饼切"单选按钮，按回车键确认，并按【F9】键进行快速渲染处理，效果如图 6-25 所示。

图 6-25　饼切图形效果

6.3　放样建模

放样建模可以沿直线或曲线的路径对图形进行放样，也可以在不同的层设置不同的横截面形状。沿着路径放样图形时，系统会在图形之间形成曲面。

6.3.1　获取路径放样

使用"获取路径"工具放样对象时，一个放样对象只允许有一条放样路径，该路径封闭、不封闭或交错都可以。获取路径放样对象的具体操作步骤如下：

（1）按【Ctrl+O】组合键，打开一个素材模型文件，如图 6-26 所示。

（2）选择 Circle01 对象，单击"创建"面板中的"几何体"按钮，在"标准基本体"下拉列表中选择"复合对象"选项，单击"对象类型"卷展栏中的"放样"按钮，在"创建方法"卷展栏中单击"获取路径"按钮，移动鼠标指针至视图中获取 Rectangle01，则圆形沿着倒角矩形进行放样，然后调整对象位置并赋予材质，对其进行渲染处理，效果如图 6-27 所示。

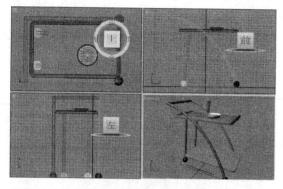

图 6-26　素材模型（八）

图 6-27　渲染效果（七）

6.3.2　获取图形放样

使用"获取图形"工具，可以将截面图形作为原图形进行放样。获取图形放样对象的具体操作步骤如下：

（1）按【Ctrl+O】组合键，打开一个素材模型文件，如图 6-28 所示。

（2）选择 Line01 对象，单击"创建"面板中的"几何体"按钮，在"标准基本体"下拉列表中选择"复合对象"选项，单击"对象类型"卷展栏中的"放样"按钮，在"创建方法"卷展栏中单击"获取图形"按钮。

（3）移动鼠标指针至视图中，获取轮廓对象，则样条线以轮廓形状进行放样。

（4）调整对象位置并赋予材质，然后按【F9】键进行快速渲染处理，效果如图 6-29 所示。

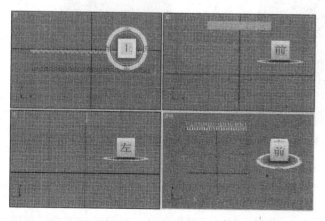

图 6-28　素材模型（九）

图 6-29　赋予材质后的效果

6.3.3 使用多个截面放样

多个截面放样是指在放样路径的不同位置上放置多个不同的截面，从而创建需要的模型。使用多个截面放样对象的具体操作步骤如下：

（1）单击"文件"|"打开"命令，打开一个素材模型文件，如图 6-30 所示。

（2）选择样条线 Line01 对象，单击"创建"面板中的"几何体"按钮，在"标准基本体"下拉列表中选择"复合对象"选项，单击"对象类型"卷展栏中的"放样"按钮，在"创建方法"卷展栏中单击"获取图形"按钮，移动鼠标指针至视图中，获取圆形对象，则样条线以圆形放样，如图 6-31 所示。

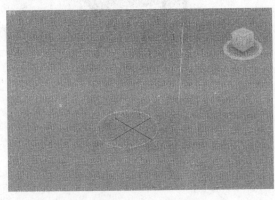

图 6-30　素材模型（十）

图 6-31　放样图形

（3）在"路径参数"卷展栏的"路径"数值框中输入 100，单击"获取图形"按钮，在视图中拾取圆为放样截面，在"路径"数值框中输入 0，单击"获取图形"按钮，在视图中拾取星形为放样截面，即实现了使用多个截面放样对象，如图 6-32 所示。

（4）选择放样对象并将其旋转至合适位置，赋予合适的材质后并对其进行渲染，效果如图 6-33 所示。

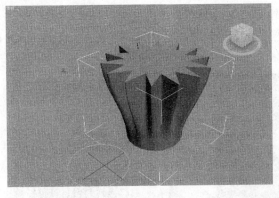

图 6-32　使用多个截面放样对象

图 6-33　放样对象效果

6.3.4 编辑放样对象

在创建放样对象之后，还可以添加并替换横截面图形或替换路径，也可以更改或设置路径和图形的参数动画。

1. 使用"蒙皮参数"卷展栏

在"蒙皮参数"卷展栏中，用户可以设置放样对象网格的相关参数，还可以通过控制面数来优化网格。其中，设置图形步数的具体操作步骤如下：

（1）单击"文件"|"打开"命令，打开一个素材模型文件，如图 6-34 所示。

（2）选择放样的图形对象，打开"修改"面板，在"蒙皮参数"卷展栏的"选项"选项区中设置"图形步数"为 1，按【Enter】键确认设置的图形步数，效果如图 6-35 所示。

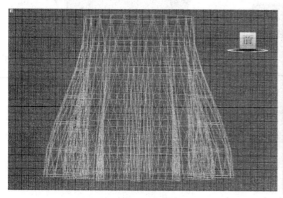
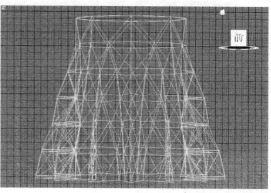

图 6-34　素材模型（十一）　　　　　　　　图 6-35　设置图形步数后的效果

2. 使用"变形"卷展栏

在"变形"卷展栏中，提供了 5 种放样变形方法，分别为"缩放"、"扭曲"、"倾斜"、"倒角"和"拟合"，使用这些变形工具可以对放样对象的轮廓进行任意修改。缩放变形对象的具体操作步骤如下：

（1）单击"文件"|"打开"命令，打开一个素材模型文件，如图 6-36 所示。

（2）选择放样图形 Loft01 对象，打开"修改"面板，在"变形"卷展栏中单击"缩放"按钮，弹出"缩放变形（X）"窗口，单击"插入角点"按钮，在视图区的 100 位置处的红线上，依次单击鼠标左键，插入不同位置的角点，如图 6-37 所示。

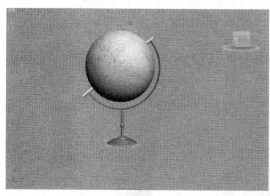
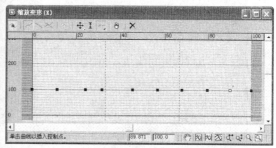

图 6-36　素材模型（十二）　　　　　　　　图 6-37　插入角点

（3）单击"移动控制点"按钮，选择第 1 个角点，向上拖曳至视图区的 200 位置处，将第 2 个角点向下移动至视图区的 0 位置处，用与上述相同的方法，移动其余的角点至合适位置，如图 6-38 所示。

（4）选择所有角点，单击鼠标右键，在弹出的快捷菜单中选择"Bezier-平滑"选项，单击"关闭"按钮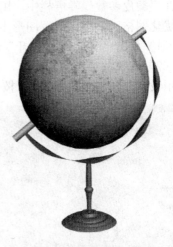，即可缩放变形对象，效果如图 6-39 所示。

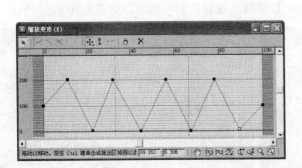

图 6-38　移动角点

图 6-39　缩放变形对象

6.4　网格建模

网格模型是由点、面和元素组成的，编辑网格对象是通过对相应的对象进行精细加工，从而得到所需的模型。

6.4.1　使用"编辑网格"修改器

使用"编辑网格"修改器，可以将模型轻松地转换为可编辑网格，其具体操作步骤如下：

（1）单击"文件"|"打开"命令，打开一个素材模型文件，如图 6-40 所示。

（2）选择门对象，打开"修改"面板，在"修改器列表"下拉列表中选择"编辑网格"选项，即可使用"编辑网格"修改器修改对象，如图 6-41 所示。

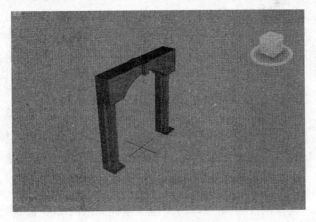

图 6-40　素材模型（十三）

图 6-41　修改对象

6.4.2 "编辑几何体"卷展栏

在"编辑几何体"卷展栏中包含了对几何体整体修改的选项以及按钮，包含网格中的大部分编辑命令，如图 6-42 所示。

图 6-42　"编辑几何体"卷展栏

6.4.3　编辑"顶点"子对象

顶点是空间中的点，它们定义面的结构，因此当移动或编辑顶点时，由它们构成的面也会受到影响。编辑"顶点"子对象的具体操作步骤如下：

（1）单击"文件"|"打开"命令，打开一个素材模型文件，如图 6-43 所示。

（2）选择 Loft03 对象，打开"修改"面板，在"选择"卷展栏中单击"顶点"按钮，在前视图中选择所有顶点，在"编辑几何体"卷展栏中单击"塌陷"按钮，效果如图 6-44 所示。

图 6-43　素材模型（十四）

图 6-44　编辑顶点

6.4.4　编辑"面"和"元素"

面是由 3 个顶点组成的三角形，元素是由两个或两个以上的独立网格对象（即相邻面组）

组合而成的。

1. 编辑"面"子对象

面是填充了对象结构中边与边之间间距的平面对象，一个面通常有 3 条边。编辑"面"子对象的具体操作步骤如下：

（1）单击"文件"|"打开"命令，打开一个素材模型文件，如图 6-45 所示。

（2）选择桌面对象，打开"修改"面板，在"选择"卷展栏中单击"面"按钮◀，选择所有面，在"编辑几何体"卷展栏中选中"局部"单选按钮，在"挤出"数值框中输入 5，单击"挤出"按钮即完成了面对象的编辑，效果如图 6-46 所示。

图 6-45　素材模型（十五）　　　　　　　　图 6-46　编辑面对象

2. 编辑"元素"子对象

元素是网络对象之一，两个或两个以上的单个网格对象（即相邻面组）可组合成一个更大的对象。编辑"元素"子对象的具体操作步骤如下：

（1）单击"文件"|"打开"命令，打开一个素材模型文件，如图 6-47 所示。

（2）选择网格 ChamferBox03 对象，打开"修改"面板，在"选择"卷展栏中单击"元素"按钮▦，选择所有元素，在"编辑几何体"卷展栏中设置"挤出"为 3.5，单击"挤出"按钮即完成了元素的编辑，效果如图 6-48 所示。

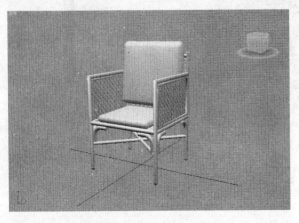

图 6-47　素材模型（十六）　　　　　　　　图 6-48　编辑元素

6.5　多边形建模

在 3ds Max 2009 中，任何对象都可以看成是由多边形构成的，多边形建模是一种功能非常强大的建模方法。

6.5.1　使用"编辑多边形"修改器

多边形建模可以是三角网格模型，也可以是四边形，还可以是多边形。使用"编辑多边形"修改器的具体操作步骤如下：

（1）单击"文件"|"打开"命令，打开一个素材模型文件，如图 6-49 所示。

（2）选择桌面对象，单击"修改"面板的"修改器列表"下拉列表并选择"编辑多边形"修改器，即可使用"编辑多边形"修改器编辑对象，如图 6-50 所示。

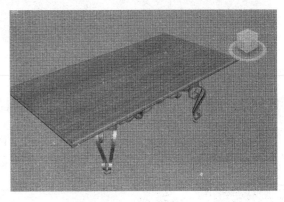

图 6-49　素材模型（十七）

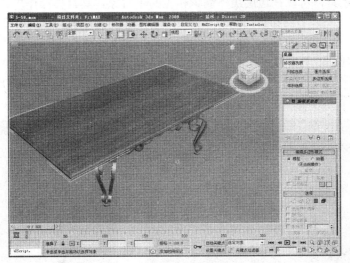

图 6-50　使用"编辑多边形"修改器编辑对象

6.5.2　编辑"顶点"子对象

使用"顶点"工具，可以在顶点层级下编辑对象，其具体操作步骤如下：

（1）单击"文件"|"打开"命令，打开一个素材模型文件，如图 6-51 所示。

（2）选择灯罩对象，打开"修改"面板，在"选择"卷展栏中单击"顶点"按钮，选择灯罩上方的所有顶点，在"编辑几何体"卷展栏中依次单击 X 和 Y 按钮，即可编辑"顶点"子对象，效果如图 6-52 所示。

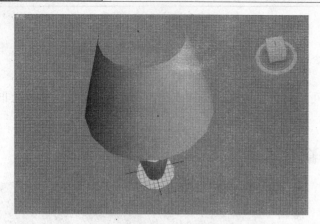

图 6-51　素材模型（十八）

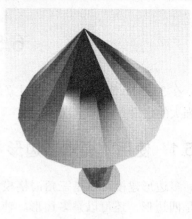

图 6-52　编辑顶点对象

6.5.3　编辑"边"和"边界"子对象

边是连接两个顶点的直线，它可以形成多边形的边。边不能由两个以上多边形共享。边界是网格的线性部分，通常是多边形仅位于一面时的边序列。

1.　编辑"边"子对象

使用"边"工具，可以在边层级下编辑相应的子对象，其具体操作步骤如下：

（1）单击"文件"|"打开"命令，打开一个素材模型文件，如图 6-53 所示。

（2）选择灯罩对象，打开"修改"面板，在"选择"卷展栏中单击"边"按钮 ⬦，移动鼠标指针至前视图，选择灯罩的所有边。

（3）在"编辑边"卷展栏中单击"切角"按钮右侧的"设置"按钮 ▫，弹出"切角边"对话框，在"切角量"下方的数值框中输入 5，单击"确定"按钮即可编辑边对象，效果如图 6-54 所示。

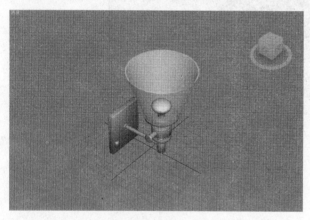

图 6-53　素材模型（十九）

图 6-54　编辑边对象

2.　编辑"边界"子对象

边界是网格的线性部分，可以描述为孔洞的边缘，是多边形仅位于一面时的边序列。编辑"边界"子对象的具体操作步骤如下：

（1）单击"文件"|"打开"命令，打开一个素材模型文件，如图 6-55 所示。

（2）选择 Circle01 对象，打开"修改"面板，在"选择"卷展栏中单击"边界"按钮 ，选择 Circle01 对象的所有边，在"编辑边界"卷展栏中单击"挤出"按钮右侧的"设置"按钮 ，弹出"挤出边"对话框，设置"挤出高度"为 8、"挤出基面宽度"为 3，单击"确定"按钮即完成了边界对象的编辑，效果如图 6-56 所示。

图 6-55　素材模型（二十）

图 6-56　编辑边界对象

6.5.4　编辑"多边形"子对象

多边形是通过曲面连接的 3 条或多条边的封闭序列，它提供了可渲染的多边形对象曲面。编辑"多边形"子对象的具体操作步骤如下：

（1）单击"文件"|"打开"命令，打开一个素材模型文件，如图 6-57 所示。

（2）选择灯罩对象，打开"修改"面板，在"选择"卷展栏中，单击"多边形"按钮 ，移动鼠标指针至前视图中，选择需要删除的多边形，按【Delete】键删除，此时即完成了多边形对象的编辑，效果如图 6-58 所示。

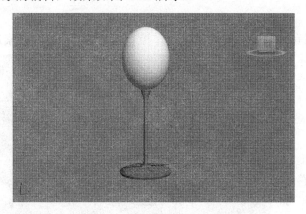

图 6-57　素材模型（二十一）

图 6-58　编辑多边形

6.6　面片建模

面片建模主要通过边来定义面的形状，而不是多边形建模的面和顶点。与多边形建模相比，面片建模的控制参数较少，调整起来也更加直观。

6.6.1　创建面片对象

在 3ds Max 2009 中用户可以创建四边形面片和三角形面片两种面片对象。创建面片对象的具体操作步骤如下：

（1）按【Ctrl+O】组合键，打开一个素材模型文件，如图 6-59 所示。

（2）单击"创建"|"面片栅格"|"四边形面片"命令，移动鼠标指针至顶视图中，单击鼠标左键并拖曳至合适位置，创建四边形面片。

（3）在"参数"卷展栏中设置"长度"为 24、"宽度"为 34，并单击"选择并移动"按钮，移动四边形面片至合适位置，然后为四边形面片赋予材质并进行渲染处理，效果如图 6-60 所示。

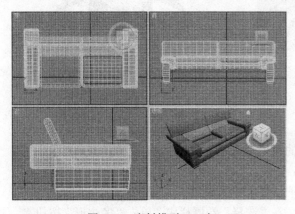

图 6-59　素材模型（二十二）

图 6-60　创建四边形面片

6.6.2　编辑面片对象

创建面片对象后，用户可以对可编辑面片对象的顶点、控制柄、边、面片和元素这 5 个子对象层级进行编辑操作，其具体操作步骤如下：

（1）按【Ctrl+O】组合键，打开一个素材模型文件，如图 6-61 所示。

（2）选择 Rectangle03 对象，单击"修改器"|"面片/样条线编辑"|"编辑面片"命令，在"选择"卷展栏中单击"面片"按钮，移动鼠标指针至视图中选择矩形面片。

（3）在"几何体"卷展栏的"挤出和倒角"选项区中单击"挤出"按钮，并在"挤出"右侧的数值框中输

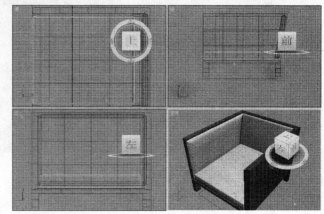

图 6-61　素材模型（二十三）

入 20，按回车键确认，调整矩形面片的位置并赋予相应的材质，然后对其进行渲染处理，效果如图 6-62 所示。

专家指点

> 面片是面片对象的一个区域，由 3 个或 4 个围绕的边和顶点定义，用户可以对面片进行挤出和倒角操作。

图 6-62　面片挤出效果

6.6.3　设置面片轮廓

用户可以通过设置面片的轮廓，来控制面片的大小，其具体操作步骤如下：

（1）按【Ctrl+O】组合键，打开一个素材模型文件，如图 6-63 所示。

（2）选择组 01 对象，单击"修改器" | "面片/样条线编辑" | "编辑面片"命令，在"选择"卷展栏中单击"面片"按钮，移动鼠标指针至顶视图中，按住【Ctrl】键的同时单击最外圈的面片。

（3）展开"几何体"卷展栏，在"挤出和倒角"选项区的"轮廓"数值框中输入 7，按回车键确认即完成了面片轮廓的设置，按【F9】键进行快速渲染处理，效果如图 6-64 所示。

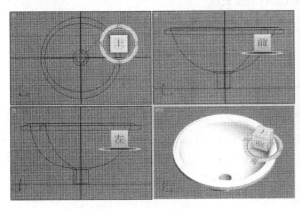

图 6-63　素材模型（二十四）

图 6-64　设置面片轮廓的效果

6.7　NURBS 曲面建模

NURBS 建模是目前用途很广的一种建模方法。它基于控制点来调节表面的曲度，自动计算出光滑的表面精度。

6.7.1 认识 NURBS

NURBS 是 Non-Uniform Rational B-Spline 的首字母缩写,是曲线和曲面的一种数学描述,是由空间的一组线条构成的曲面,并且这个曲面永远是完整光滑的四边面,无论怎样扭曲或旋转,都不会破损或穿孔。一个复杂的 NURBS 是由许多的面拼接而成的,而且彼此之间可以缝合边界。

1. NURBS 简介

NURBS 建模是一种十分先进的建模方法,通过 NURBS 工具创建的曲线和曲面都十分光滑(如图 6-65 所示),虽然它和多边形建模有很多重复的功能,并且可以借用一些多边形工具,但它们之间有明显的区别。使用 NURBS 建模的最大优势在于:对相对较难入手的项目,NURBS 建模比其他建模方式更方便,而且更易于使用。

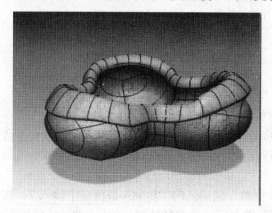

图 6-65　NURBS 建模效果

2. NURBS 建模流程

NURBS 曲面建模主要遵循以下 4 个流程:

（1）创建样条线。

（2）编辑样条线的空间形态。

（3）通过样条线成型曲面。

（4）编辑曲面的空间形态。

6.7.2 创建 NURBS 曲线

NURBS 曲线是图形对象,在制作样条线时可以使用这些曲线。NURBS 曲线可分为两种类型,一种是 Point(编辑点)型,由曲线或曲面上的点来控制;另一种是 CV(控制点)型,由曲线或曲面外的点来控制曲度。创建 NURBS 曲线的具体操作步骤如下:

（1）按【Ctrl+O】组合键,打开一个素材模型文件,如图 6-66 所示。

（2）单击"创建"| NURBS |"点曲线"命令,移动鼠标指针至前视图中,在合适位置绘制一条点曲线,如图 6-67 所示。

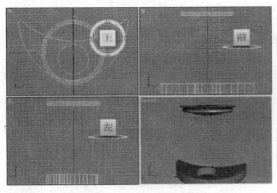

图 6-66　素材模型（二十五）

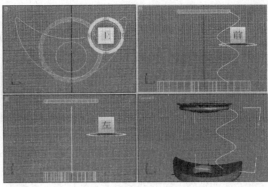

图 6-67　创建点曲线

（3）在"渲染"卷展栏中分别选中"在渲染中启用"和"在视口中启用"复选框，然后选中"矩形"单选按钮，设置"长度"为 10、"宽度"为 2，如图 6-68 所示。

（4）在左视图中调整其位置，并为曲线赋予相应的材质，效果如图 6-69 所示。

图 6-68　设置参数

图 6-69　NURBS 曲线效果

专家指点

> NURBS 曲线有点曲线和 CV 曲线两种，在创建 NURBS 曲线的过程中，可以按【Backspace】键删除上一步创建的点。

6.7.3　创建 CV 曲面

CV 曲面是 NURBS 曲面，它由控制顶点控制，但这些控制顶点并不位于曲面上，用户可以通过它们来控制曲面的曲率。创建 CV 曲面的具体操作步骤如下：

（1）按【Ctrl+O】组合键，打开一个素材模型文件，如图 6-70 所示。

（2）单击"创建"|NURBS|"CV 曲面"命令，移动鼠标指针至前视图中对象的左上角位置，单击鼠标左键并沿对角线拖曳至合适位置，即可创建 CV 曲面，如图 6-71 所示。

（3）在"创建参数"卷展栏中设置"长度"为 51、"宽度"为 40，单击主工具栏中的"选择并旋转"按钮，在顶视图中沿 Y 轴旋转曲面至合适角度，并将其移至合适位置，如图

6-72 所示。

（4）为曲面赋予相应的材质并进行渲染处理，效果如图 6-73 所示。

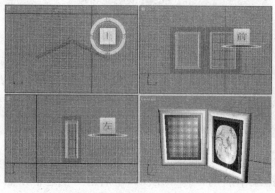

图 6-70　素材模型（二十六）

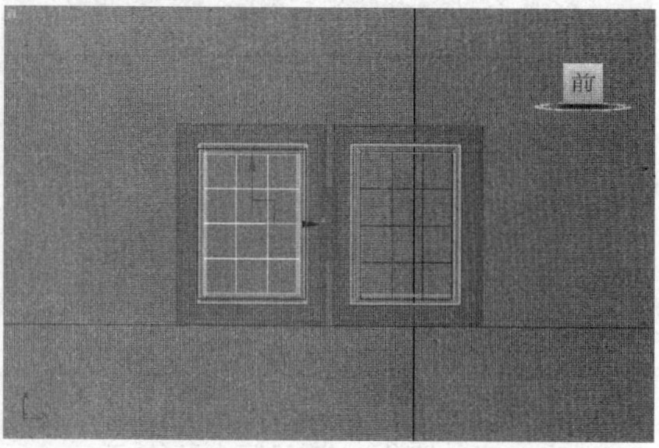

图 6-71　创建 CV 曲面

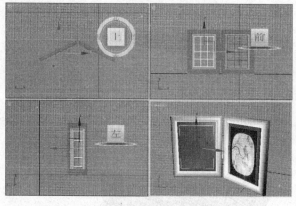

图 6-72　调整位置

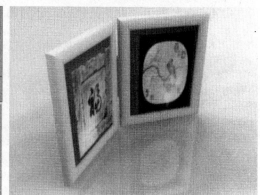

图 6-73　渲染效果（八）

6.7.4　创建点曲面

点曲面也属于 NURBS 曲面，其中 NURBS 点被约束在曲面上。创建点曲面的具体操作步骤如下：

（1）按【Ctrl+O】组合键，打开一个素材模型文件，如图 6-74 所示。

（2）单击"创建" | NURBS | "点曲面"命令，移动鼠标指针至顶视图中对象的左上角位置，单击鼠标左键并沿对角线拖曳至合适位置，即可创建点曲面。在"创建参数"卷展栏中设置"长度"为1150、"宽度"为750，按回车键确认，然后调整曲面至合适位置并赋予材质，效果如图 6-75 所示。

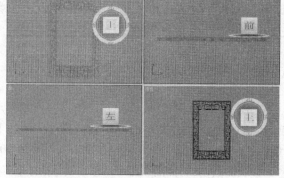

图 6-74　素材模型（二十七）

图 6-75　创建点曲面

6.7.5　创建挤出曲面

　　创建挤出曲面通过将一条曲线拉伸出一个高度，建立一个新的曲面，与"挤出"修改器原理类似。创建挤出曲面的具体操作步骤如下：

　　（1）按【Ctrl+O】组合键，打开一个素材模型文件，如图 6-76 所示。

　　（2）选择场景中的曲面对象，在"创建曲面"卷展栏中单击"挤出"按钮，移动鼠标指针至曲面对象上，单击鼠标左键并沿 Z 轴向上拖曳至合适位置。在"挤出曲面"卷展栏中设置"数量"为 3，选中"封口"复选框，即创建了挤出曲面，如图 6-77 所示。

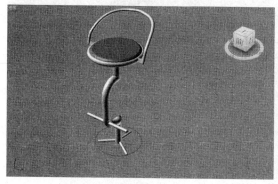 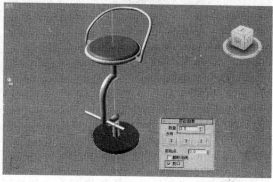

图 6-76　素材模型（二十八）　　　　　图 6-77　创建挤出曲面

　　（3）将曲面移至合适位置，为曲面赋予相应的材质并进行渲染处理，效果如图 6-78 所示。

图 6-78　渲染效果（九）

6.7.6　创建车削曲面

　　车削曲面可通过曲线子对象生成，与使用"车削"修改器创建的曲面类似。创建车削曲面的具体操作步骤如下：

（1）按【Ctrl+O】组合键，打开一个素材模型文件，如图 6-79 所示。

（2）选择场景中的曲面对象，在"创建曲面"卷展栏中单击"车削"按钮，移动鼠标指针至视图中的曲面对象上，单击鼠标左键，即创建了车削曲面，然后为对象赋予相应的材质并进行渲染处理，效果如图 6-80 所示。

图 6-79　素材模型（二十九）　　　　　　图 6-80　创建车削曲面

6.7.7　创建镜像曲面

镜像曲面是原始曲面的镜像图像，创建镜像曲面的具体操作步骤如下：

（1）按【Ctrl+O】组合键，打开一个素材模型文件，如图 6-81 所示。

（2）选择场景中的枕头对象，在"创建曲面"卷展栏中单击"镜像"按钮，移动鼠标指针至视图中的枕头上，单击鼠标左键并向右拖曳至合适位置，即可创建镜像曲面，按【F9】键进行快速渲染处理，效果如图 6-82 所示。

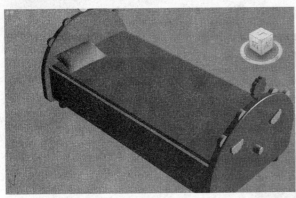
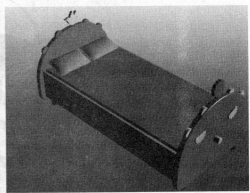

图 6-81　素材模型（三十）　　　　　　图 6-82　创建镜像曲面

习题与上机操作

一、填空题

1. 在"变形"卷展栏中，提供了 5 种放样变形方法，包括缩放、＿＿＿＿＿＿＿、＿＿＿＿＿＿＿、倒角和_____。

2. _____卷展栏中包含了对几何体整体修改的选项以及按钮，集中了网格的大部分编辑命令。

二、思考题

1. 简述连接对象的创建方法。
2. 简述并集运算对象的方法。

三、上机操作

1. 上机练习使用差集运算的方法，创建出如图 6-83 所示的三维模型。

图 6-83 烟灰缸

2. 上机练习 NURBS 曲面建模。

第7章 材质的设置与应用

本章学习目标

通过本章的学习，读者应掌握使用材质编辑器、使用材质/贴图浏览器、设置材质编辑器等操作，并了解标准材质、建筑材质、混合材质、合成材质等常用材质类型。

学习重点和难点

- 了解材质的概念及作用
- 使用材质编辑器
- 使用材质/贴图浏览器
- 设置材质编辑器
- 认识标准材质
- 认识建筑材质和混合材质

7.1 材质的概念及作用

任何物体都有其自身的质感、颜色和属性，在 3ds Max 中，材质就是指定给对象表面的一种信息，即对象由什么样的特质构造而成。这不仅仅包含表面的纹理，还包括了对象对光的属性，如反光强度、反光方式、反光区域、透明度、折射率及表面凹凸起伏等一系列属性。材质会影响对象的颜色、反光度和透明度等，图 7-1 所示为模型赋予材质前后的效果对比。

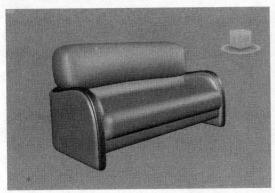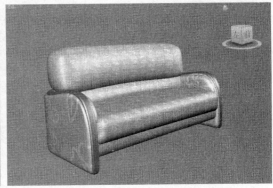

图 7-1　赋予材质前后的效果对比

从图中可以看到，赋予了材质的模型具有色彩、光泽和质地等，看上去比较真实，这就是材质的作用。

7.2 使用材质编辑器

材质编辑器是 3ds Max 2009 中功能强大的模块，使用材质编辑器可以给场景中的对象创建五彩缤纷的颜色和纹理等表面效果。

7.2.1　认识材质编辑器

在 3ds Max 2009 中，材质编辑器是以浮动窗口的形式存在的，用户可以根据需要将其移至屏幕的任意位置。单击主工具栏中的"材质编辑器"按钮，弹出"材质编辑器"窗口（如图 7-2 所示），该窗口分为上、下两部分，上半部分为菜单栏、示例窗、水平工具栏和垂直工具栏，下半部分为参数卷展栏区。

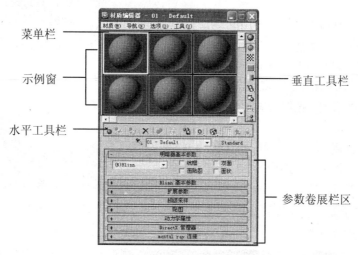

图 7-2　"材质编辑器"窗口

7.2.2　查看材质示例窗

示例窗位于材质编辑器的上部，在示例窗中可以预览材质，如果材质上显示白色的边框，则表示该材质处于当前状态。查看材质示例窗的具体操作步骤如下：

（1）按【Ctrl+O】组合键，打开一个素材模型文件，如图 7-3 所示。

（2）单击主工具栏中的"材质编辑器"按钮，弹出"材质编辑器"窗口，在示例窗的第一个材质球上双击鼠标，弹出如图 7-4 所示的查看材质示例窗，如图 7-4 所示。

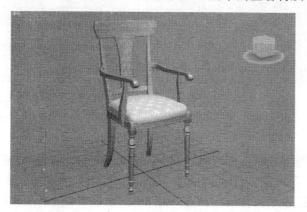

图 7-3　素材模型（一）

图 7-4　查看材质示例窗

7.2.3　更改示例窗显示方式

对于新建的 3D 场景，示例窗中的材质都是系统预设的，为了更方便地使用材质，用户可以根据需要更改示例窗的显示个数、形状以及背景。

1.　更改示例窗的显示个数

默认情况下，示例窗的显示个数是 24 个，用户可以对其个数进行修改，其具体操作步骤如下：

（1）按【Ctrl+O】组合键，打开一个素材模型文件，如图 7-5 所示。

（2）单击主工具栏中的"材质编辑器"按钮，弹出"材质编辑器"窗口，单击垂直工具栏中的"选项"按钮，如图 7-6 所示。

（3）弹出"材质编辑器选项"对话框，在"示例窗数目"选项区中选中 5×3 单选按钮，如图 7-7 所示。

（4）单击"确定"按钮即可更改示例窗的显示个数，如图 7-8 所示。

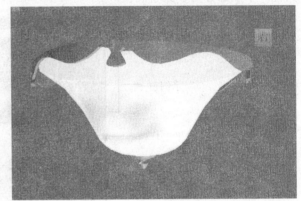

图 7-5　素材模型（二）

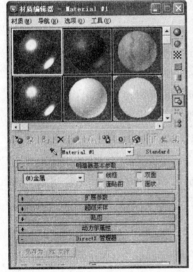 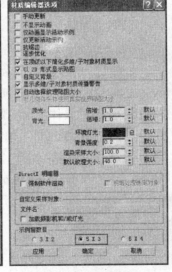 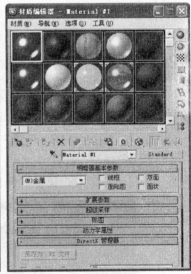

图 7-6　单击"选项"按钮　　　　图 7-7　选中 5×3 单选按钮　　　图 7-8　更改示例窗的显示个数

2.　更改示例的形状

默认状态下，示例窗中显示球体形状，用户可以根据建模需要对其形状进行更改。以上一小节的素材为例，单击主工具栏中的"材质编辑器"按钮，弹出"材质编辑器"窗口，在垂直工具栏的"采样类型"按钮上按住鼠标左键，在弹出的选项板中选择圆柱体选项（如图 7-9 所示），即可更改示例的形状，如图 7-10 所示。

3. 更改示例窗的背景

默认状态下，示例窗中的材质球后为灰色背景，用户可以根据建模需要，设置材质球后的背景显示为方格底纹。对于透明、折射或反射材质，应用方格底纹背景，可以更好地观察相应的效果。

以上一小节的素材为例，单击主工具栏中的"材质编辑器"按钮 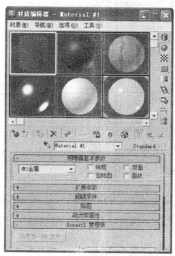，弹出"材质编辑器"窗口，单击垂直工具栏中的"背景"按钮 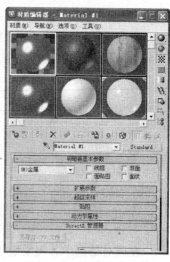，即可更改示例窗的背景，如图 7-11 所示。

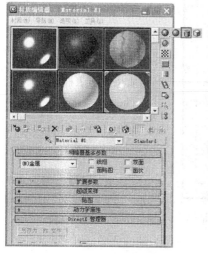

图 7-9　选择圆柱体选项　　　图 7-10　更改示例的形状　　　图 7-11　更改示例窗的背景

7.2.4　了解材质编辑器工具栏

使用材质编辑器的工具栏按钮，可以方便快捷地对对象材质进行相应的设定。该工具栏包括水平工具栏和垂直工具栏两部分，水平工具栏中的工具用来对材质进行操作，如将材质指定给场景中的选定对象、保存材质和获取材质等（如图 7-12 所示）；垂直工具栏主要用来控制示例窗中材质的显示方式，如采样类型、背光、背景和视频颜色检查等，如图 7-13 所示。

图 7-12　水平工具栏　　　　　　　　图 7-13　垂直工具栏

7.3　材质/贴图浏览器

材质/贴图浏览器是设置材质时的一个非常重要的工具，一般与材质编辑器配合使用。在

"材质编辑器"窗口中，单击"漫反射"色块右侧的 None 按钮 ▇，弹出"材质/贴图浏览器"对话框，如图 7-14 所示。

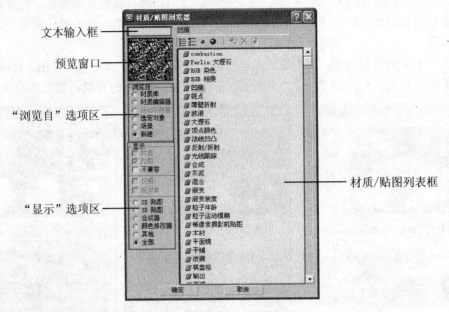

图 7-14 "材质/贴图浏览器"对话框

在该对话框中各主要选项的含义分别如下：

● 文本输入框：在该文本框中可以输入或修改材质、贴图的名称。

● 预览窗口：在编辑材质时，在该窗口中可以实时预览编辑的效果。

● 材质/贴图列表框：显示材质和贴图的名称及类型。

● "浏览自"选项区：用于设置获取材质和贴图的路径。

● "显示"选项区：用于设置在材质和贴图列表框中显示的内容，用户可以通过选中复选框或单选按钮来设置是显示材质，还是显示贴图。

7.4 设置材质编辑器

在 3ds Max 2009 中，设置材质的基本操作包括获取材质、保存材质、赋予材质和编辑材质等内容。

7.4.1 获取材质

用户不仅可以直接指定图像文件作为材质，还可以从其他的贴图材质中获取材质。获取材质的具体操作步骤如下：

（1）按【Ctrl+O】组合键，打开一个素材模型文件，如图 7-15 所示。

（2）按【M】键弹出"材质编辑器"窗口，单击水平工具栏下方的"从对象拾取材质"按钮 ▨，移动鼠标指针至透视视图中，在左侧的凳子对象上单击鼠标左键，即可获取凳子的材质，如图 7-16 所示。

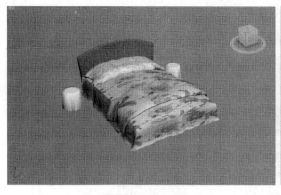

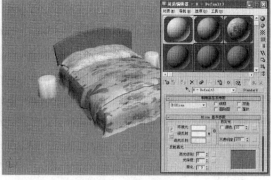

图 7-15　素材模型（三）　　　　　　　　图 7-16　获取材质

7.4.2　保存材质

3ds Max 2009 虽然提供了一些材质，但远远不能满足实际建模的需要。用户可以将非常漂亮的材质保存到材质库中，也可以以 MAX 的格式保存到磁盘中，以便随时调用，从而提高工作效率。保存材质的具体操作步骤如下：

（1）按【Ctrl+O】组合键，打开一个素材模型文件，如图 7-17 所示。

（2）按【M】键弹出"材质编辑器"窗口，单击水平工具栏下方的"从对象拾取材质"按钮 ，拾取显示器屏幕的材质，此时材质将显示在示例窗中，如图 7-18 所示。

（3）单击"放入库"按钮 ，弹出"放置到库"对话框，在"名称"下方的文本框中输入"材质 1"，单击"确定"按钮即可保存材质，如图 7-19 所示。

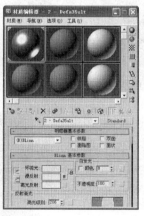

图 7-17　素材模型（四）　　　　图 7-18　拾取材质　　　图 7-19　保存材质

7.4.3　赋予材质

用户可以将当前的材质应用到已经选取的对象上，其具体操作步骤如下：

（1）按【Ctrl+O】组合键，打开一个素材模型文件，如图 7-20 所示。

（2）选择自行车对象，按【M】键弹出"材质编辑器"窗口，单击工具栏中的"将材质指定给选定对象"按钮 ，如图 7-21 所示。

（3）执行上述操作后，即可将材质赋予自行车，如图 7-22 所示。

（4）按【F9】键进行快速渲染处理，效果如图 7-23 所示。

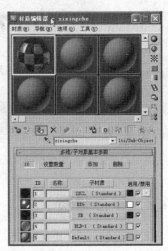

图 7-20　素材模型（五）　　　　图 7-21　单击"将材质指定给选定对象"按钮

图 7-22　赋予材质后的效果　　　　　　图 7-23　渲染效果（一）

7.4.4　更新材质

赋予材质后，用户可以根据需要更新场景中对象的材质，其具体操作步骤如下：

（1）按【Ctrl+O】组合键，打开一个素材模型文件，如图 7-24 所示。

（2）按【M】键弹出"材质编辑器"窗口，展开"Blinn 基本参数"卷展栏，单击"漫反射"右侧的色块，如图 7-25 所示。

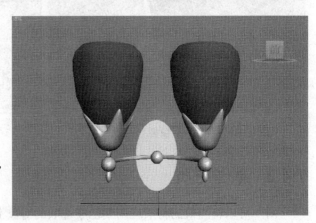

图 7-24　素材模型（六）

（3）弹出"颜色选择器：漫反射颜色"对话框，在其中设置相应的参数，如图 7-26 所示。

（4）单击"确定"按钮即可更新材质，如图 7-27 所示。

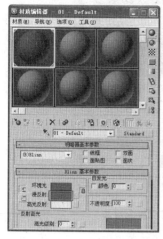
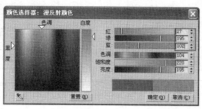
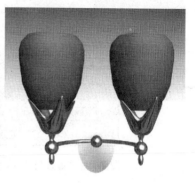

图 7-25　单击"漫反射"色块　　图 7-26　"颜色选择器：漫反射颜色"对话框　　图 7-27　更新材质

7.4.5　删除材质

用户可以将材质编辑器和场景中的材质删除，或者仅将材质编辑器中的材质删除而保留场景中对象的材质。删除编辑器中的材质的具体操作步骤如下：

（1）按【Ctrl+O】组合键，打开一个素材模型文件，如图 7-28 所示。

（2）按【M】键弹出"材质编辑器"窗口，单击"从对象拾取材质"按钮，移动鼠标指针至透视视图中，拾取绿色对象的材质，单击水平工具栏中的"重置贴图/材质为默认设置"按钮，如图 7-29 所示。

图 7-28　素材模型（七）

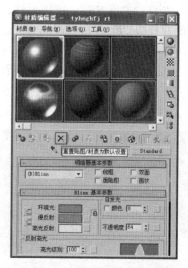

图 7-29　单击相应的按钮

（3）弹出"重置材质/贴图参数"对话框，选中"仅影响编辑器示例窗中的材质/贴图？"单选按钮，如图 7-30 所示。

（4）单击"确定"按钮即可删除编辑器中的材质，如图 7-31 所示。

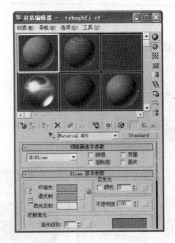

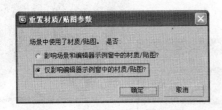

图 7-30 "重置材质/贴图参数"对话框　　　　图 7-31　删除材质

7.5　材质类型

3ds Max 2009 为用户提供了 10 多种材质类型，默认的材质类型为标准材质，这是最常用的材质类型。其他的材质类型有建筑材质、混合材质、合成材质、光线跟踪材质、虫漆材质、多维/子对象材质和高级照明材质等。

7.5.1　标准材质

标准材质是系统默认的材质类型。标准材质的参数卷展栏包括明暗器基本参数、Blinn基本参数、扩展参数、超级采样、贴图、动力学属性、DirectX 管理器和 mental ray 连接，为表面建模提供了非常直观的方式。创建标准材质的具体操作步骤如下：

（1）按【Ctrl+O】组合键，打开一个素材模型文件，如图 7-32 所示。

（2）按【M】键弹出"材质编辑器"窗口，展开"Blinn 基本参数"卷展栏，单击"环境光"右侧的色块，弹出"颜色选择器：环境光颜色"对话框，在其中设置相应的参数，如图 7-33 所示。

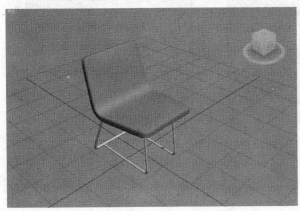

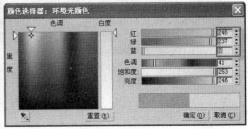

图 7-32　素材模型（八）　　　　图 7-33　"颜色选择器：环境光颜色"对话框

（3）单击"确定"按钮，完成环境光颜色设置，在"反射高光"选项区中设置"高光级别"为 15，如图 7-34 所示。

（4）按回车键确认即可创建标准材质，效果如图 7-35 所示。

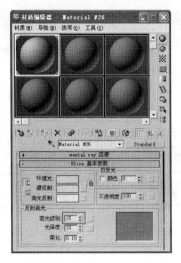

图 7-34　设置参数（一）

图 7-35　标准材质效果

7.5.2　建筑材质

建筑材质主要用于设置模型的物理属性，因此当其与光度学灯光和光能传递一起使用时，能够制作出极逼真的效果。创建建筑材质的具体操作步骤如下：

（1）按【Ctrl+O】组合键，打开一个素材模型文件，如图 7-36 所示。

（2）按【M】键弹出"材质编辑器"窗口，单击 Standard 按钮 Standard ，弹出"材质/贴图浏览器"对话框，选择"建筑"选项，如图 7-37 所示。

图 7-36　素材模型（九）

图 7-37　选择"建筑"选项

（3）单击"确定"按钮，在"模板"卷展栏中的"用户定义"下拉列表中选择"擦亮的石材"选项，在"物理性质"卷展栏中单击"漫反射颜色"右侧的色块，弹出"颜色选择器：漫反射"对话框，在其中设置相应的参数，如图 7-38 所示。

（4）单击"确定"按钮即可创建建筑材质，效果如图 7-39 所示。

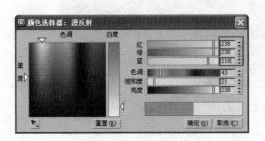

图 7-38　设置参数（二）

图 7-39　建筑材质效果

7.5.3　混合材质

混合材质的主体包含两个子级的材质和一个蒙版，用户可以在曲面的单个面上将两种材质进行混合。创建混合材质的具体操作步骤如下：

（1）按【Ctrl+O】组合键，打开一个素材模型文件，如图 7-40 所示。

（2）按【M】键弹出"材质编辑器"窗口，单击 Standard 按钮，弹出"材质/贴图浏览器"对话框，选择"混合"选项，如图 7-41 所示。

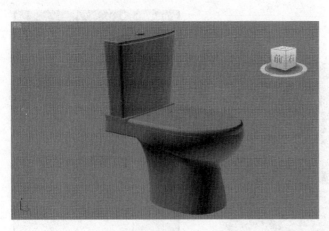

图 7-40　素材模型（十）

图 7-41　选择"混合"选项

（3）单击"确定"按钮，弹出"替换材质"对话框，选中"丢弃旧材质？"单选按钮，单击"确定"按钮，展开"混合基本参数"卷展栏，单击"材质 1"右侧的按钮，如图 7-42 所示。

（4）切换至"Blinn 基本参数"卷展栏，设置"漫反射"为白色、"自发光"颜色值为 60、"高光级别"为 100、"光泽度"为 62，如图 7-43 所示。

图 7-42 "混合基本参数"卷展栏

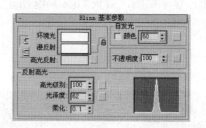

图 7-43 设置参数（三）

（5）单击"转到父对象"按钮，返回到"混合基本参数"卷展栏，在"混合量"右侧的数值框中输入 5，如图 7-44 所示。

（6）按回车键确认，将设置好的材质赋予座便器对象，并按【F9】键进行快速渲染处理，效果如图 7-45 所示。

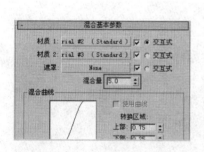

图 7-44 设置参数（四）

图 7-45 混合材质效果

7.5.4 合成材质

合成材质通过添加颜色、删减颜色或者不透明混合的方法，将两种或两种以上的材质叠加在一起。创建合成材质的具体操作步骤如下：

（1）按【Ctrl+O】组合键，打开一个素材模型文件，如图 7-46 所示。

（2）按【M】键弹出"材质编辑器"窗口，单击 Standard 按钮，弹出"材质/贴图浏览器"对话框，选择"合成"选项，如图 7-47 所示。

（3）单击"确定"按钮，弹出"替换材质"对话框，选中"丢弃旧材质？"单选按钮，单击"确定"按钮，展开"合成基本参数"卷展栏，单击"基础材质"右侧的按钮，切换至"Blinn 基本参数"卷展栏，单击"漫反射"右侧的 None 按钮，弹出"材质/贴图浏览器"对话框，选择"位图"选项，单击"确定"按钮，弹出"选择位图图像文件"对话框，选择相应的素材图像，如图 7-48 所示。

（4）单击"打开"按钮添加贴图，返回到"材质编辑器"窗口，选择场景中的坐垫 01 对象，单击"将材质指定给选定对象"按钮，为对象赋予材质，单击"在视口中显示标准贴图"按钮，显示贴图，效果如图 7-49 所示。

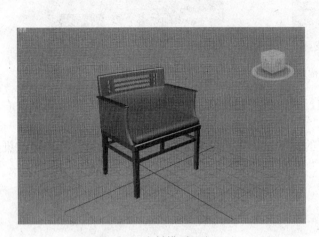

图 7-46　素材模型（十一）

图 7-47　选择"合成"选项

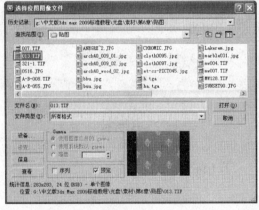

图 7-48　"选择位图图像文件"对话框

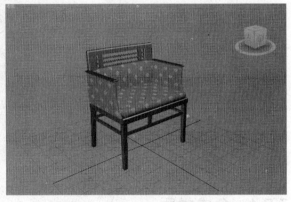

图 7-49　赋予材质后的效果

（5）单击两次"转到父对象"按钮，返回到"合成基本参数"卷展栏，单击"材质 1"右侧的 None 按钮，弹出"材质/贴图浏览器"对话框，选择"标准"选项，单击"确定"按钮，切换至"Blinn 基本参数"卷展栏，单击"漫反射"右侧的 None 按钮，弹出"材质/贴图浏览器"对话框，选择"噪波"选项，单击"确定"按钮，展开"噪波参数"卷展栏，选中"湍流"单选按钮，设置"高"为 0.3、"级别"为 10、"大小"为 100，如图 7-50 所示。

（6）单击"转到父对象"按钮，返回到"Blinn 基本参数"卷展栏，在"自发光"选项区中，设置"颜色"为 50、"高光级别"为 50、"光泽度"为 20，单击"转到父对象"按钮，展开"合成基本参数"卷展栏，在"材质 1"右侧的数值框中输入 20，按【Enter】键确认即可创建合成材质，效果如图 7-51 所示。

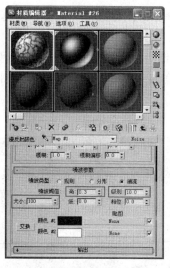

图 7-50　设置参数（五）

图 7-51　合成材质效果

7.5.5　双面材质

在现实中，有许多实体的正面和反面是不一样的。在 3ds Max 2009 中，用户可以分别给对象的正反两个面赋予不同的材质，制作出更为逼真的效果。创建双面材质的具体操作步骤如下：

（1）按【Ctrl+O】组合键，打开一个素材模型文件，如图 7-52 所示。

（2）按【M】键弹出"材质编辑器"窗口，单击 Standard 按钮，弹出"材质/贴图浏览器"对话框，选择"双面"选项，如图 7-53 所示。

图 7-52　素材模型（十二）

图 7-53　选择"双面"选项

（3）单击"确定"按钮，弹出"替换材质"对话框，选中"丢弃旧材质？"单选按钮，单击"确定"按钮，展开"双面基本参数"卷展栏，单击"正面材质"右侧的按钮，切换至"Blinn 基本参数"卷展栏，单击"漫反射"右侧的 None 按钮，弹出"材质/贴图浏览器"对话框，选择"位图"选项，单击"确定"按钮，弹出"选择位图图像文件"对话框，选择相应的素材图像，如图 7-54 所示。

（4）单击"打开"按钮添加贴图，返回到"材质编辑器"窗口，选择场景中的碗对象，单击"将材质指定给选定对象"按钮，为对象赋予材质，单击"在视口中显示标准贴图"按钮，显示贴图，效果如图 7-55 所示。

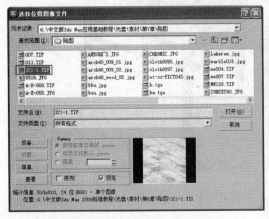

图 7-54 "选择位图图像文件"对话框　　　　图 7-55 赋予材质后的效果

（5）单击两次"转到父对象"按钮，返回到"双面基本参数"卷展栏，用与上述相同的方法，为"背面材质"添加相应的贴图，再次单击"转到父对象"按钮，返回到"Blinn 基本参数"卷展栏，在"自发光"选项区中"颜色"右侧的数值框中输入 60，如图 7-56 所示。

（6）单击"转到父对象"按钮，返回到"双面基本参数"卷展栏，设置"半透明"为50，单击"将材质指定给选定对象"按钮，赋予双面材质，效果如图 7-57 所示。

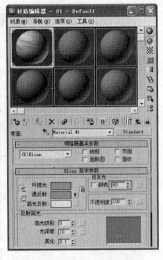

图 7-56 设置参数（六）　　　　图 7-57 双面材质效果

7.5.6 虫漆材质

虫漆材质是通过把一种材质叠加到另一种材质上产生的效果，叠加材质中的颜色被添加到基本材质的颜色中。创建虫漆材质的具体操作步骤如下：

（1）按【Ctrl+O】组合键，打开一个素材模型文件，如图 7-58 所示。

（2）按【M】键弹出"材质编辑器"窗口，单击 Standard 按钮，弹出"材质/贴图浏览器"对话框，选择"虫漆"选项，如图 7-59 所示。

（3）单击"确定"按钮，弹出"替换材质"对话框，选中"丢弃旧材质？"单选按钮，如图 7-60 所示。

（4）单击"确定"按钮，展开"虫漆基本参数"卷展栏，单击"基础材质"右侧的按钮，如图 7-61 所示。

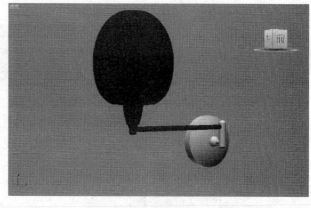

图 7-58　素材模型（十三）

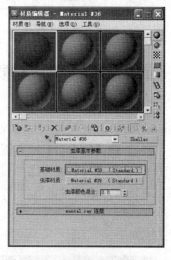

图 7-59　选择"虫漆"选项　　图 7-60　"替换材质"对话框　　图 7-61　"虫漆基本参数"卷展栏

（5）切换至"Blinn 基本参数"卷展栏，单击"环境光"左侧的锁定按钮，解除环境光与漫反射之间的锁定，分别设置环境光的 RGB 值为 17、47、15，漫反射的 RGB 值为 253、162、45，如图 7-62 所示。

（6）在"反射高光"选项区中设置"高光级别"为 76、"光泽度"为 30，按回车键确认，如图 7-63 所示。

（7）单击"转到父对象"按钮，返回到"虫漆基本参数"卷展栏，设置"虫漆颜色混合"为 30，如图 7-64 所示。

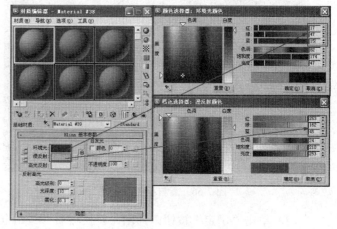

图 7-62　设置参数（七）

（8）将设置好的材质赋予灯罩对象，并按【F9】键进行快速渲染处理，效果如图 7-65 所示。

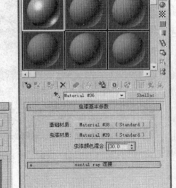

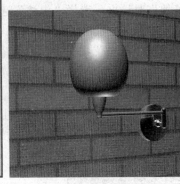

图 7-63　设置参数（八）　　　图 7-64　设置参数（九）　　　图 7-65　虫漆材质效果

7.5.7　多维/子对象材质

多维/子对象材质能够使一个模型同时拥有多种材质，并且模型的每一种材质都有一个不同的 ID 号。创建多维/子对象材质的具体操作步骤如下：

（1）按【Ctrl+O】组合键，打开一个素材模型文件，如图 7-66 所示。

（2）按【M】键弹出"材质编辑器"窗口，单击 Standard 按钮，弹出"材质/贴图浏览器"对话框，选择"多维/子对象"选项，如图 7-67 所示。

图 7-66　素材模型（十四）　　　　　图 7-67　选择"多维/子对象"选项

（3）单击"确定"按钮，弹出"替换材质"对话框，选中"丢弃旧材质？"单选按钮，单击"确定"按钮，展开"多维/子对象基本参数"卷展栏，单击"设置数量"按钮，弹出"设置材质数量"对话框，设置"材质数量"为 2，如图 7-68 所示。

（4）单击"确定"按钮，在"多维/子对象基本参数"卷展栏中，单击 ID 为 1 的"子材质"下方的按钮，切换至"Blinn 基本参数"卷展栏，单击"环境光"左侧的锁定按钮 ，解除环境光与漫反射之间的锁定，分别设置环境光的 RGB 参数值为 141、203、209，漫反射的 RGB 参数值为 188、221、221，如图 7-69 所示。

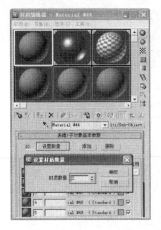

图 7-68　设置材质数量

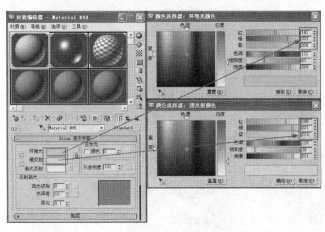

图 7-69　设置颜色

（5）在"反射高光"选项区中，设置"高光级别"为 15、"光泽度"为 25，如图 7-70 所示。

（6）单击"转到父对象"按钮 ，返回到"多维/子对象基本参数"卷展栏，用与上述同样的方法，为 ID2 设置相应的参数（环境光为黑色、漫反射的 RGB 参数值均为 97），如图 7-71 所示。

图 7-70　设置参数（十）　　图 7-71　设置参数（十一）

（7）按回车键确认，将设置好的材质赋予椅子坐垫和靠背对象，如图 7-72 所示。

（8）按【F9】键进行快速渲染处理，效果如图 7-73 所示。

图 7-72　多维/子对象材质效果

图 7-73　渲染效果（二）

7.5.8　光线跟踪材质

光线跟踪材质是高级表面着色材质，它与标准材质一样，能支持漫反射表面着色，但产生的反射和折射效果比标准反射、折射贴图更为精细。创建光线跟踪材质的具体操作步骤如下：

（1）按【Ctrl+O】组合键，打开一个素材模型文件，如图 7-74 所示。

（2）按【M】键弹出"材质编辑器"窗口，单击 Standard 按钮，弹出"材质/贴图浏览器"对话框，选择"光线跟踪"选项，如图 7-75 所示。

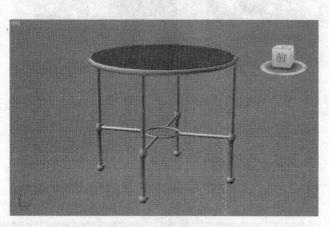

图 7-74　素材模型（十五）

图 7-75　选择"光线跟踪"选项

（3）单击"确定"按钮，切换至"光线跟踪基本参数"卷展栏，单击"反射"右侧的 None 按钮，弹出"材质/贴图浏览器"对话框，选择"衰减"选项，单击"确定"按钮，展开"衰减参数"卷展栏，在"衰减类型"右侧的下拉列表中选择 Fresnel 选项，如图 7-76 所示。

（4）单击"转到父对象"按钮，返回到"光线跟踪基本参数"卷展栏，单击"透明度"右侧的 None 按钮，弹出"材质/贴图浏览器"对话框，选择"位图"选项，单击"确定"按钮，弹出"选择位图图像文件"对话框，选择相应的贴图文件，如图 7-77 所示。

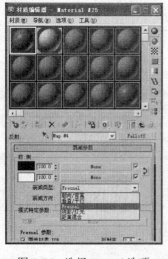

图 7-76　选择 Fresnel 选项

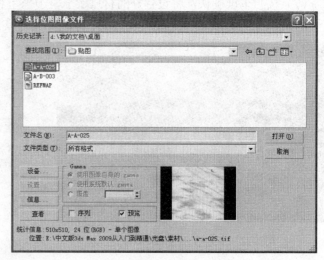

图 7-77　选择贴图文件

（5）单击"打开"按钮添加贴图，单击"转到父对象"按钮，返回到"光线跟踪基本参数"卷展栏，在"反射高光"选项区中设置"高光级别"为 250、"光泽度"为 80，按回车键确认，如图 7-78 所示。

（6）选择场景中的桌面对象，将材质赋予桌面并进行渲染处理，效果如图 7-79 所示。

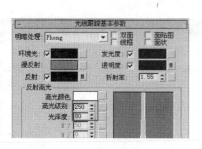

图 7-78　设置参数（十二）

图 7-79　光线跟踪材质效果

 专家指点

　　光线跟踪材质不仅包括标准材质具备的全部特征，也可以模拟真实的反射和折射效果，还支持雾、颜色浓度和荧光等其他特殊效果。

　　虽然光线跟踪材质所产生的反射、折射效果比标准反射、折射贴图更为精细，但它的渲染速度非常慢，对计算机性能要求非常高，它提供优化渲染的方案，在场景中可根据需要有选择性地对某些对象设置光线跟踪。

7.5.9　顶/底材质

　　顶/底材质是一种可以给对象的上部和下部分别赋予不同贴图的材质类型。创建顶/底材质的具体操作步骤如下：

　　（1）按【Ctrl+O】组合键，打开一个素材模型文件，如图 7-80 所示。

　　（2）按【M】键弹出"材质编辑器"窗口，单击 Standard 按钮，弹出"材质/贴图浏览器"对话框，选择"顶/底"选项，如图 7-81 所示。

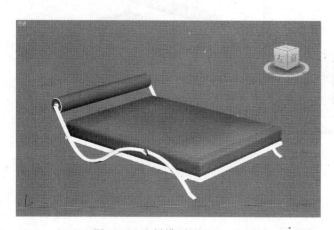

图 7-80　素材模型（十六）

图 7-81　选择"顶/底"选项

（3）单击"确定"按钮，弹出"替换材质"对话框，选中"丢弃旧材质？"单选按钮，单击"确定"按钮，展开"顶/底基本参数"卷展栏，单击"顶材质"右侧的按钮，如图 7-82 所示。

（4）切换到"Blinn 基本参数"卷展栏，单击"漫反射"右侧的 None 按钮，弹出"材质/贴图浏览器"对话框，选择"位图"选项，单击"确定"按钮，弹出"选择位图图像文件"对话框，选择相应的贴图文件，如图 7-83 所示。

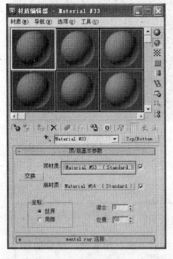

图 7-82 "顶/底基本参数"卷展栏

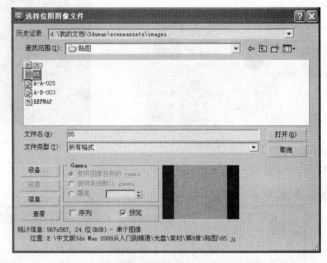

图 7-83 选择贴图文件

（5）单击"打开"按钮，添加贴图，单击两次"转到父对象"按钮，返回到"顶/底基本参数"卷展栏，用与上述同样的方法，为"底材质"选择相应的贴图文件，如图 7-84 所示。

（6）单击"打开"按钮，添加贴图，单击两次"转到父对象"按钮，返回到"顶/底基本参数"卷展栏，选中"局部"单选按钮，设置"位置"为 80，按回车键确认，将设置好的材质赋予床垫对象，渲染效果如图 7-85 所示。

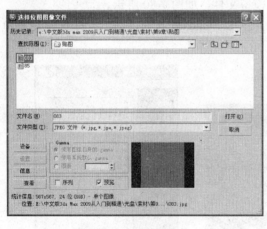

图 7-84 选择贴图文件

图 7-85 顶/底材质效果

7.5.10 Ink'n Paint 材质

Ink'n Paint 材质经常用于创建卡通效果，与其他大多数材质提供的三维效果不同，Ink`n Paint

材质提供带有"墨水"边界的平面明暗处理效果。

（1）按【Ctrl+O】组合键，打开一个素材模型文件，如图 7-86 所示。

（2）按【M】键，弹出"材质编辑器"窗口，单击 Standard 按钮，弹出"材质/贴图浏览器"对话框，选择 Ink'n Paint 选项，单击"确定"按钮，展开"绘制控制"卷展栏，单击"亮区"右侧的 None 按钮，弹出"材质/贴图浏览器"对话框，选择"位图"选项，单击"确定"按钮，弹出"选择位图图像文件"对话框，选择相应的素材图像，如图 7-87 所示。

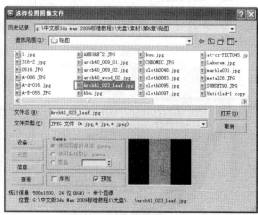

图 7-86　素材模型（十七）　　　　　　　　图 7-87　选择素材图像

（3）单击"打开"按钮，添加贴图，选择最大的球体对象，单击"将材质指定给选定对象"按钮，为球体对象赋予材质，单击"在视口中显示标准贴图"按钮，显示贴图，即完成了 Ink'n Paint 材质的创建，效果如图 7-88 所示。

图 7-88　Ink'n Paint 材质效果

习题与上机操作

一、填空题

1. 使用_____可以给场景中的对象创建五彩缤纷的颜色和纹理等表面效果。

2. 3ds Max 2009 提供了 10 多种材质类型，本章主要介绍了标准材质、_____、混

合材质、_____等。

二、思考题

1. 简述获取材质的方法。

2. 简述创建建筑材质的方法。

三、上机操作

1. 练习使用标准材质，创建出如图 7-89 所示的三维模型。

图 7-89　椅子

2. 练习使用光线跟踪材质，创建出如图 7-90 所示的三维模型。

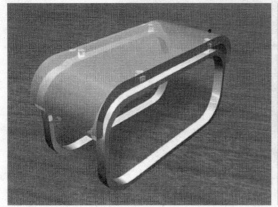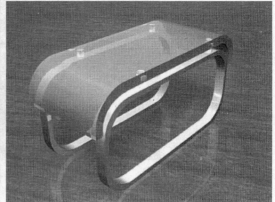

图 7-90　茶几

第8章　贴图的应用

通过本章的学习，读者应了解贴图的概念，掌握贴图通道、二维贴图、三维贴图及其他贴图的使用方法。

学习重点和难点

- 贴图通道的设置
- 使用二维贴图
- 使用三维贴图
- 使用其他贴图
- 设置贴图坐标

8.1　贴图的概念

在使用材质的过程中，为了使对象表面更加生动逼真，除了为对象赋予材质外，还应为材质赋予某种图像，这就是贴图。简单地说，贴图就是给材质赋予图像。对象被赋予贴图后，其颜色、不透明度、光亮等属性都会发生变化。贴图也属于材质，它是 3ds Max 中非常重要的一部分，是表现材质最有力的工具。贴图可以更改类型，通常用来模拟各种纹理、反射和折射效果。材质与贴图往往一起用，材质描述模型的内在物理属性，贴图描述模型的表面属性。图 8-1 所示为贴图在室内效果图中的应用。

图 8-1　贴图在室内效果图中的应用

8.2　贴图通道

贴图通道是材质的基础组成部分。每种材质都预留了各种类型的贴图通道，控制材质各个部分的色彩效果和基本属性。默认情况下，3ds Max 2009 提供了 12 种贴图通道，分别是环境光颜色、漫反射颜色、高光颜色、高光级别、光泽度、自发光、不透明度、过滤色、凹凸、反射、折射和置换。

8.2.1　环境光颜色

环境光颜色是处于阴影中的对象颜色，在默认情况下，"环境光颜色"贴图被锁定到漫反射贴图上。设置环境光颜色的具体操作步骤如下：

（1）按【Ctrl+O】组合键，打开一个素材模型文件，如图 8-2 所示。

（2）按【M】键弹出"材质编辑器"窗口，在"Blinn 基本参数"卷展栏中单击"环境光"右侧的色块，弹出"颜色选择器：环境光颜色"对话框，设置 RGB 参数值分别为 238、197、7，单击"确定"按钮即完成了环境光颜色的设置，按【F9】键进行快速渲染，效果如图 8-3 所示。

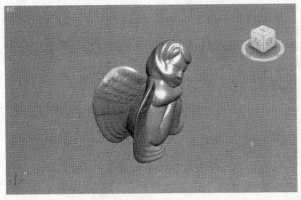

图 8-2　素材模型（一）　　　　　　图 8-3　渲染效果

8.2.2　漫反射颜色

漫反射颜色是使用得最为普遍的贴图，在该方式下，材质的漫反射部位的颜色将被贴图替换。设置漫反射颜色的具体操作步骤如下：

（1）按【Ctrl+O】组合键，打开一个素材模型文件，如图 8-4 所示。

（2）按【M】键弹出"材质编辑器"窗口，在"Blinn 基本参数"卷展栏中单击"漫反射"右侧的色块，弹出"颜色选择器：漫反射颜色"对话框，设置 RGB 参数值分别为 217、220、129，单击"确定"按钮即完成了漫反射颜色的设置，按【F9】键进行快速渲染处理，效果如图 8-5 所示。

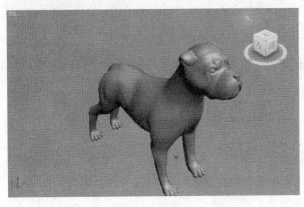

图 8-4　素材模型（二）　　　　　　图 8-5　设置漫反射颜色效果

8.2.3　不透明度

不透明度贴图根据图像中颜色的强度值来决定对象表面的不透明度，设置不透明度的具体操作步骤如下：

（1）按【Ctrl+O】组合键，打开一个素材模型文件，如图 8-6 所示。

（2）按【M】键弹出"材质编辑器"窗口，在"Blinn 基本参数"卷展栏中设置"不透明度"为 51，按回车键确认即完成了不透明度的设置，并赋予场景中的桌面对象，按【F9】键进行快速渲染处理，效果如图 8-7 所示。

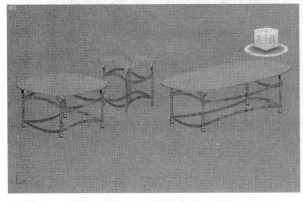

图 8-6　素材模型（三）　　　　图 8-7　设置不透明度后的效果

8.2.4　反射

反射贴图常用在金属、水、玻璃和瓷器等具有光滑表面的对象上，在 3ds Max 2009 中，用户可以创建 3 种反射贴图，分别是基本反射贴图、自动反射贴图和平面镜反射贴图。设置反射贴图的具体操作步骤如下：

（1）按【Ctrl+O】组合键，打开一个素材模型文件，如图 8-8 所示。

（2）按【M】键弹出"材质编辑器"窗口，在"贴图"卷展栏中选中"反射"复选框，单击其右侧的 None 按钮，弹出"材质/贴图浏览器"对话框，选择"位图"选项，单击"确定"按钮，弹出"选择位图图像文件"对话框，选择相应的贴图文件，如图 8-9 所示。

图 8-8　素材模型（四）　　　　图 8-9　选择贴图文件

（3）单击"打开"按钮添加贴图，单击"转到父对象"按钮，返回到"贴图"卷展栏，设置"反射"的数量为 50，如图 8-10 所示。

（4）按回车键确认，将设置好的材质赋予凳子表面，效果如图 8-11 所示。

图 8-10 设置参数（一）　　　　　　　　　图 8-11 反射贴图效果

8.2.5 折射

折射贴图是将环境图形贴到对象表面上，产生一定弯曲变形的效果。设置折射贴图的具体操作步骤如下：

（1）按【Ctrl+O】组合键，打开一个素材模型文件，如图 8-12 所示。

（2）按【M】键弹出"材质编辑器"窗口，在"贴图"卷展栏中选中"折射"复选框，单击其右侧的 None 按钮，弹出"材质/贴图浏览器"对话框，选择"位图"选项，单击"确定"按钮，弹出"选择位图图像文件"对话框，选择相应的贴图文件，如图 8-13 所示。

图 8-12 素材模型（五）

（3）单击"打开"按钮添加贴图，单击"转到父对象"按钮，返回到"贴图"卷展栏，设置"折射"的数量为 20，如图 8-14 所示。

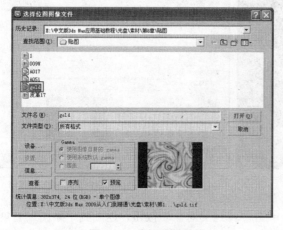

图 8-13 选择贴图文件

图 8-14 设置参数（二）

（4）按回车键确认，即会产生折射效果，如图 8-15 所示。

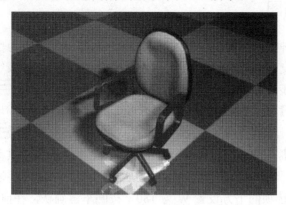

图 8-15　折射贴图效果

8.3　二维贴图

二维贴图属于二维图像，通常应用于几何对象的表面或用作环境贴图来创建背景。

8.3.1　位图贴图

位图贴图是最常用的一种贴图类型，也是最基本的贴图类型。位图贴图支持多种图像格式，例如 FLC、AVI、BMP、DDS、GIF、JPEG、PNG、PSD、TIFF 等。使用位图贴图的具体操作步骤如下：

（1）按【Ctrl+O】组合键，打开一个素材模型文件，如图 8-16 所示。

（2）按【M】键弹出"材质编辑器"窗口，在"Blinn 基本参数"卷展栏中单击"漫反射"右侧的 None 按钮，弹出"材质/贴图浏览器"对话框，选择"位图"选项。

（3）单击"确定"按钮，弹出"选择位图图像文件"对话框，选择相应的素材图像，单击"打开"按钮添加贴图，返回到"材质编辑器"窗口，选择场景中的叶子对象，单击"将材质指定给选定对象"按钮，为叶子对象赋予位图贴图，单击"在视口中显示标准贴图"按钮显示贴图，效果如图 8-17 所示。

图 8-16　素材模型（六）

图 8-17　位图贴图效果

8.3.2　棋盘格贴图

棋盘格贴图是一种将双色图案应用到对象的贴图，默认状态下为黑白两种颜色，用户也可指定两个贴图进行交错。此类贴图常用于制作一些格状纹理或地板等有序的纹理，使用棋盘格贴图的具体操作步骤如下：

（1）按【Ctrl+O】组合键，打开一个素材模型文件，如图 8-18 所示。

（2）按【M】键弹出"材质编辑器"窗口，在"Blinn 基本参数"卷展栏中单击"漫反射"右侧的 None 按钮，弹出"材质/贴图浏览器"对话框，选择"棋盘格"选项。

（3）单击"确定"按钮，展开"坐标"卷展栏，在"平铺"选项的下方设置 U 为 10、V 为 10，在"角度"选项的下方设置 W 为 180，按回车键确认，在前视图中选择地面对象，即可为其赋予棋盘格贴图，效果如图 8-19 所示。

图 8-18　素材模型（七）　　　　　　　　　图 8-19　棋盘格贴图效果

8.3.3　渐变贴图

渐变贴图是从一种色彩过渡到另一种色彩的贴图效果，一般需要使用两到三种颜色设置渐变。渐变贴图有线性渐变和径向渐变两种类型，其色彩和贴图都可以任意调整，而且颜色区域比例的大小也可以调整，因此通过渐变贴图将产生各种级别的渐变和图像嵌套效果。使用渐变贴图的具体操作步骤如下：

（1）按【Ctrl+O】组合键，打开一个素材模型文件，如图 8-20 所示。

（2）按【M】键弹出"材质编辑器"窗口，在"Blinn 基本参数"卷展栏中单击"漫反射"右侧的 None 按钮，弹出"材质/贴图浏览器"对话框，选择"渐变"选项。

（3）单击"确定"按钮，展开"渐变参数"卷展栏，设置"颜色##1"的"红"、"绿"、"蓝"参数值分别为 90、150、110；设置"颜色##2"的"红"、"绿"、"蓝"参数值分别为 40、90、45；设置"颜色##3"的"红"、"绿"、"蓝"参数值分别为 100、173、118，设置"颜色 2 位置"为 0.3。

（4）选择场景中的叶子对象，单击"将材质指定给选定对象"按钮，为对象赋予渐变贴图，单击"在视口中显示标准贴图"按钮显示贴图，效果如图 8-21 所示。

图 8-20　素材模型（八）　　　　　　　　　　　　图 8-21　渐变贴图效果

8.3.4　渐变坡度贴图

渐变坡度贴图可以看作是渐变贴图的升级，其没有颜色渐变数量的限制，用户可以为渐变设置多种颜色。使用渐变坡度贴图的具体操作步骤如下：

（1）按【Ctrl+O】组合键，打开一个素材模型文件，如图 8-22 所示。

（2）按【M】键弹出"材质编辑器"窗口，在"Blinn 基本参数"卷展栏中单击"漫反射"右侧的 None 按钮，弹出"材质/贴图浏览器"对话框，选择"渐变坡度"选项。

（3）单击"确定"按钮，展开"渐变坡度参数"卷展栏，在"数量"数值框中输入 0.8，选中"湍流"单选按钮，选择场景中的花盆对象，单击"将材质指定给选定对象"按钮，为花盆对象赋予渐变坡度贴图，单击"在视口中显示标准贴图"按钮显示贴图，效果如图 8-23 所示。

图 8-22　素材模型（九）　　　　　　　　　　　图 8-23　渐变坡度贴图效果

8.3.5　平铺贴图

使用平铺贴图，可以创建砖、彩色瓷砖等材质效果。系统提供了许多建筑砖块图案供用户使用，用户也可以根据需要设计一些自定义的图案。使用平铺贴图的具体操作步骤如下：

（1）按【Ctrl+O】组合键，打开一个素材模型文件，如图 8-24 所示。

（2）按【M】键弹出"材质编辑器"窗口，在"Blinn 基本参数"卷展栏中单击"漫反射"右侧的 None 按钮，弹出"材质/贴图浏览器"对话框，选择"平铺"选项。

（3）单击"确定"按钮，展开"坐标"卷展栏，在"平铺"选项的下方，设置 U、V 均为 10。选择场景中的床垫对象，单击"将材质指定给选定对象"按钮，为床垫对象赋予平铺贴图，并单击"在视口中显示标准贴图"按钮显示平铺贴图，效果如图 8-25 所示。

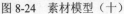

图 8-24　素材模型（十）　　　　　　　图 8-25　平铺贴图效果

8.3.6　漩涡贴图

使用漩涡贴图可以产生两种颜色的混合漩涡效果，其具体操作步骤如下：

（1）按【Ctrl+O】组合键，打开一个素材模型文件，如图 8-26 所示。

（2）按【M】键弹出"材质编辑器"窗口，在"Blinn 基本参数"卷展栏中单击"漫反射"右侧的 None 按钮，弹出"材质/贴图浏览器"对话框，选择"漩涡"选项。

（3）单击"确定"按钮，展开"漩涡参数"卷展栏，在"漩涡颜色设置"选项区中设置"基本"的"红"、"绿"、"蓝"参数值分别为 190、208、210，"漩涡"的"红"、"绿"、"蓝"参数值分别为 183、242、214，"颜色对比度"为 0.8。

（4）选择场景中的水对象，单击"将材质指定给选定对象"按钮，为水对象赋予漩涡贴图，并单击"在视口中显示标准贴图"按钮显示贴图，效果如图 8-27 所示。

图 8-26　素材模型（十一）　　　　　　图 8-27　漩涡贴图效果

8.4　三维贴图

三维贴图类型众多，使用也最为频繁。它们是由计算机根据参数自动生成的图案，以模拟各种天然和建筑材料的表面。

8.4.1　衰减贴图

衰减贴图可以产生颜色由强到弱的衰减效果，它根据对象表面的法线角度，衰减成黑色或白色。使用衰减贴图的具体操作步骤如下：

（1）按【Ctrl+O】组合键，打开一个素材模型文件，如图 8-28 所示。

（2）按【M】键弹出"材质编辑器"窗口，在"Blinn 基本参数"卷展栏中单击"不透明度"右侧的 None 按钮，弹出"材质/贴图浏览器"对话框，选择"衰减"选项，单击"确定"按钮，展开"衰

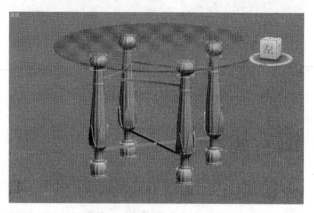

图 8-28　素材模型（十二）

减参数"卷展栏，按回车键确认即可为对象添加衰减贴图，效果如图 8-29 所示。

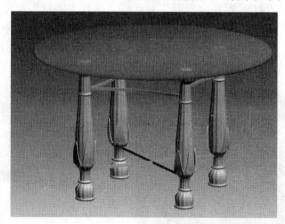

图 8-29　衰减贴图效果

8.4.2　细胞贴图

细胞贴图是一种程序贴图，可以生成用于各种视觉效果的细胞图案，包括马赛克瓷砖、鹅卵石表面等。使用细胞贴图的具体操作步骤如下：

（1）按【Ctrl+O】组合键，打开一个素材模型文件，如图 8-30 所示。

（2）按【M】键弹出"材质编辑器"窗口，在"Blinn 基本参数"卷展栏中单击"高光反射"右侧的 None 按钮，弹出"材质/贴图浏览器"对话框，选择"细胞"选项，单击"确

定"按钮，展开"细胞参数"卷展栏，设置"变化"为18.2，按回车键确认，选择场景中的所有对象，为其赋予细胞贴图，效果如图8-31所示。

图 8-30 素材模型（十三）

图 8-31 细胞贴图效果

8.4.3 木材贴图

木材贴图常用于过滤色方式贴图，可使对象表面产生木质纹理。使用木材贴图的具体操作步骤如下：

（1）按【Ctrl+O】组合键，打开一个素材模型文件，如图8-32所示。

（2）按【M】键弹出"材质编辑器"窗口，在"Blinn 基本参数"卷展栏中单击"漫反射"右侧的 None 按钮，弹出"材质/贴图浏览器"对话框，选择"木材"选项。

（3）单击"确定"按钮，展开"木材参数"卷展栏，设置"颗粒密度"为5、"径向噪波"和"轴向噪波"均为2，选择场景中的桌面对象，单击"将材质指定给选定对象"按钮，为桌面对象赋予木材贴图，单击"在视口中显示标准贴图"按钮显示贴图，效果如图8-33所示。

图 8-32 素材模型（十四）

图 8-33 木材贴图效果

8.4.4 噪波贴图

噪波贴图可以将两种不同颜色或材质混合在一起，产生一种噪波的贴图效果。使用噪波贴图的具体操作步骤如下：

（1）按【Ctrl+O】组合键，打开一个素材模型文件，如图 8-34 所示。

（2）按【M】键弹出"材质编辑器"窗口，在"贴图"卷展栏中选中"凹凸"复选框，单击其右侧的 None 按钮，弹出"材质/贴图浏览器"对话框，选择"噪波"选项，单击"确定"按钮，展开"噪波参数"卷展栏，选中"湍流"单选按钮，并设置"大小"为 70。

（3）选择场景中的毛巾对象，单击"将材质指定给选定对象"按钮，为毛巾对象赋予噪波贴图，单击"在视口中显示标准贴图"按钮显示贴图，效果如图 8-35 所示。

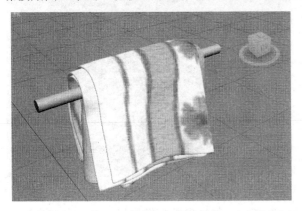
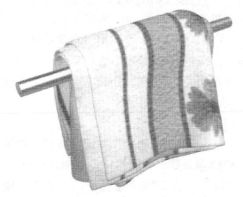

图 8-34　素材模型（十五）　　　　　　　　　图 8-35　噪波贴图效果

8.4.5　泼溅贴图

泼溅贴图常用于过渡区贴图，它以一种颜色作为底色，将另一种颜色以斑点或颜色块的形式随机分布在底色上。使用泼溅贴图的具体操作步骤如下：

（1）按【Ctrl+O】组合键，打开一个素材模型文件，如图 8-36 所示。

（2）按【M】键弹出"材质编辑器"窗口，在"Blinn 基本参数"卷展栏中单击"漫反射"右侧的 None 按钮，弹出"材质/贴图浏览器"对话框，选择"泼溅"选项，单击"确定"按钮展开"泼溅参数"卷展栏，设置"大小"为 10、"阈值"为 0.3，单击"交换"按钮。

（3）单击"转到父对象"按钮，返回到"Blinn 基本参数"卷展栏，在"自发光"选项区中的"颜色"右侧的数值框中输入 50，选择场景中的小灯泡对象，单击"将材质指定给选定对象"按钮，为小灯泡对象赋予泼溅贴图，并单击"在视口中显示标准贴图"按钮显示贴图，效果如图 8-37 所示。

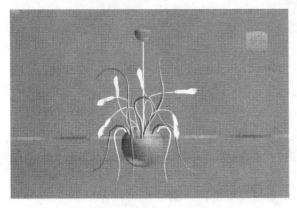
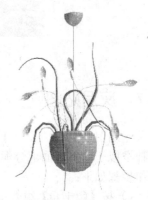

图 8-36　素材模型（十六）　　　　　　　　　图 8-37　泼溅贴图效果

8.4.6 粒子运动模糊贴图

粒子运动模糊贴图是一种专用于粒子运动的贴图，它可以根据粒子的运动速度，改变其踪迹前后的透明度，常用于制作流水、雪花的效果。使用粒子运动模糊贴图的具体操作步骤如下：

（1）按【Ctrl+O】组合键，打开一个素材模型文件，如图 8-38 所示。

（2）按【M】键弹出"材质编辑器"窗口，在"Blinn 基本参数"卷展栏中单击"不透明度"右侧的 None 按钮，弹出"材质/贴图浏览器"对话框，选择"粒子运动模糊"选项。

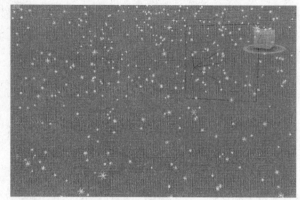

图 8-38　素材模型（十七）

（3）单击"确定"按钮，展开"粒子运动模糊参数"卷展栏，设置"颜色##2"的"红"、"绿"、"蓝"参数值均为 255、"锐度"为 100，单击"转到父对象"按钮，返回到"Blinn 基本参数"卷展栏，在"自发光"选项区的"颜色"数值框中输入 100，选择场景中的雪对象，单击"将材质指定给选定对象"按钮，为雪对象赋予粒子运动模糊贴图，单击"在视口中显示标准贴图"按钮显示贴图，效果如图 8-39 所示。

图 8-39　粒子运动模糊贴图效果

8.4.7 灰泥贴图

灰泥贴图是以一种颜色作为底色，将另一种颜色以不同的形状随机地分布在底色上，产生一种类似于墙体表面部分泥灰剥落的斑点效果，常用于凹凸贴图方式。使用灰泥贴图的具体操作步骤如下：

（1）按【Ctrl+O】组合键，打开一个素材模型文件，如图 8-40 所示。

（2）按【M】键弹出"材质编辑器"窗口，在"贴图"卷展栏中选中"凹凸"复选框，单击"凹凸"右侧的 None 按钮，弹出"材质/贴图浏览器"对话框，选择"灰泥"选项，单击"确定"按钮，展开"灰泥参数"卷展栏，设置"大小"为 5、"厚度"为 0.3、"阈值"为 0.5。

（3）选择场景中的墙体对象，单击"将材质指定给选定对象"按钮，为墙体对象赋予灰泥贴图，单击"在视口中显示标准贴图"按钮显示贴图，效果如图 8-41 所示。

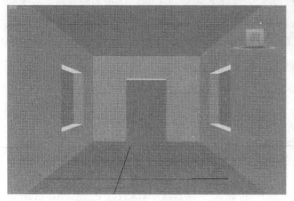

图 8-40　素材模型（十八）　　　　　　　　　图 8-41　灰泥贴图效果

8.4.8　凹痕贴图

凹痕贴图可根据分形噪波产生随机图案，图案的效果取决于贴图类型，在效果图制作中经常用于制作被腐蚀的旧金属和凹凸墙面，产生风化和腐蚀的效果。使用凹痕贴图的具体操作步骤如下：

（1）按【Ctrl+O】组合键，打开一个素材模型文件，如图 8-42 所示。

（2）按【M】键弹出"材质编辑器"窗口，在"Blinn 基本参数"卷展栏中单击"漫反射"右侧的 None 按钮，弹出"材质/贴图浏览器"对话框，选择"凹痕"选项。

（3）单击"确定"按钮，展开"凹痕参数"卷展栏，单击"颜色##1"右侧的 None 按钮，弹出"材质/贴图浏览器"对话框，选择"位图"选项，单击"确定"按钮，弹出"选择位图图像文件"对话框，选择相应的贴图文件。

（4）单击"打开"按钮添加贴图，单击"转到父对象"按钮，返回到"凹痕参数"卷展栏，按回车键确认，将设置好的贴图赋予灯罩对象，效果如图 8-43 所示。

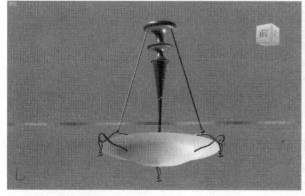
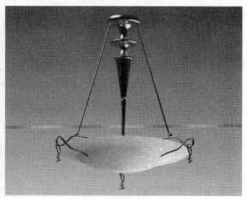

图 8-42　素材模型（十九）　　　　　　　　　图 8-43　凹痕贴图效果

8.4.9 斑点贴图

斑点贴图是在对象表面生成斑点的图案，用于漫反射贴图和凹凸贴图以创建类似花岗岩的表面或其他图案的表面。使用斑点贴图的具体操作步骤如下：

（1）按【Ctrl+O】组合键，打开一个素材模型文件，如图 8-44 所示。

（2）按【M】键弹出"材质编辑器"窗口，在"Blinn 基本参数"卷展栏中单击"漫反射"右侧的 None 按钮，弹出"材质/贴图浏览器"对话框，选择"斑点"选项。

图 8-44　素材模型（二十）

（3）单击"确定"按钮，展开"斑点参数"卷展栏，按回车键确认，即可为对象添加斑点贴图，按【F9】键进行快速渲染处理，效果如图 8-45 所示。

图 8-45　渲染效果

8.4.10 波浪贴图

波浪贴图是一种生成水花或波纹效果的 3D 贴图。它生成一定数量的球形波浪中心并将它们随机分布在球体上，用户通过设置相应的参数可以控制波浪组数量、振幅和波浪速度。使用波浪贴图的具体操作步骤如下：

（1）按【Ctrl+O】组合键，打开一个素材模型文件，如图 8-46 所示。

（2）按【M】键弹出"材质编辑器"窗口，在"Blinn 基本参数"卷展栏中单击"漫反射"右侧的 None 按钮，弹出"材质/贴图浏览器"对话框，选择"波浪"选项。

（3）单击"确定"按钮，展开"波浪参数"卷展栏，单击"颜色##1"右侧的 None 按钮，弹出"材质/贴图浏览器"对话框，选择"位图"选项，单击"确定"按钮，弹出"选择位图图像文件"对话框，选择相应的素材图像。

（4）单击"打开"按钮添加贴图，单击"转到父对象"按钮，返回到"波浪参数"卷展栏，设置"波浪组数量"为 8、"波半径"为 100、"波长最大值"为 200、"波长最小值"为 50，选择水面对象，单击"将材质指定给选定对象"按钮，为水面对象赋予波浪贴图，并单击"在视口中显示标准贴图"按钮显示贴图，效果如图 8-47 所示。

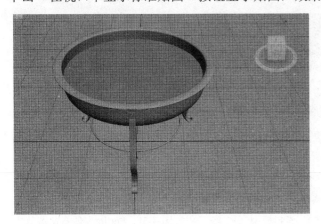

图 8-46　素材模型（二十一）　　　　　　　图 8-47　波浪贴图效果

8.4.11　大理石贴图

大理石贴图针对彩色背景生成带有彩色纹理的大理石曲面，同时自动生成第 3 种颜色。使用大理石贴图的具体操作步骤如下：

（1）按【Ctrl+O】组合键，打开一个素材模型文件，如图 8-48 所示。

（2）按【M】键弹出"材质编辑器"窗口，在"Blinn 基本参数"卷展栏中单击"漫反射"右侧的 None 按钮，弹出"材质/贴图浏览器"对话框，选择"大理石"选项。

（3）单击"确定"按钮，展开"大理石参数"卷展栏，设置"大小"为 30，按回车键确认，选择场景中的桌子对象，为其赋予大理石贴图，效果如图 8-49 所示。

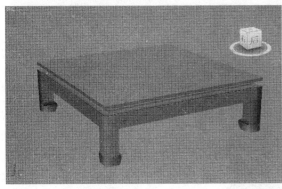

图 8-48　素材模型（二十二）　　　　　　　图 8-49　大理石贴图效果

8.4.12　Perlin 大理石贴图

Perlin 大理石贴图常用于模拟珍珠岩表面，以制作 Perlin 大理石效果。使用 Perlin 大理石贴图的具体操作步骤如下：

（1）按【Ctrl+O】组合键，打开一个素材模型文件，如图 8-50 所示。

（2）按【M】键弹出"材质编辑器"窗口，在"Blinn 基本参数"卷展栏中单击"漫反射"右侧的 None 按钮，弹出"材质/贴图浏览器"对话框，选择"Perlin 大理石"选项。

（3）单击"确定"按钮，展开"Perlin 大理石参数"卷展栏，设置"大小"为 60、"级别"为 3，选择水池对象，单击"将材质指定给选定对象"按钮，为水池对象赋予 Perlin 大理石贴图，单击"在视口中显示标准贴图"按钮显示贴图，效果如图 8-51 所示。

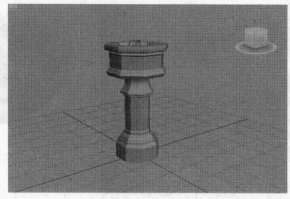

图 8-50　素材模型（二十三）　　图 8-51　Perlin 大理石贴图效果

8.4.13　粒子年龄贴图

粒子年龄贴图专用于粒子系统，可以根据粒子的生命时间，分别为开始、中间和结束处的粒子指定 3 种颜色。使用粒子年龄贴图的具体操作步骤如下：

（1）按【Ctrl+O】组合键，打开一个素材模型文件，如图 8-52 所示。

（2）按【M】键弹出"材质编辑器"窗口，在"Blinn 基本参数"卷展栏中单击"漫反射"右侧的 None 按钮，弹出"材质/贴图浏览器"对话框，选择"粒子年龄"选项。

（3）单击"确定"按钮，展开"粒子年龄参数"卷展栏，单击"颜色#1"右侧的"颜色"色块，弹出"颜色选择器：颜色 1"对话框，分别设置"红"为 218、"绿"为 0、"蓝"为 226。

（4）单击"确定"按钮，单击"转到父对象"按钮，返回到"Blinn 基本参数"卷展栏，在"自发光"选项区中设置"颜色"为 50，选择粒子对象，单击"将材质指定给选定对象"按钮，为粒子对象赋予粒子年龄贴图，单击"在视口中显示标准贴图"按钮显示贴图，效果如图 8-53 所示。

图 8-52　素材模型（二十四）　　　　图 8-53　粒子年龄贴图效果

8.4.14　行星贴图

使用行星贴图，可以模拟出类似星球表面的纹理效果。使用行星贴图的具体操作步骤如下：

（1）按【Ctrl+O】组合键，打开一个素材模型文件，如图 8-54 所示。

（2）按【M】键弹出"材质编辑器"窗口，在"Blinn 基本参数"卷展栏中单击"漫反射"右侧的 None 按钮，弹出"材质/贴图浏览器"对话框，选择"行星"选项。

（3）单击"确定"按钮，展开"行星参数"卷展栏，设置"岛屿因子"为 0.4，单击"转到父对象"按钮，返回到"Blinn 基本参数"卷展栏，在"自发光"选项区中设置"颜色"为 50，选择场景中的球对象，单击"将材质指定给选定对象"按钮，为球对象赋予行星贴图，单击"在视口中显示标准贴图"按钮显示贴图，效果如图 8-55 所示。

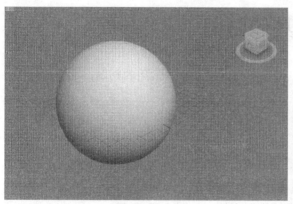

图 8-54　素材模型

图 8-55　行星贴图效果

8.4.15　烟雾贴图

烟雾贴图是生成基于分形的无序湍流图案的三维贴图，用于设置动画的不透明贴图，以模拟絮状和烟雾状的图案。使用烟雾贴图的具体操作步骤如下：

（1）按【Ctrl+O】组合键，打开一个素材模型文件，如图 8-56 所示。

（2）按【M】键弹出"材质编辑器"窗口，在"Blinn 基本参数"卷展栏中单击"不透明度"右侧的 None 按钮，弹出"材质/贴图浏览器"对话框，选择"烟雾"选项，单击"确定"按钮，展开"烟雾参数"卷展栏，设置"大小"为 5、"指数"为 0.5，选择场景中的所有对象，单击"将材质指定给选定对象"按钮，为所选对象赋予烟雾贴图并显示贴图，效果如图 8-57 所示。

图 8-56　素材模型（二十六）

图 8-57　烟雾贴图效果

8.5　其他贴图

在 3ds Max 2009 中，除了二维贴图和三维贴图外，还有一些常用的贴图，如合成贴图、混合贴图、薄壁折射贴图和法线凹凸贴图等。

8.5.1　合成贴图

使用合成贴图，可以将多个贴图组合在一起，通过贴图的 Alpha 通道或输出值决定透明度，从而产生叠加效果。使用合成贴图的具体操作步骤如下：

（1）按【Ctrl+O】组合键，打开一个素材模型文件，如图 8-58 所示。

（2）按【M】键弹出"材质编辑器"窗口，在"Blinn 基本参数"卷展栏中单击"漫反射"右侧的 None 按钮，弹出"材质/贴图浏览器"对话框，选择"合成"选项，单击"确定"按钮，展开"层 1"卷展栏，单击卷展栏左侧的"无"按钮 无，弹出"材质/贴图浏览器"对话框，选择"位图"选项，弹出"选择位图图像文件"对话框，选择相应的素材图像，如图 8-59 所示。

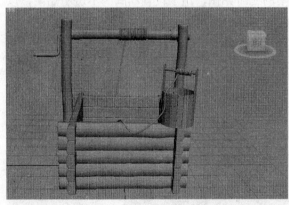

图 8-58　素材模型（二十七）

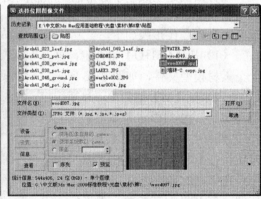

图 8-59　选择相应的素材图像

（3）单击"打开"按钮添加贴图，返回到"材质编辑器"窗口，单击"转到父对象"按钮，返回到"层 1"卷展栏，单击卷展栏右侧的"无"按钮 无，弹出"材质/贴图浏览器"

对话框，选择"位图"选项，弹出"选择位图图像文件"对话框，选择相应的素材图像，如图 8-60 所示。

（4）单击"打开"按钮添加贴图，返回到"材质编辑器"窗口，单击"转到父对象"按钮，返回到"层 1"卷展栏，选择场景中的所有对象，单击"将材质指定给选定对象"按钮，为所选对象赋予合成贴图，单击"在视口中显示标准贴图"按钮显示贴图，效果如图 8-61 所示。

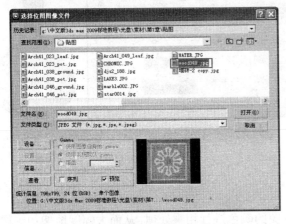

图 8-60 选择相应的贴图文件

图 8-61 合成贴图效果

8.5.2 混合贴图

使用混合贴图，可以将两种颜色或材质合成在曲面的一侧，也可以将"混合数量"参数设为动画，画出使用变形功能曲线的贴图，来控制两个贴图随时间混合的方式。使用混合贴图的具体操作步骤如下：

（1）按【Ctrl+O】组合键，打开一个素材模型文件，如图 8-62 所示。

（2）按【M】键弹出"材质编辑器"窗口，在"Blinn 基本参数"卷展栏中单击"漫反射"右侧的 None 按钮，弹出"材质/贴图浏览器"对话框，选择"混合"选项，单击"确定"按钮，展开"混合参数"卷展栏，单击"颜色##1"右侧的 None 按钮，弹出"材质/贴图浏览器"对话框，选择"位图"选项，弹出"选择位图图像文件"对话框，选择相应的素材图像，如图 8-63 所示。

图 8-62 素材模型（二十八）

（3）单击"打开"按钮添加贴图，返回到"材质编辑器"窗口，单击"转到父对象"按钮，返回到"混合参数"卷展栏，单击"颜色##2"右侧的 Nono 按钮，弹出"材质/贴图浏览器"对话框，选择"位图"选项，弹出"选择位图图像文件"对话框，选择相应的素材图像，如图 8-64 所示。

（4）单击"打开"按钮添加贴图，返回到"材质编辑器"对话框，单击"转到父对象"按钮，返回到"混合参数"卷展栏，在"混合量"右侧的数值框中输入 30，选择场景中的所有对象，单击"将材质指定给选定对象"按钮，为所选对象赋予混合贴图，单击"在视口中显示标准贴图"按钮显示贴图，效果如图 8-65 所示。

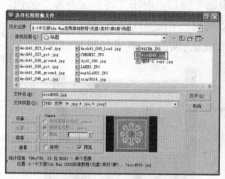

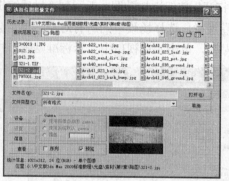

图 8-63　选择相应的素材图像　　　　图 8-64　选择相应的贴图文件　　图 8-65　混合贴图效果

8.5.3　RGB 相乘贴图

RGB 相乘贴图是将两种颜色或两张贴图的颜色进行相乘处理，从而大幅度地增加图像对比度。常用于凹凸贴图，以增加凹凸效果。使用 RGB 相乘贴图的具体操作步骤如下：

（1）按【Ctrl+O】组合键，打开一个素材模型文件，如图 8-66 所示。

（2）按【M】键弹出"材质编辑器"窗口，在"Blinn 基本参数"卷展栏中单击"漫反射"右侧的 None 按钮，弹出"材质/贴图浏览器"对话框，选择"RGB 相乘"选项。

（3）单击"确定"按钮，展开"RGB 相乘参数"卷展栏，设置"颜色##1"的"红"、"绿"、"蓝"参数值分别为 43、234、9，设置"颜色##2"的"红"、"绿"、"蓝"参数值分别为 245、248、18，选择场景中的花瓶对象，单击"将材质指定给选定对象"按钮，为所选对象赋予 RGB 相乘贴图并显示贴图，效果如图 8-67 所示。

图 8-66　素材模型（二十九）　　　　　　图 8-67　RGB 相乘贴图效果

8.5.4　薄壁折射贴图

使用薄壁折射贴图，可以产生透明变形的光线折射效果。使用薄壁折射贴图的具体操作

步骤如下：

（1）按【Ctrl+O】组合键，打开一个素材模型文件，如图 8-68 所示。

（2）按【M】键弹出"材质编辑器"窗口，在"Blinn 基本参数"卷展栏中单击"漫反射"右侧的 None 按钮，弹出"材质/贴图浏览器"对话框，选择"薄壁折射"选项，单击"确定"按钮，展开"薄壁折射参数"卷展栏，单击"转到父对象"按钮，返回到"Blinn 基本参数"卷展栏，设置"不透明度"为 50，选择场景中的鱼缸对象，单击"将材质指定给选定对象"按钮，为鱼缸对象赋予薄壁折射贴图并显示贴图，效果如图 8-69 所示。

图 8-68　素材模型（三十）

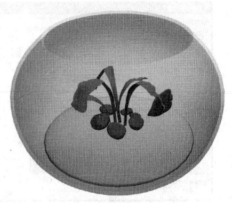
图 8-69　薄壁折射贴图

8.5.5　法线凹凸贴图

法线凹凸贴图是一种改进后的凹凸贴图，它使用贴图中 RGB 信息来修改对象表面的法线方向。使用法线凹凸贴图的具体操作步骤如下：

（1）按【Ctrl+O】组合键，打开一个素材模型文件，如图 8-70 所示。

（2）按【M】键弹出"材质编辑器"窗口，在"Blinn 基本参数"卷展栏中单击"漫反射"右侧的 None 按钮，弹出"材质/贴图浏览器"对话框，选择"法线凹凸"选项，单击"确定"按钮，展开"参数"卷展栏，单击"法线"右侧的 None 按钮，弹出"材质/贴图浏览器"对话框，选择"位图"选项，弹出"选择位图图像文件"对话框，选择相应的素材图像，如图 8-71 所示。

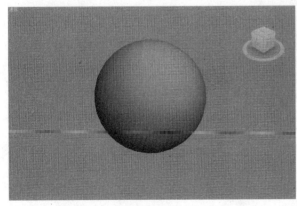
图 8-70　素材模型（三十一）

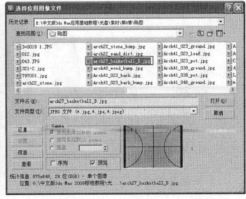
图 8-71　选择相应的素材图像

（3）单击"打开"按钮添加贴图，返回到"材质编辑器"窗口，单击"转到父对象"按钮，返回到"参数"卷展栏，单击"附加凹凸"右侧的 None 按钮，弹出"材质/贴图浏览器"对话框，选择"位图"选项，弹出"选择位图图像文件"对话框，选择相应的素材图像，如图 8-72 所示。

（4）单击"打开"按钮添加贴图，返回到"材质编辑器"窗口，单击"转到父对象"按钮，返回到"参数"卷展栏，选择场景中的球对象，单击"将材质指定给选定对象"按钮，为球对象赋予法线凹凸贴图并显示贴图，效果如图 8-73 所示。

图 8-72　选择相应的贴图文件

图 8-73　法线凹凸贴图效果

8.5.6　反射/折射贴图

使用反射/折射贴图，可以模拟对象的光线折射效果，常用于玻璃等平薄的对象。使用反射/折射贴图的具体操作步骤如下：

（1）按【Ctrl+O】组合键，打开一个素材模型文件，如图 8-74 所示。

（2）按【M】键弹出"材质编辑器"窗口，选择第 1 排的第 2 个材质球，展开"贴图"卷展栏，单击"反射"右侧的 None 按钮，弹出"材质/贴图浏览器"对话框，选择"反射/折射"选项，单击"确定"按钮，展开"反射/折射参数"卷展栏，单击"转到父对象"按钮，返回到"贴图"卷展栏，在"反射"数值框中输入 20，用与前几例中相同的方法为场景中的所有对象赋予反射/折射贴图并显示贴图，效果如图 8-75 所示。

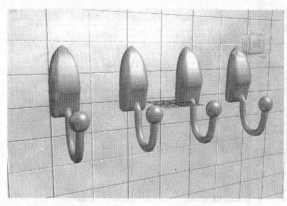

图 8-74　素材模型（三十二）

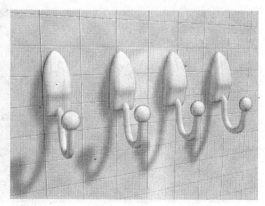

图 8-75　反射/折射贴图效果

8.5.7　光线跟踪贴图

使用光线跟踪贴图，可以创建精确的光线反射和折射效果。使用光线跟踪贴图的具体操作步骤如下：

（1）按【Ctrl+O】组合键，打开一个素材模型文件，如图 8-76 所示。

（2）按【M】键弹出"材质编辑器"窗口，在"Blinn 基本参数"卷展栏中单击"反射"右侧的 None 按钮，弹出"材质/贴图浏览器"对话框，选择"光线跟踪"选项。

（3）单击"确定"按钮，保持默认设置，单击"转到父对象"按钮 ，返回上一级窗口，在"贴图"卷展栏中的"反射"

图 8-76　素材模型（三十三）

数值框中输入 10，在顶视图中选择地板对象，单击"将材质指定给选定对象"按钮 ，为地板对象赋予光线跟踪贴图并显示贴图，效果如图 8-77 所示。

图 8-77　光线跟踪效果

8.5.8　平面镜贴图

平面镜贴图常用于地板、水面和镜子等平整的对象。使用平面镜贴图的具体操作步骤如下：

（1）按【Ctrl+O】组合键，打开一个素材模型文件，如图 8-78 所示。

（2）按【M】键弹出"材质编辑器"窗口，在"Dlinn 基本参数"卷展栏中单击"漫反射"右侧的 None 按钮，弹出"材质/贴图浏览器"对话框，选择"平面镜"选项。

（3）单击"确定"按钮，展开"平面镜参数"卷展栏，在"渲染"选项区中选中"应用于带 ID 的面"复选框，选择场景中的镜子对象，单击"将材质指定给选定对象"按钮，为镜子对象赋予平面镜贴图并显示贴图，效果如图 8-79 所示。

图 8-78　素材模型（三十四）　　　　　　　图 8-79　平面镜贴图效果

8.5.9　每像素摄影机贴图

每像素摄影机贴图允许用户沿着特定的摄影机方向投射贴图，使用该贴图的具体操作步骤如下：

（1）按【Ctrl+O】组合键，打开一个素材模型文件，如图 8-80 所示。

（2）按【M】键弹出"材质编辑器"窗口，在"Blinn 基本参数"卷展栏中单击"漫反射"右侧的 None 按钮，弹出"材质/贴图浏览器"对话框，选择"每像素摄影机贴图"选项，如图 8-81 所示。

（3）单击"确定"按钮，展开"摄影机贴图参数"卷展栏，单击"摄影机"右侧的 None 按钮，移动鼠标指针至视图中拾取摄影机对象，单击"纹理"右侧的 None 按钮，弹出"材质/贴图浏览器"对话框，选择"位图"选项，弹出"选择位图图像文件"对话框，选择相应的素材图像，如图 8-82 所示。

（4）单击"打开"按钮添加贴图，选择窗户对象，单击"将材质指定给选定对象"按钮，为窗户对象赋予每像素摄影机贴图并显示贴图，效果如图 8-83 所示。

图 8-80　素材模型（三十五）　　　　　图 8-81　选择"每像素摄影机贴图"选项

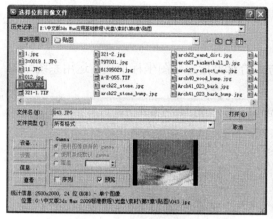

图 8-82　选择相应的贴图

图 8-83　每像素摄影机贴图效果

8.6　贴图坐标

　　贴图坐标用来为被赋予材质的场景对象指定所选定的位图文件在对象上的位置、方向和大小比例。

8.6.1　UVW 贴图修改器

　　"UVW 贴图"修改器用于控制在对象曲面上显示贴图和材质的方式及位置。"UVW 贴图"修改器包括平面、柱形、球形、收缩包裹、长方体、面和 XYZ 到 UVW7 种坐标方式。使用"UVW 贴图"修改器的具体操作步骤如下：

　　（1）按【Ctrl+O】组合键，打开一个素材模型文件，如图 8-84 所示。

　　（2）选择沙发对象，打开"修改"面板，在"修改器列表"下拉列表中选择"UVW 贴图"选项，在"参数"卷展栏中选中"长方体"单选按钮，沙发的贴图坐标将以长方体形式显示，效果如图 8-85 所示。

图 8-84　素材模型（三十六）

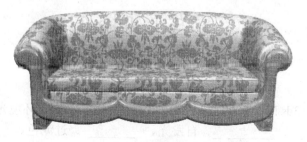

图 8-85　长方体贴图坐标效果

8.6.2　运用系统贴图坐标

运用系统贴图坐标，可以按照系统预定的方式给对象指定贴图坐标形式。运用系统贴图坐标的具体操作步骤如下：

（1）按【Ctrl+O】组合键，打开一个素材模型文件，如图 8-86 所示。

图 8-86　素材模型（三十七）

（2）按【M】键弹出"材质编辑器"窗口，单击"从对象拾取材质"按钮，拾取沙发的材质，在"Blinn 基本参数"卷展栏中单击"漫反射"右侧的 M 按钮，展开"坐标"卷展栏，选中 VW 单选按钮，则贴图坐标以 VW 方向显示，如图 8-87 所示。

图 8-87　调整贴图的坐标

习题与上机操作

一、填空题

1. 默认情况下，3ds Max 2009 提供了 12 种贴图通道，分别是环境光颜色、漫反射颜色、_____、_____、_____、自发光、_____、过滤色、_____、反射、折射和置换。

2．使用＿＿＿＿＿＿＿，可以创建砖、彩色瓷砖等材质效果。通常有许多系统默认的建筑砖块图案可以使用，用户也可以设计一些自定义的图案。

3．"UVW 贴图"修改器包括＿＿＿＿＿＿＿、＿＿＿＿＿＿＿、球形、收缩包裹、＿＿＿＿＿＿＿、面和 XYZ 到 UVW7 种坐标方式。

二、思考题

1．简述使用细胞贴图的方法。

2．简述使用光线跟踪贴图的方法。

三、上机操作

1．练习使用位图贴图，创建出如图 8-88 所示的三维模型。

图 8-88　木桥

2．练习使用平面镜贴图，创建出如图 8-89 所示的三维模型。

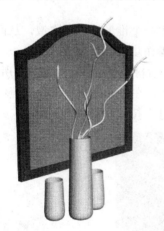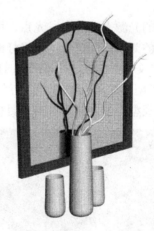

图 8-89　镜子

第9章 灯光和摄影机的应用

本章学习目标

通过本章的学习，读者应掌握创建标准灯光、创建光度学灯光、创建系统灯光、设置灯光参数、创建摄影机、设置摄影机的操作方法。

学习重点和难点

- 创建标准灯光
- 创建光度学灯光
- 创建系统灯光
- 设置灯光参数
- 创建摄影机
- 设置摄影机

9.1 标准灯光

在场景中，灯光对于突出主要对象或营造场景气氛非常关键，经常可以起到画龙点睛的作用。3ds Max 2009 内置有标准灯光和光度学灯光两种灯光类型，标准灯光是基于计算机的模拟灯光，主要用来计算直射光。

9.1.1 创建目标聚光灯

目标聚光灯的光源来自一个发光点，可以产生一个锥形的照明区域，从而影响光束里的对象，产生灯光的效果。创建目标聚光灯的具体操作步骤如下：

（1）单击"文件"｜"打开"命令，打开一个素材模型文件，如图 9-1 所示。

（2）单击"创建"面板中的"灯光"按钮 ，在"光度学"下拉列表中选择"标准"选项，在"对象类型"卷展栏中单击"目标聚光灯"按钮，如图 9-2 所示。

图 9-1 素材模型（一）

图 9-2 单击"目标聚光灯"按钮

（3）移动鼠标指针至前视图中，在对象的上方按住鼠标左键并向下拖曳至沙发对象的中心位置，即可创建目标聚光灯，如图 9-3 所示。

（4）单击主工具栏中的"选择并移动"按钮，在前视图中选择目标聚光灯投射点，沿 Y 轴向上拖曳至合适位置，使沙发对象在灯光下显示。

（5）打开"修改"面板，在"强度/颜色/衰减"卷展栏中设置"倍增"为 1.5，按回车键确认，然后在透视视图中按【F9】键进行快速渲染处理，效果如图 9-4 所示。

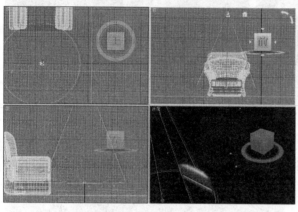

图 9-3　创建目标聚光灯

图 9-4　目标聚光灯效果

专家指点

　　目标聚光灯可以产生一个锥形的投射光束，光束照射区域中的对象将受灯光的影响而产生逼真的投射阴影。在三维场景中，目标聚光灯是常用的灯光类型，使用此类灯光可以调节照射的方式和范围，可以对对象进行有选择性的照射，通常用作场景中的主光源。

9.1.2　创建自由聚光灯

自由聚光灯包含目标聚光灯的所有功能，但是没有目标对象，常用于在运动路径上制作灯光动画。创建自由聚光灯的具体操作步骤如下：

（1）单击"文件"|"打开"命令，打开一个素材模型文件，如图 9-5 所示。

（2）单击"创建"面板中的"灯光"按钮，在"光度学"下拉列表中选择"标准"选项，在"对象类型"卷展栏中单击"自由聚光灯"按钮，移动鼠标指针至前视图中，在椅子对象的适当位置单击鼠标左键，即可创建自由聚光灯，如图 9-6 所示。

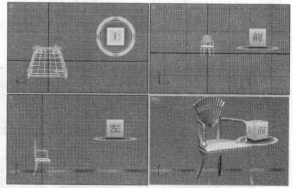

图 9-5　素材模型（二）

（3）调整自由聚光灯的位置，对图形进行渲染处理，即可看到自由聚光灯照射效果，如图 9-7 所示。

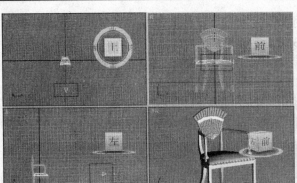

图 9-6　创建自由聚光灯　　　　图 9-7　自由聚光灯照射效果

9.1.3　创建目标平行光

目标平行光可以产生圆柱形的平行照射区域，类似于激光的光束，它具有大小相等的发光点和照射点，常用于模拟太阳光、探照灯和激光光束等特殊灯光效果。创建目标平行光的具体操作步骤如下：

（1）单击"文件"|"打开"命令，打开一个素材模型文件，如图 9-8 所示。

（2）单击"创建"面板中的"灯光"按钮，在"光度学"下拉列表中选择"标准"选项，在"对象类型"卷展栏中单击"目标平行光"按钮，移动鼠标指针至左视图中，在椅子对象右侧的中心位置处，按住鼠标左键并向左拖曳至合适位置，即可创建目标平行光，如图 9-9 所示。

图 9-8　素材模型（三）

（3）在"平行光参数"卷展栏中设置"聚光区/光束"为 300、"衰减区/区域"为 400，按回车键确认，单击主工具栏中的"选择并移动"按钮，在左视图中选择目标平行光的投射点，沿 Y 轴向上拖曳至合适位置，效果如图 9-10 所示。

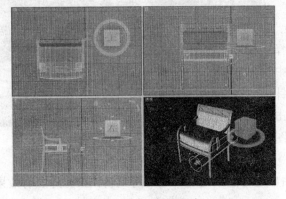

图 9-9　创建目标平行光　　　　图 9-10　目标平行光效果

9.1.4　创建自由平行光

自由平行光是一种没有目标对象的平行光束，常用于创建圆柱形的照射区域。创建自由平行光的具体操作步骤如下：

（1）单击"文件"|"打开"命令，打开一个素材模型文件，如图 9-11 所示。

（2）单击"创建"面板中的"灯光"按钮，在"光度学"下拉列表中选择"标准"选项，在"对象类型"卷展栏中单击"自由平行光"按钮，移动鼠标指针至顶视图中，在沙发对象的上方单击鼠标左键，即可创建自由平行光，如图 9-12 所示。

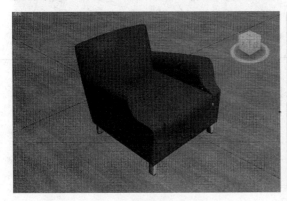
图 9-11　素材模型（四）

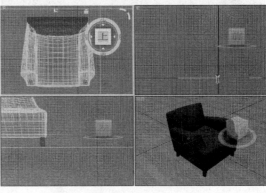
图 9-12　创建自由平行光

（3）在"强度/颜色/衰减"卷展栏中设置"倍增"为 1.5，在"平行光参数"卷展栏中设置"聚光区/光束"为 400、"衰减区/区域"为 405，按回车键确认，单击主工具栏中的"选择并移动"按钮，在前视图中选择自由平行光并沿 Y 轴向上拖曳至合适位置；效果如图 9-13 所示。

图 9-13　自由平行光效果

9.1.5　创建泛光灯

泛光灯提供给场景均匀的照明，没有方向性，其照射的区域比较大，但是不能控制光束的大小，适合于模拟室内灯泡、吊灯等光源。创建泛光灯的具体操作步骤如下：

（1）单击"文件"|"打开"命令，打开一个素材模型文件，如图9-14所示。

（2）单击"创建"面板中的"灯光"按钮，在"光度学"下拉列表中选择"标准"选项，在"对象类型"卷展栏中单击"泛光灯"按钮，在前视图中的适当位置单击鼠标左键，即可创建泛光灯，如图9-15所示。

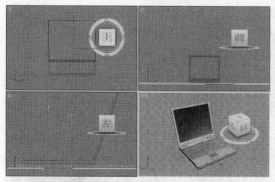

图9-14　素材模型（五）

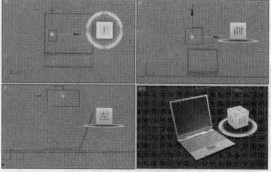

图9-15　创建泛光灯

（3）打开"修改"面板，在"常规参数"卷展栏的"阴影"选项区中选中"启用"复选框，在"强度/颜色/衰减"卷展栏中设置"倍增"为1.4，如图9-16所示。

（4）按回车键确认，并对图形进行渲染处理，即可看到泛光灯照射效果，如图9-17所示。

图9-16　设置参数

图9-17　泛光灯效果

9.1.6　创建天光

天光是一种类似于日光的灯光类型，提供了一种柔和的背景阴影。使用时用户可以设置天光的颜色或者为其赋予贴图。创建天光的具体操作步骤如下：

（1）以上一小节的效果图为例，单击"创建"面板中的"灯光"按钮，在"光度学"下拉列表中选择"标准"选项，在"对象类型"卷展栏中单击"天光"按钮，在前视图中的适当位置单击鼠标，即可创建天光，如图9-18所示。

（2）在"天光参数"卷展栏中设置"倍增"为0.5，按回车键确认，并对图形进行渲染处理，即可看到天光效果，如图9-19所示。

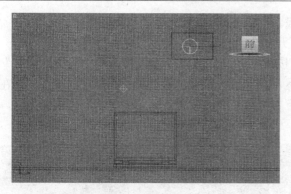

图 9-18 创建天光 　　　　　　　　　图 9-19 天光效果

9.1.7 创建 mr 区域泛光灯

mr 区域泛光灯从球体或圆柱体体积发射光线，而不是从点源发射光线。创建 mr 区域泛光灯的具体操作步骤如下：

（1）单击"文件"|"打开"命令，打开一个素材模型文件，如图 9-20 所示。

（2）单击"创建"面板中的"灯光"按钮，在"光度学"下拉列表中选择"标准"选项，在"对象类型"卷展栏中单击"mr 区域泛光灯"按钮，并移动鼠标指针至顶视图中，在所有对象的下方单击鼠标左键，即可创建 mr 区域泛光灯，如图 9-21 所示。

图 9-20 素材模型（六）

（3）在"强度/颜色/衰减"卷展栏中设置"倍增"为 1.5，按回车键确认，单击主工具栏中的"选择并移动"按钮，在左视图中选择 mr 区域泛光灯并沿 Y 轴向上拖曳至合适位置，效果如图 9-22 所示。

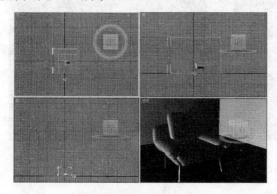

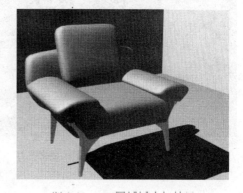

图 9-21 创建 mr 区域泛光灯 　　　　　图 9-22 mr 区域泛光灯效果

9.1.8 创建 mr 区域聚光灯

mr 区域聚光灯是一种与目标聚光灯照射方式相似的光源，但 mr 区域聚光灯是从矩形或碟形区域发射光线，而不是从点源发射光线。创建 mr 区域聚光灯的具体操作步骤如下：

（1）单击"文件"|"打开"命令，打开一个素材模型文件，如图 9-23 所示。

（2）单击"创建"面板中的"灯光"按钮 ，在"光度学"下拉列表中选择"标准"选项，在"对象类型"卷展栏中单击"mr 区域聚光灯"按钮，移动鼠标指针至前视图中，在灯罩对象的右上方，按住鼠标左键并向左下方拖曳至合适位置，即可创建 mr 区域聚光灯，如图 9-24 所示。

图 9-23 素材模型（七）   图 9-24 创建 mr 区域聚光灯

（3）单击主工具栏中的"选择并移动"按钮，在左视图中，选择 mr 区域聚光灯的投射点，沿 Y 轴向上拖曳至合适位置，如图 9-25 所示。

（4）在"强度/颜色/衰减"卷展栏中设置"倍增"为 4.5，按回车键确认，效果如图 9-26 所示。

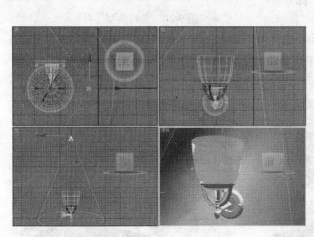 

图 9-25 移动 mr 区域聚光灯   图 9-26 mr 区域聚光灯效果

9.2 光度学灯光

将光度学灯光与光能传递配合使用，可以根据真实的光线强度和光线布局在场景中设置灯光参数值，从而模拟出在现实世界里所有光线相互作用的场景效果。

9.2.1　目标灯光

目标灯光可以使一个目标对象发射光线，创建该灯光的具体操作方法如下：

（1）单击"文件"|"打开"命令，打开一个素材模型文件，如图 9-27 所示。

（2）单击"创建"面板中的"灯光"按钮，在"对象类型"卷展栏中单击"目标灯光"按钮，弹出"创建光度学灯光"提示信息框，如图 9-28 所示。

图 9-27　素材模型（八）　　　　　　　　　　图 9-28　提示信息框

（3）单击"是"按钮，移动鼠标指针至前视图中，在蜡烛对象的左侧按住鼠标左键并向左下方拖曳至合适位置，即可创建目标灯光，如图 9-29 所示。

（4）在"强度/颜色/衰减"卷展栏的"强度"选项区中，选中 lm 单选按钮，并在下方的数值框中输入 80000，按回车键确认，然后按【F9】键进行快速渲染，效果如图 9-30 所示。

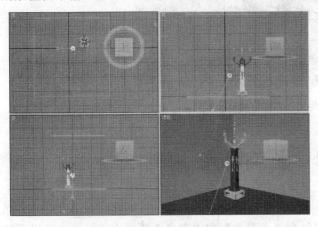

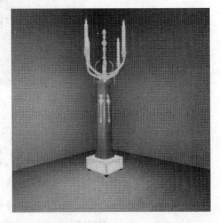

图 9-29　创建目标灯光　　　　　　　　　　图 9-30　目标灯光效果

9.2.2　自由灯光

自由灯光没有目标对象，可以调整发射光线。创建自由灯光的具体操作步骤如下：

（1）单击"文件"|"打开"命令，打开一个素材模型文件，如图 9-31 所示。

（2）单击"创建"面板中的"灯光"按钮，在"对象类型"卷展栏中单击"自由灯光"按钮,并移动鼠标指针至前视图中,在对象的左侧单击鼠标创建自由灯光,如图 9-32 所示。

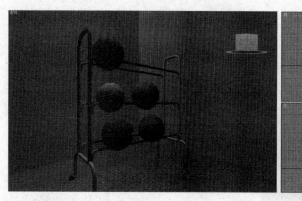

图 9-31　素材模型（九）

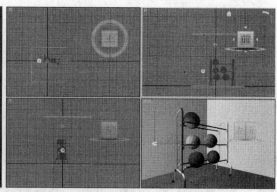

图 9-32　创建自由灯光

（3）在"强度/颜色/衰减"卷展栏的"强度"选项区中,选中 lm 单选按钮,并在下方的数值框中输入 9000,按回车键确认,然后按【F9】键进行快速渲染,效果如图 9-33 所示。

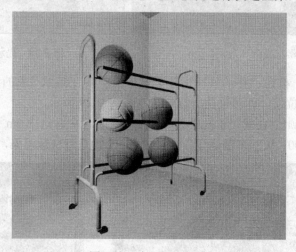

图 9-33　自由灯光效果

9.3　系统灯光

在 3ds Max 2009 中,还有一种特殊类型的灯光——系统灯光。在"创建"面板中单击"系统"按钮,打开系统创建面板,其中包含"太阳光"和"日光"两种系统灯光。使用系统灯光,可以通过地球上某一指定位置的经纬度、时间、日期及指南针的方向来进行计划中的和现有结构的阴影研究。下面以日光为例,介绍创建系统灯光的具体操作步骤:

（1）单击"文件"|"打开"命令,打开一个素材模型文件,如图 9-34 所示。

（2）在"创建"面板中单击"系统"按钮,打开系统创建面板,单击"日光"按钮,弹出"创建日光系统"提示信息框,如图 9-35 所示。

（3）单击"是"按钮,移动鼠标指针至前视图中,在对象左侧的适当位置处,按住鼠标左键并向右拖曳至合适位置，然后向上拖曳鼠标至合适位置，即可创建日光，如图 9-36 所示。

　　（4）单击主工具栏中的"选择并移动"按钮，在前视图中选择日光对象并沿 Y 轴向上拖曳至合适位置，效果如图 9-37 所示。

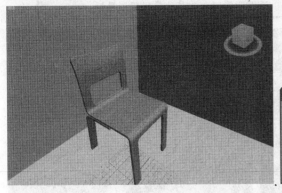

图 9-34　素材模型（十）　　　　　　　　图 9-35　提示信息框

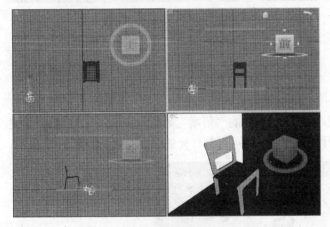

图 9-36　创建日光　　　　　　　　　图 9-37　日光效果

9.4　灯光参数的设置

　　在建模过程中，通过对灯光参数进行修改，可以使灯光效果更加生动逼真。各种灯光的参数面板基本相同，主要包括"常规参数"、"强度/颜色/衰减"、"聚光灯参数"以及"高级效果"等参数卷展栏。

9.4.1　设置灯光阴影

　　设置灯光阴影可以控制画面的明暗效果，从而能够提高画面的质量。设置灯光阴影的具体操作步骤如下：

　　（1）单击"文件"|"打开"命令，打开一个素材模型文件，如图 9-38 所示。

　　（2）选择场景中的灯光对象，打开"修改"面板，在"常规参数"卷展栏的"阴影"选项区中选中"启用"复选框，按回车键确认，设置灯光阴影后的渲染效果如图 9-39 所示。

专家指点

在 3ds Max 2009 中，所有灯光类型（除了"天光"和"IES 天光"）和所有阴影类型都具有"阴影参数"卷展栏，使用该参数卷展栏可以设置阴影颜色和其他常规阴影属性。

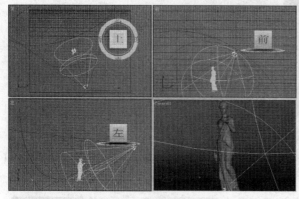

图 9-38　素材模型（十一）　　　　　　　　图 9-39　设置阴影效果

9.4.2　设置灯光强度

用户可以通过设置场景中灯光的强度，从而调节灯光的亮度。以上一小节的效果图为例，选择场景中的灯光对象，在"强度/颜色/衰减"卷展栏的"倍增"数值框中输入 1.8，按回车键确认，并在摄影机视图中按【F9】键进行快速渲染，即可看到灯光的强度变化，如图 9-40 所示。

图 9-40　设置灯光强度后的效果

专家指点

"倍增"用于控制灯光的照射强度，该数值越大，则光照强度越大，其默认值为 1。

9.4.3　设置灯光颜色

用户可以通过设置场景中灯光的颜色，得到各种特殊的效果。设置灯光颜色的具体操作

步骤如下：

（1）以 9.4.1 小节的效果图为例，选择场景中的灯光，在"强度/颜色/衰减"卷展栏中单击"颜色"色块，弹出"颜色选择器：灯光颜色"对话框，设置"红"、"绿"、"蓝"参数值分别为 255、85、249，如图 9-41 所示。

（2）单击"确定"按钮，则场景中的灯光颜色变成粉红色，在摄影机视图中按【F9】键进行快速渲染处理，效果如图 9-42 所示。

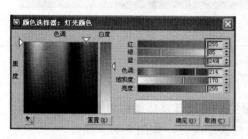

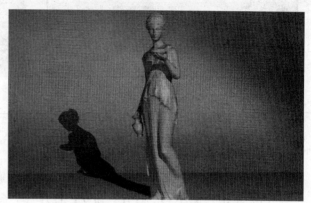

图 9-41　设置颜色参数　　　　　　　　　　　　图 9-42　灯光颜色效果

9.4.4　设置投影贴图

用户可以为场景中的灯光指定一个投影图像，此后灯光将产生贴图的投射效果，同时在照射的对象上产生相应的漫反射效果。设置投影贴图的具体操作步骤如下：

（1）单击"文件"|"打开"命令，打开一个素材模型文件，如图 9-43 所示。

（2）选择场景中的灯光，打开"修改"面板，在"高级效果"卷展栏中的"投影贴图"选项区中选中"贴图"复选框，单击"无"按钮，如图 9-44 所示。

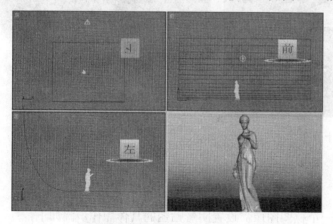

图 9-43　素材模型（十二）　　　　　　　　　　图 9-44　设置参数

（3）弹出"材质/贴图浏览器"对话框，选择"位图"选项，单击"确定"按钮，弹出"选择位图图像文件"对话框，选择相应的贴图文件，如图 9-45 所示。

（4）单击"打开"按钮添加投影贴图，并按【F9】键进行快速渲染处理，效果如图 9-46 所示。

图 9-45 "选择位图图像文件"对话框　　　　图 9-46 投影贴图效果

9.4.5 设置阴影颜色

用户可以在"阴影参数"卷展栏中设置灯光阴影的颜色，其具体操作步骤如下：

（1）单击"文件" | "打开"命令，打开一个素材模型文件，如图 9-47 所示。

（2）选择场景中的灯光，打开"修改"面板，在"阴影参数"卷展栏的"对象阴影"选项区中单击"颜色"右侧的色块，弹出"颜色选择器：阴影颜色"对话框，设置"红"、"绿"、"蓝"参数值分别为 246、60、222。

（3）单击"确定"按钮添加阴影颜色，并按【F9】键进行快速渲染处理，效果如图 9-48所示。

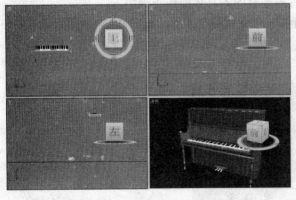

图 9-47 素材模型（十三）　　　　　　图 9-48 阴影颜色效果

9.4.6 设置阴影贴图

用户可以为灯光阴影指定一个位图图像，设置阴影贴图的具体操作步骤如下：

（1）以上一小节的素材模型为例，在前视图中选择场景中的灯光对象，在"阴影参数"卷展栏的"对象阴影"选项区中选中"贴图"复选框，单击右侧的"无"按钮。

（2）弹出"材质/贴图浏览器"对话框，选择"位图"选项，单击"确定"按钮，弹出"选择位图图像文件"对话框，选择相应的贴图文件，如图 9-49 所示。

（3）单击"打开"按钮添加阴影贴图，并按【F9】键进行快速渲染处理，效果如图 9-50 所示。

图 9-49 选择贴图文件

图 9-50 阴影贴图效果

9.5 创建摄影机

摄影机提供了一种以精确的角度观察场景的方式，可以从不同的方向和角度来观察场景，是场景中不可缺少的组成部分。在 3ds Max 2009 中，有目标摄影机和自由摄影机两种类型。它们和现实世界中的摄影机类似，具有聚焦、景深和视角等特殊效果。

9.5.1 目标摄影机

目标摄影机由摄影点和目标点两部分组成，适合于漫游、跟随、空中拍摄、追踪拍摄和静物拍摄等。创建目标摄影机的具体操作步骤如下：

（1）单击"文件"|"打开"命令，打开一个素材模型文件，如图 9-51 所示。

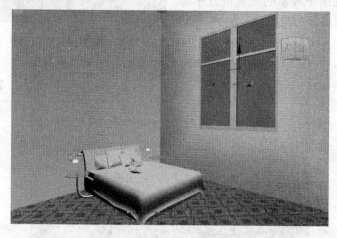

图 9-51 素材模型（十四）

（2）单击"创建"面板中的"摄影机"按钮，在"对象类型"卷展栏中单击"目标"按钮，然后移动鼠标指针至左视图中，按住鼠标左键并沿 X 轴向左拖曳至合适位置，即可创建目标摄影机，如图 9-52 所示。

（3）单击主工具栏中的"选择并移动"按钮，在顶视图中选择摄影机对象并沿 Y 轴向下拖曳至合适位置，沿 X 轴向左拖曳至合适位置，并按【F3】键转化为平滑＋高光显示，按【C】键即可切换至摄影机视图，如图 9-53 所示。

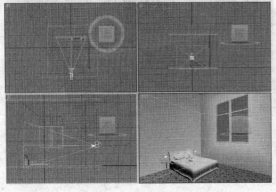

图 9-52　创建目标摄影机

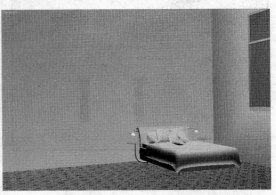

图 9-53　摄影机视图

9.5.2　自由摄影机

自由摄影机没有目标控制点，可以自由旋转，没有约束。创建自由摄影机的具体操作步骤如下：

（1）单击"文件"|"打开"命令，打开一个素材模型文件，如图 9-54 所示。

（2）单击"创建"面板中的"摄影机"按钮 ，在"对象类型"卷展栏中单击"自由"按钮，在左视图中对象的左侧位置单击鼠标左键，即可创建自由摄影机，如图 9-55 所示。

图 9-54　素材模型（十五）

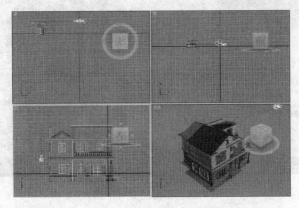

图 9-55　创建自由摄影机

（3）单击主工具栏中的"选择并移动"按钮，在顶视图中选择摄影机并沿 X 轴向右拖曳至合适位置，如图 9-56 所示。

（4）按【F3】键转化为平滑加高光显示，按【C】键即可切换至摄影机视图，如图 9-57 所示。

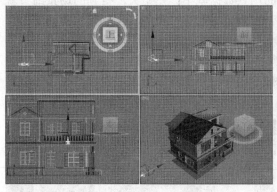

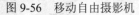
图 9-56　移动自由摄影机　　　　　　　　　　　　图 9-57　摄影机视图

9.6　设置摄影机

三维场景中的摄影机比现实生活中的摄影机更加方便，它可以瞬间移至任何角度、换上各种镜头、更改镜头效果等，用户可以根据不同的工作需要设置摄影机的相应参数。

9.6.1　设置摄影机焦距

镜头和灯光敏感性曲面间的距离，不管是电影还是视频电子系统都将其称为镜头的焦距。焦距影响对象出现在图片上的清晰度。焦距越小图片中包含的场景就越多；增大焦距图片中将包含更少的场景，但会显示远距离对象的更多细节。设置摄影机焦距的具体操作步骤如下：

（1）单击"文件"|"打开"命令，打开一个素材模型文件，如图 9-58 所示。

（2）选择场景中的摄影机对象，打开"修改"面板，在"参数"卷展栏中设置"镜头"为 30，按回车键确认即完成了摄影机焦距的设置，效果如图 9-59 所示。

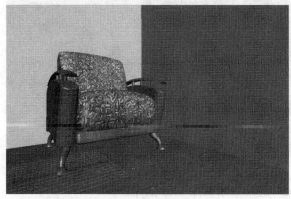

图 9-58　素材模型（十六）　　　　　　　　　　　图 9-59　设置摄影机焦距

9.6.2 设置摄影机视野

摄影机焦距以毫米为单位，焦距小，取得的场景数据就小；焦距大，得到的场景细节就越多，使用"视野"数值框，可以设置可见视角。设置摄影机视野的具体操作步骤如下：

（1）单击"文件"|"打开"命令，打开一个素材模型文件，如图 9-60 所示。

（2）选择摄影机对象，打开"修改"面板，在"参数"卷展栏的"备用镜头"选项区中单击 15mm 按钮，即可设置摄影机的焦距，摄影机视图中的对象将跟随变化，按【F9】键快速渲染摄影机视图，效果如图 9-61 所示。

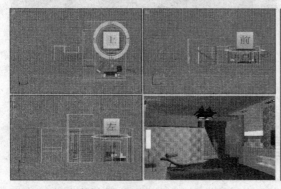
图 9-60 素材模型（十七）

图 9-61 渲染效果

 专家指点

在"备用镜头"选项区中，提供了 15mm、20mm、24mm、28mm、35mm、50mm、85mm、135mm 和 200mm9 种常用镜头。其中焦距小于 50mm 的镜头叫"广角镜头"，主要用于动画的制作和场景设置；焦距大于 50mm 的镜头叫"长焦镜头"，其仅能包含场景中很少的对象。

9.6.3 设置景深效果

创建景深效果可以产生一种模糊的效果，对象离摄影机的目标点越远，效果越明显。设置景深效果的具体操作步骤如下：

（1）单击"文件"|"打开"命令，打开一个素材模型文件，如图 9-62 所示。

（2）选择摄影机对象，在"参数"卷展栏的"多过程效果"选项区中选中"启用"复选框，在"采样"选项区中设置"过程总数"为 20、"采样半径"

图 9-62 素材模型（十八）

为 0.12、"采样偏移"为 0.05，按回车键确认，渲染效果如图 9-63 所示。

（3）用与上述同样的方法，设置"过程总数"为 20、"采样半径"为 0.15、"采样偏移"

为 0.05，渲染效果如图 9-64 所示。

图 9-63　景深效果　　　　　　　　　　　图 9-64　不同的景深效果

9.6.4　设置运动模糊效果

　　运动模糊是一种视觉特效，常用来模拟对象的高速运动效果。运动模糊是来源于摄影学和电影摄影学中的术语，是指当摄影机快门开启时，对象移动相当长的距离时所产生的模糊效果。设置运动模糊效果的具体操作步骤如下：

　　（1）单击"文件"|"打开"命令，打开一个素材模型文件，如图 9-65 所示。

　　（2）移动动画控制滑杆至第 80 帧处，选择场景中的摄影机对象，打开"修改"面板，在"参数"卷展栏的"多过程效果"选项区中选中"启用"复选框，在"景深"下拉列表中选择"运动模糊"选项。

　　（3）展开"运动模糊参数"卷展栏，设置"过程总数"为 16、"持续时间（帧）"为 5，按【Enter】键确认即完成了运动模糊效果的设置，按【F9】键进行渲染处理，效果如图 9-66 所示。

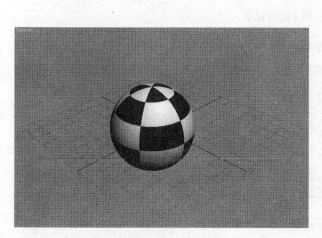
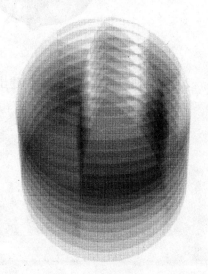

图 9-65　素材模型（十九）　　　　　　　图 9-66　运动模糊效果

习题与上机操作

一、填空题

1. _____包含目标聚光灯的所有功能，但是没有目标对象，常用于在运动路径上制作灯光动画。

2. 在 3ds Max 2009 中，_____提供了一种以精确的角度观察场景的方式，可以从不同的方向和角度来观察场景，是场景中不可缺少的组成部分。

3. 镜头和灯光敏感性曲面间的距离，不管是电影还是视频电子系统都将其称为镜头的_____。

二、思考题

1. 简述创建目标聚光灯的方法。
2. 简述创建自由摄影机的方法。

三、上机操作

1. 练习使用目标平行光，创建出如图 9-67 所示的三维模型。

图 9-67　盆景

2. 练习使用目标摄影机，创建出如图 9-68 所示的三维模型。

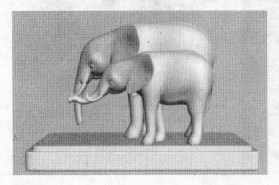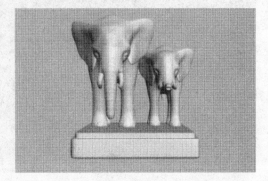

图 9-68　大象雕塑

第 10 章　基础动画的创建

本章学习目标

本章主要介绍如何使用 3ds Max 创建基础动画，读者应了解三维动画和关键帧的概念，掌握设置和控制动画、使用轨迹视图、使用动画控制器、使用动画约束、使用"层次"面板和创建骨骼系统等操作。

学习重点和难点

- 设置和控制动画
- 使用轨迹视图
- 使用动画控制器
- 使用动画约束
- 使用"层次"面板
- 创建骨骼系统

10.1　动画的基本知识

如今动画已逐渐进入人们的生活中，在许多领域被广泛应用，如设计游戏角色、广告片头，或为电影和电视设置特殊效果等。3ds Max 2009 不仅能制作出三维模型，还能进行三维动画制作，并且用户可以在其轨迹视图中编辑动画，从而使作品效果更加生动、逼真，可以说三维动画是 3ds Max 2009 的精髓所在。

10.1.1　三维动画的概念

所谓三维动画，就是利用电脑进行动画的设计与创作，产生真实的立体场景与动画。利用电脑进行三维动画的创建，不仅使动画制作摆脱了传统手工劳动的烦琐，把人真正地解放出来，也使动画制作跨入了一个全新的时代，图 10-1 所示为三维动画效果。

10.1.2　关键帧动画

大家都知道"视觉暂留"的原理，动画

图 10-1　三维动画效果

就是以人类"视觉暂留"原理为基础创作出来的。如果快速查看一系列相关的静态图像，人们将感觉到这是一个连续的运动，而每一幅单独的图像称为帧。在 3ds Max 2009 中，用户只需要创建每个动画序列的起始帧、结束帧和关键帧即可，关键帧之间的播放值则由软件自动计算完成。在 3ds Max 2009 中，可以对场景中对象的任意参数进行动画记录，当对象的参数被确定后，即可通过系统自身的渲染器完成每一帧的渲染工作，生成高质量的动画。

10.2 设置和控制动画

在 3ds Max 2009 中，动画控制区主要用于在编辑动画过程中设置相应对象变换参数的动画、播放顺序和关键点等。用户可以设置任何对象变换参数的动画，使对象随着时间改变其位置、旋转和缩放。

10.2.1 制作简单动画

关键帧动画是动作极限设置、特征表达或包含重要内容的动画，它描述了对象的位置、旋转角度、比例缩放和变形隐藏等信息。制作简单的关键帧动画的具体操作步骤如下：

（1）单击"文件"|"打开"命令，打开一个素材模型文件，如图 10-2 所示。

（2）选择汽车对象，单击动画控制区中的"自动关键点"按钮，此时将激活场景，调整时间滑块至第 30 帧位置处，激活前视图，选择汽车并沿 X 轴向左拖曳至合适位置，如图 10-3 所示。

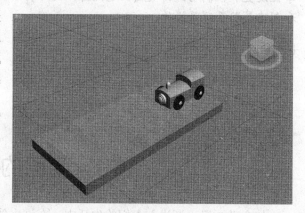

图 10-2　素材模型（一）

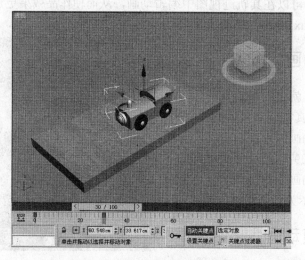

图 10-3　调整时间滑块至第 30 帧位置处

（3）调整时间滑块至第 60 帧位置，选择汽车并沿 X 轴向左拖曳至合适位置，如图 10-4 所示。

（4）调整时间滑块至第 80 帧位置，并调整汽车的位置，如图 10-5 所示。

（5）单击"自动关键点"按钮，关闭动画记录，即可完成动画的制作，单击动画控制区中的"播放动画"按钮▶播放动画。

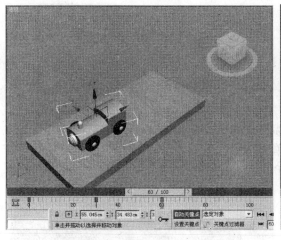

图 10-4　调整时间滑块至第 60 帧位置　　　　图 10-5　调整时间滑块至第 80 帧位置

10.2.2　使用"时间配置"对话框

使用"时间配置"对话框，可以通过设定时间等参数对动画进行播放控制，从而使播放的动画在速度、连贯性等方面得到相应的调节。使用"时间配置"对话框设置动画时间的具体操作步骤如下：

（1）单击"文件"|"打开"命令，打开一个素材模型文件，如图 10-6 所示。

（2）单击动画控制区中的"时间配置"按钮，打开"时间配置"对话框，在"动画"选项区中设置"开始时间"为 10、"结束时间"为 80，单击"确定"按钮，即可在"时间配置"对话框中设置动画时间，如图 10-7 所示。

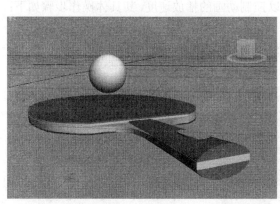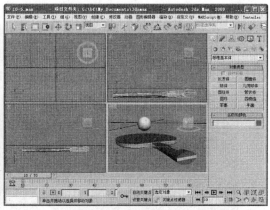

图 10-6　素材模型（二）　　　　　　　　图 10-7　设置动画时间

10.2.3　设置关键点过滤器

使用关键点过滤器，可以对项目窗口中的列表类型和编辑窗口中的函数曲线按用户的需要进行过滤或显示。以上一小节的素材为例，单击动画控制区中的"关键点过滤器"按钮，弹出"设置关键"对话框，在该对话框中分别选中"修改器"和"材质"复选框，即可设置

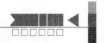

关键点过滤器，如图 10-8 所示。

10.2.4　删除关键点

（1）以 10.2.2 小节的素材为例，选择场景中的乒乓球对象，即可显示动画的关键点，如图 10-9 所示。

（2）拖动时间滑块至第 40 帧处，选择轨迹栏中第 40 帧处的关键点，单击鼠标右键，在弹出的快捷菜单中选择"删除选定关键点"选项，即可删除关键点，如图 10-10 所示。

图 10-8　设置关键点过滤器

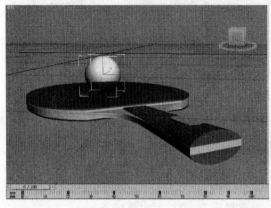

图 10-9　显示关键点

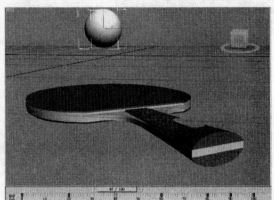

图 10-10　删除关键点

10.2.5　控制动画

在 3ds Max 2009 中创建动画后，用户还可以控制动画的播放速度，其具体操作步骤如下：

（1）单击"文件"|"打开"命令，打开一个素材模型文件，如图 10-11 所示。

（2）选择粒子系统对象，单击动画控制区中的"时间配置"按钮，弹出"时间配置"对话框，取消选择"实时"复选框，如图 10-12 所示。

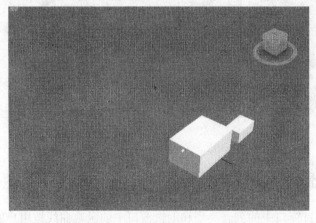

图 10-11　素材模型（三）

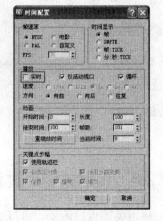

图 10-12　取消选择"实时"复选框

（3）执行上述操作后，即可控制动画播放速度，单击"播放动画"按钮，查看动画播放速度。

10.3　使用轨迹视图

轨迹视图是制作三维动画的重要工作窗口，在"轨迹视图－曲线编辑器"窗口中，用户可以编辑动画和创建对象的动作，也可以调节动画发生的时间、持续时间和运动状态。单击主工具栏中的"曲线编辑器（打开）"按钮 ，弹出"轨迹视图－曲线编辑器"窗口（如图 10-13 所示），该窗口由菜单栏、工具栏、控制器窗口、编辑窗口和视图控制工具 5 部分组成。

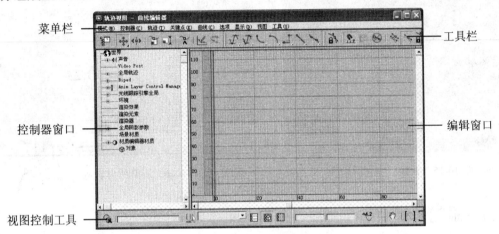

图 10-13　"轨迹视图－曲线编辑器"窗口

10.3.1　菜单栏

菜单栏显示在"轨迹视图-曲线编辑器"窗口的顶部，由模式、控制器、轨迹和关键点等菜单项组成，如图 10-14 所示。

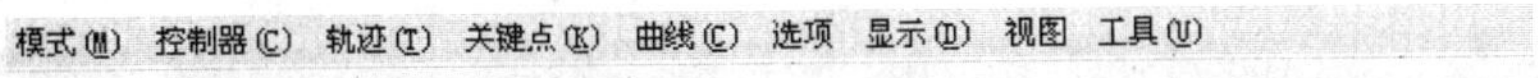

模式(M)　控制器(C)　轨迹(T)　关键点(K)　曲线(C)　选项　显示(D)　视图　工具(U)

图 10-14　菜单栏

菜单栏中各菜单项的含义如下：

- 模式：用于在"曲线编辑器"和"摄影表"之间进行选择。
- 控制器：用于执行指定、复制和粘贴控制器等相关操作，并使其唯一。
- 轨迹：用于添加注释轨迹和可见性轨迹。
- 关键点：用于执行添加、移动、滑动和缩放关键点等相关的操作。
- 曲线：用于执行应用－减缓曲线和增强曲线等相关操作。
- 选项：用于控制层次列表窗口的行为（自动扩展等）。
- 显示：用于控制曲线、图标和切线的显示。
- 视图：用于使用"平移"和"缩放"等相关命令。
- 工具：用于通过时间和当前值编辑器选择关键点。

10.3.2 展开轨迹

在控制器窗口中，用户可以展开对象名称和控制器轨迹，也可以确定哪些曲线和轨迹可以用来进行显示和编辑。展开轨迹的具体操作步骤如下：

（1）单击"文件"|"打开"命令，打开一个素材模型文件，如图 10-15 所示。

（2）选择最下方的叶子对象，单击主工具栏中的"曲线编辑器（打开）"按钮，弹出"轨迹视图-曲线编辑器"窗口，在该窗口左窗格中选择"世界"选项，并在最下方的空白处单击鼠标右键，在弹出的快捷菜单中选择"展开轨迹"选项，即可展开所有轨迹，如图 10-16 所示。

图 10-15　素材模型（四）

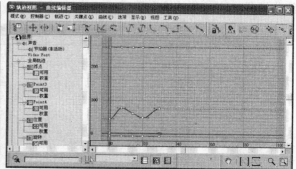

图 10-16　展开所有轨迹

10.3.3 添加关键点

在"轨迹视图-曲线编辑器"窗口中，用户可以在函数曲线图或"摄影表"模式中的曲线上添加关键点。添加关键点的具体操作步骤如下：

（1）单击"文件"|"打开"命令，打开一个素材模型文件，如图 10-17 所示。

（2）选择球体对象，单击主工具栏中的"曲线编辑器（打开）"按钮，弹出"轨迹视图-曲线编辑器"窗口，在左窗中单击 Sphere01 选项前的"+"号，在展开的结构树中选择"变换"|"位置"|"百分比"选项，在关键点窗口中将显示轨迹，如图 10-18 所示。

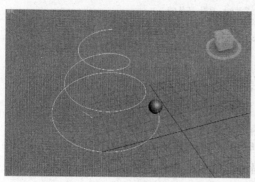
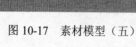

图 10-17　素材模型（五）

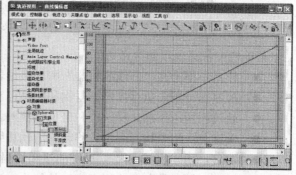

图 10-18　显示轨迹

（3）单击"关键点"|"添加关键点"命令，在关键点窗口中的轨迹上依次单击鼠标左键，即可添加关键点，如图 10-19 所示。

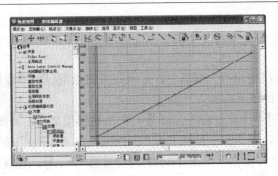

图 10-19   添加关键点

10.3.4   修改轨迹切线

在"轨迹视图 - 曲线编辑器"窗口中，用户可以对轨迹切线进行修改，从而控制对象的运动。修改轨迹切线的具体操作步骤如下：

（1）单击"文件"|"打开"命令，打开一个素材模型文件，如图 10-20 所示。

（2）选择弹簧对象，单击主工具栏中的"曲线编辑器（打开）"按钮，弹出"轨迹视图-曲线编辑器"窗口并显示轨迹，如图 10-21 所示。

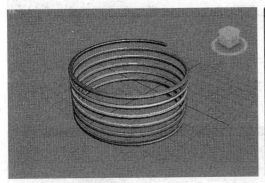

图 10-20   素材模型（六）

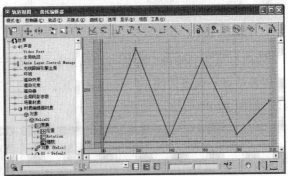

图 10-21   "轨迹视图-曲线编辑器"窗口

（3）选择轨迹上的所有关键点，单击工具栏上的"将切线设置为平滑"按钮，即可调整弹簧的弹跳轨迹为平滑状态，如图 10-22 所示。

（4）单击"播放动画"按钮，当时间滑块移至第 20 帧的位置时，效果如图 10-23 所示；当时间滑块移动至第 80 帧的位置时，效果如图 10-24 所示。

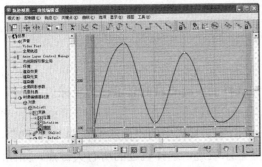

图 10-22   调整弹簧的弹跳

图 10-23   第 20 帧动画效果

图 10-24   第 80 帧动画效果

10.3.5　缩放轨迹

在"轨迹视图 - 曲线编辑器"窗口中，可以在关键点窗口中缩放选择区域的内容。缩放轨迹切线的具体操作步骤如下：

（1）单击"文件"|"打开"命令，打开一个素材模型文件，如图 10-25 所示。

（2）选择文字对象，单击主工具栏中的"曲线编辑器（打开）"按钮，弹出"轨迹视图 - 曲线编辑器"窗口，在左窗格中单击 Text01 选项前的"+"号，在展开的结构树中选择"变换"|Rotation|"Z 轴旋转"选项，在关键点窗口中将显示轨迹，如图 10-26 所示。

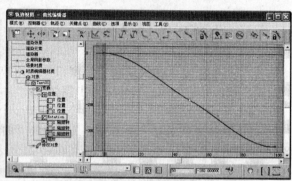

图 10-25　素材模型（七）　　　　　　　图 10-26　显示轨迹

（3）单击"缩放"按钮，移动鼠标指针至关键点窗口中，向下拖曳鼠标至合适位置，即可缩小显示轨迹切线（如图 10-27 所示）；向上拖曳鼠标至合适位置，即可放大显示轨迹切线，如图 10-28 所示。

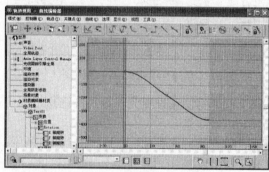
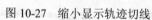
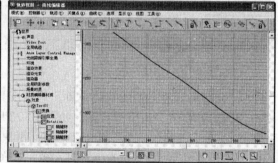

图 10-27　缩小显示轨迹切线　　　　　　图 10-28　放大显示轨迹切线

10.3.6　显示当前关键点状态

在"轨迹视图 - 曲线编辑器"窗口中，可以在选择的关键点右侧显示它的坐标值。显示当前关键点状态的具体操作步骤如下：

（1）以上一节的素材为例，选择文字对象，单击主工具栏中的"曲线编辑器（打开）"按钮，弹出"轨迹视图 - 曲线编辑器"窗口，并显示轨迹，选择轨迹的所有关键点，如图 10-29 所示。

（2）单击"显示选定关键点状态"按钮 ，即可显示当前关键点的状态，如图 10-30 所示。

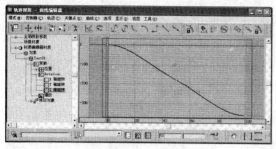
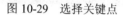
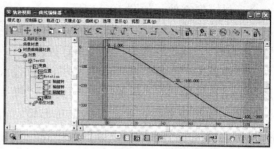

图 10-29　选择关键点　　　　　　　图 10-30　显示当前关键点的状态

10.4　使用动画控制器

在 3ds Max 2009 中，所有的动画都是通过动画控制器来完成的，动画控制器用于设置模型运动的规律，它能控制动画参数在每个帧中的数值，以及参数在整个动画中的变化规律。

10.4.1　变换控制器

变换控制器用于设置对象和选择集常规变换的动画。使用变换控制器的具体操作步骤如下：

（1）单击"文件"|"打开"命令，打开一个素材模型文件，如图 10-31 所示。

（2）选择球体对象，单击轨迹栏上方的滑块，向右拖曳鼠标至第 20 帧处，单击"动画"|"变换控制器"|"位置/旋转/缩放"命令，展开"路径参数"卷展栏，在"路径选项"选项区中设置"%沿路径"为 60。

（3）按回车键确认，即可使用变换控制器变换动画，单击"播放动画"按钮，当时间滑块移至第 20 帧处时，效果如图 10-32 所示。

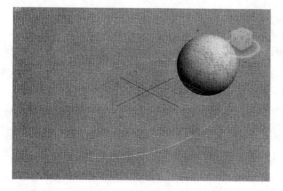
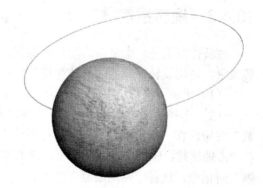

图 10-31　素材模型（八）　　　　　图 10-32　第 20 帧处的动画效果

10.4.2　位置控制器

使用位置控制器，可以使对象产生各种各样的位置变换。使用位置控制器的具体操作步骤如下：

（1）单击"文件"|"打开"命令，打开
一个素材模型文件，如图 10-33 所示。

（2）选择球体对象，单击"动画"|"位
置控制器"|"噪波"命令，在"指定控制器"
卷展栏中单击"变换"选项前的"+"号，在
展开的结构树中选择"位置：位置列表"|"噪
波位置：噪波位置"选项，单击鼠标右键，
在弹出的快捷菜单中选择"属性"选项，弹
出"噪波控制器：Sphere02\噪波位置"对话
框，设置"频率"为 0.2。

图 10-33　素材模型（九）

（3）按回车键确认，即可使用位置控制器变换动画中对象的位置，单击"播放动画"
按钮，当时间滑块移至第 30 帧处时，效果如图 10-34 所示。

图 10-34　第 30 帧位置时的动画效果

10.4.3　旋转控制器

旋转控制器是一个复杂的动画控制器，使用旋转控制器，可以使对象产生各种各样的旋
转效果。使用旋转控制器的具体操作步骤如下：

（1）单击"文件"|"打开"命令，打开一个素材模型文件，如图 10-35 所示。

（2）选择场景中柜子左侧的门对象，打开"运动"面板，单击"运动"面板中的"参
数"按钮，在"指定控制器"卷展栏中单击 Rotation 左侧的"+"号，在展开的结构树中选
择"Z 轴旋转：Bezier 浮点"选项，并单击"指定控制器"按钮 ，弹出"指定 浮点 控制
器"对话框，选择"浮动限制"选项。

（3）单击"确定"按钮，弹出 Float Limit Con 对话框，在"上限"选项区的"启用"数
值框中输入 0，在"下限"选项区的"启用"数值框中输入-110。

（4）单击"关闭"按钮，返回到"指定控制器"卷展栏，即完成了使用旋转控制器添
加动画效果，单击动画控制区中的"播放动画"按钮，当时间滑块移至第 40 帧处时，效果
如图 10-36 所示。

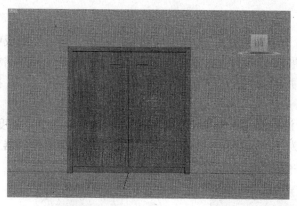

图 10-35　素材模型（十）

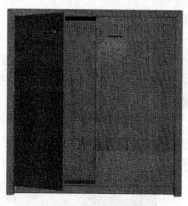

图 10-36　第 40 帧处的动画效果

10.4.4　缩放控制器

使用缩放控制器，可以使对象产生缩放变换的效果。使用缩放控制器的具体操作步骤如下：

（1）单击"文件"|"打开"命令，打开一个素材模型文件，如图 10-37 所示。

（2）选择场景中的雪人对象，打开"运动"面板，单击"运动"面板中的"参数"按钮，在"指定控制器"卷展栏中选择"缩放：Bezier 缩放"选项，单击"指定控制器"按钮，弹出"指定 缩放 控制器"对话框，选择"缩放 XYZ"选项。

（3）单击"确定"按钮，返回"指定控制器"卷展栏，展开"缩放：缩放 XYZ"结构树，选择"X 缩放：Bezier 浮点"选项，单击"指定控制器"按钮，弹出"指定 浮点 控制器"对话框，选择"噪波浮点"选项，单击"确定"按钮，弹出"噪波控制器：雪人\X 缩放"对话框，设置"强度"为 250，并选中其右侧的复选框。

（4）单击"关闭"按钮，返回到"指定控制器"卷展栏，即完成了使用缩放控制器控制动画效果，单击动画控制区中的"播放动画"按钮，当时间滑块移动至第 50 帧的位置时，效果如图 10-38 所示。

图 10-37　素材模型（｜）

图 10-38　第 50 帧的动画效果

10.4.5　噪波动画控制器

噪波动画控制器会在一系列帧上产生随机的动画。使用噪波动画控制器的具体操作步骤如下：

（1）打开一个素材模型文件（如图 10-39 所示），选择小球对象，单击"运动"面板中的"参数"按钮，在"指定控制器"卷展栏中单击"位置"左侧的"+"号，在展开的结构树中选择"Y 位置：Bezier 浮点"选项，并单击"指定控制器"按钮，弹出"指定 浮点 控制器"对话框，选择"噪波浮点"选项。

（2）单击"确定"按钮，弹出"噪波控制器：Sphere01\Y 位置"对话框，选中"强度"数值框右侧的复选框，并设置"频率"为 0.8，单击"关闭"按钮，返回到"指定控制器"卷展栏，即可添加噪波控制器，如图 10-40 所示。

图 10-39　素材模型（十二）　　　　　　　图 10-40　添加噪波控制器

（3）单击动画控制区中的"播放动画"按钮，当时间滑块移至第 40 帧处时，效果如图 10-41 所示；当时间滑块移至第 80 帧处时，效果如图 10-42 所示。

图 10-41　第 40 帧时的动画效果　　　　　　图 10-42　第 80 帧时的动画效果（一）

10.4.6　波形控制器

波形控制器是浮动的控制器，可产生具有规则和周期的波形效果。使用波形控制器的具体操作步骤如下：

（1）以上一小节的素材模型为例，选择小球对象，单击"运动"面板中的"参数"按钮，在"指定控制器"卷展栏中单击"位置"左侧的"+"号，在展开的结构树中选择"X位置：Bezier 浮点"选项，并单击"指定控制器"按钮，弹出"指定 浮点 控制器"对话框，选择"波形浮点"选项，如图 10-43 所示。

（2）单击"确定"按钮，弹出"波形控制器：Sphere01\X 位置"对话框，在"波形"选项区中设置"周期"为 20、"振幅"为 10，在"效果"选项区中选中"钳制上方"单选按钮，在"垂直偏移"选项区中选中"自动>0"单选按钮，如图 10-44 所示。

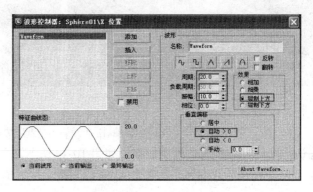

图 10-43 选择"波形浮点"选项　　　　　　　图 10-44 设置参数（一）

（3）单击"关闭"按钮，返回到"指定控制器"卷展栏，即可添加波形控制器，单击动画控制区中的"播放动画"按钮，当时间滑块移至第 50 帧处时，效果如图 10-45 所示；当时间滑块移至第 80 帧处时，效果如图 10-46 所示。

图 10-45 第 50 帧时的动画效果　　　　　　　图 10-46 第 80 帧时的动画效果（二）

10.5　使用动画约束

动画约束可用于通过与其他对象的绑定关系来控制对象的位置、旋转和缩放。

10.5.1　使用附着约束

附着约束是一种位置约束，它将一个对象附着到另一个对象的面上。使用附着约束的具体操作步骤如下：

（1）打开一个素材模型文件（如图 10-47 所示），选择元宝对象，单击"动画"|"约束"|"附着约束"命令，移动鼠标指针至飞毯上单击鼠标，即可将元宝附着约束在飞毯上，如图 10-48 所示。

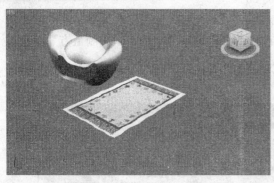
图 10-47　素材模型（十三）

图 10-48　创建附着约束

（2）在"附着参数"卷展栏中单击"设置位置"按钮，并设置"面"为 2260，按回车键确认，则元宝对象随之改变位置，如图 10-49 所示。

（3）单击动画控制区中的"播放动画"按钮，即可播放附着约束效果的动画，如图 10-50 所示。

图 10-49　设置参数（二）

图 10-50　动画效果

专家指点

　　附着约束的目标对象不一定是网格对象，但必须能够转化为网格对象。随着时间的改变设置不同的附着关键点，可以在另一对象的不规则曲面上设置对象位置的动画。

10.5.2　使用曲面约束

　　曲面约束能在对象的表面上定位另一对象。使用曲面约束的具体操作步骤如下：

　　（1）以上一小节的素材模型为例，选择元宝对象，单击"动画"｜"约束"｜"曲面约束"命令，移动鼠标指针至飞毯上，单击鼠标左键，即可将元宝约束在飞毯上，如图 10-51 所示。

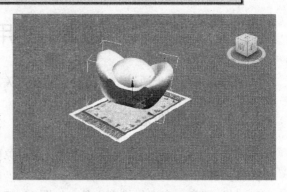
图 10-51　创建曲面约束

　　（2）单击动画控制区中的"播放动画"按钮，即可播放曲面约束效果的动画，如图 10-52 所示。

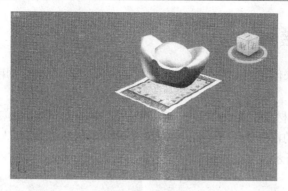

图 10-52　动画效果

10.5.3　使用路径约束

路径约束可以将样条线指定为对象的路径，对象将沿路径进行运动。使用路径约束的具体操作步骤如下：

（1）打开一个素材模型文件（如图 10-53 所示），选择飞机对象，单击"动画"|"约束"|"路径约束"命令，移动鼠标指针至样条曲线上并单击鼠标，即可将飞机约束在样条曲线上，如图 10-54 所示。

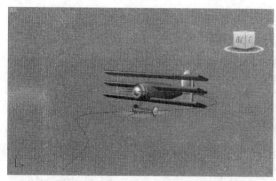

图 10-53　素材模型（十四）

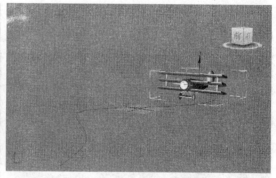

图 10-54　创建路径约束

（2）单击动画控制区中的"播放动画"按钮，当时间滑块移至第 40 帧处时，效果如图 10-55 所示；当时间滑块移至第 70 帧处时，效果如图 10-56 所示。

图 10-55　第 40 帧时的动画效果

图 10-56　第 70 帧时的动画效果

10.5.4 使用链接约束

链接约束可以用来创建对象与目标对象之间彼此链接的动画。使用链接约束的具体操作步骤如下：

（1）打开一个素材模型文件（如图 10-57 所示），选择人物，单击"动画"|"约束"|"链接约束"命令，移动鼠标指针至chair02 对象上并单击鼠标，即可将人物链接约束在chair02 对象上，如图 10-58 所示。

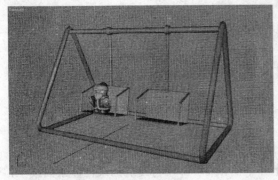 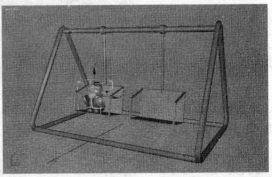

图 10-57　素材模型（十五）　　　　　　图 10-58　创建链接约束

（2）单击动画控制区中的"播放动画"按钮，当时间滑块移至第 15 帧处时，效果如图 10-59 所示；当时间滑块移至第 30 帧处时，效果如图 10-60 所示。

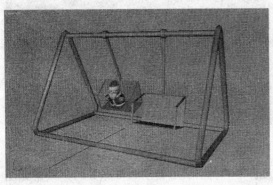 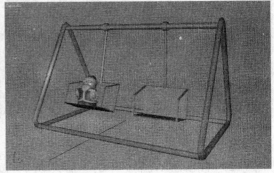

图 10-59　第 15 帧时的动画效果　　　　　图 10-60　第 30 帧时的动画效果

10.5.5 使用位置约束

位置约束可以引起对象跟随一个对象的位置或者几个对象的权重平均位置。使用位置约束的具体操作步骤如下：

（1）打开一个素材模型文件（如图 10-61 所示），选择滑板对象，单击"动画"|"约束"|"位置约束"命令，移动鼠标指针至滑板滚轮上并单击鼠标，即可将滑板约束在滚轮上，在"位置约束"卷展栏中选中"保持初始偏移"复选框，如图 10-62 所示。

（2）单击动画控制区中的"播放动画"按钮，当时间滑块移至第 50 帧处时，效果如图 10-63 所示。当时间滑块移至第 90 帧处时，效果如图 10-64 所示。

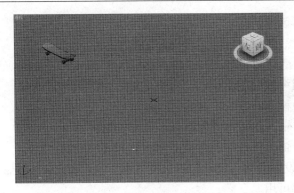

图 10-61　素材模型（十六）

图 10-62　选中"保持初始偏移"复选框

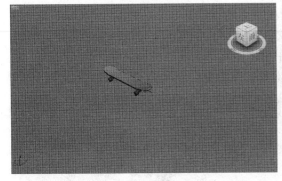

图 10-63　第 50 帧时的动画效果

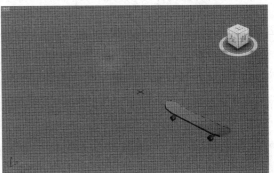

图 10-64　第 90 帧时的动画效果

10.6　使用"层次"面板

通过"层次"面板可以调整对象间层次链接的效果。它通过将一个对象与另一个对象链接，可以创建父子关系，应用到父对象的变换同时将传递给子对象。通过将多个对象同时链接到父对象和子对象，就可以创建复杂的层次。

在"层次"面板中包括三个参数按钮："轴"、IK 和"链接信息"按钮，如图 10-65 所示。

图 10-65　"层次"面板

10.6.1　轴

中文版 3ds Max 2009 中所有物体都含有一个轴点，可以将轴点看作是对象的局部中心和局部坐标系。物体的轴点包含了以下的功能：当选中轴点变换中心时，它可以作为旋转和缩放的中心；可以设置修改器中心的默认位置；可以用于定义物体的链接子对象的变换关系；可以用于定义反向运动学的关节位置。

图 10-66　"调整轴"卷展栏

在"层次"面板中单击"轴"按钮，其包括"调整轴"、"工作轴"、"调整变换"和"蒙皮姿势"四项卷展栏，使用"调整轴"卷展栏可以随时调整物体轴点的位置和方向，其卷展栏如图 10-66 所示。该卷展栏中的主要按钮含义如下：

- "仅影响轴"按钮：当激活该按钮时，只影响被选定对象的轴点。
- "仅影响对象"按钮：当激活该按钮时，只影响选定的对象。
- "仅影响层次"按钮：当激活该按钮时，只影响"旋转"和"缩放"工具。它可以通过旋转或缩放轴点的位置，旋转或缩放应用于层次，而不是旋转或缩放轴点本身。
- "居中到对象"按钮：将轴移至对象的中心。
- "对齐到对象"按钮：旋转轴，使其与对象的变换矩阵轴对齐。
- "对齐到世界"按钮：旋转轴，使其与世界坐标轴对齐。
- "重置轴"按钮：将轴点重设为最初创建时轴点的位置和方向。当选择"仅影响轴"或"仅影响对象"按钮时，该按钮都可用。

将轴对齐到对象可以将轴与对象的局部坐标系对齐，其具体操作步骤如下：

（1）按【Ctrl+O】组合键，打开一个素材模型文件，如图 10-67 所示。

（2）选择场景中的人物对象，单击"层次"图标，切换至"层次"面板，展开"调整轴"卷展栏，在"移动/旋转/缩放"选项区中单击"仅影响轴"按钮，在"对齐"选项区中单击"对齐到对象"按钮，即可将轴对齐到对象，如图 10-68 所示。

图 10-67　素材模型（十七）

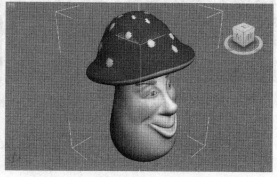

图 10-68　将轴对齐到对象

10.6.2　IK

IK 是反向运动的简称，它所确定的是系统场景中的物体层次链中最后一个对象发生运动时所有对象的运动方式，它使链接的父对象随着子对象一起运动。

反向运动学的计算方式分为指定式 IK 和 IK 控制器。IK 控制器是最佳的反向运动学计算方式；指定式 IK 一般用于制作机械的链接运动，并且要求 IK 链中的每一个或多个物体都绑定到动态的追随物体下，一经绑定，就可以在 IK 链中选择任何物体，然后单击 IK 按钮，完成指定式 IK 计算。

在"层次"面板中单击 IK 按钮，弹出三个卷展栏，包括"反向运动学"、"对象参数"和"自动终结"卷展栏。

"反向运动学"卷展栏基于对选定层次应用的 IK 解算器显示不同的参数选项，其卷展栏如图 10-69 所示。

图 10-69　"反向运动学"卷展栏

该卷展栏中的主要选项含义如下：

- "交互式 IK"按钮：允许对层次进行 IK 操作，而无需应用 IK 解算器。
- "应用 IK"按钮：为动画的每一帧计算 IK 解决方案，并为 IK 链中的每个对象创建变换关键点。

● "仅应用于关键点"复选框：仅将 IK 影响指定给当前 IK 链末端导引物体已存在的关键点上。

● "更新视口"复选框：在视图中按帧查看 IK 帧的速度。

● "清除关键点"复选框：在应用 IK 之前，从选定的 IK 链中删除所有移动和旋转关键点。

● "开始"和"结束"数值框：设置帧的范围以计算应用的 IK 解决方案。"应用 IK"的默认设置为计算活动时间段中每个帧的 IK 解决方案。

10.6.3　链接信息

在"层级"面板中单击"链接信息"按钮，其卷展栏包括"锁定"和"继承"两项。

其中"锁定"卷展栏可以限制对象在特定轴中移动的功能。若选中"移动"、"旋转"或"缩放"选项区中 X、Y、Z 复选框可以锁定轴。若选中"旋转"选项区中的 X、Y 复选框，则只可以沿着 Z 轴旋转对象。

10.7　创建骨骼系统

骨骼系统是骨骼对象具有关节的层次链接，可用于设置其他对象或层次的动画。

10.7.1　创建骨骼

骨骼是可渲染的对象，它具备多个可用于定义骨骼形状的参数，如锥化和鳍。创建骨骼的具体操作步骤如下：

（1）打开一个素材模型文件（如图 10-70 所示），单击"创建"面板中的"系统"按钮 ，在"对象类型"卷展栏中单击"骨骼"按钮。

（2）移动鼠标指针至前视图中，按住鼠标左键并沿 Y 轴向下移动鼠标指针至合适位置，接着单击鼠标左键并移动鼠标指针至合适位置，单击鼠标右键结束，即可创建骨骼，如图 10-71 所示。

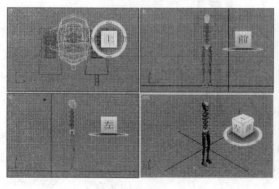

图 10-70　素材模型（十八）

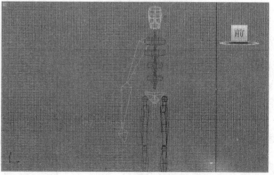

图 10-71　创建骨骼

（3）单击主工具栏中的"选择并移动"按钮，选择创建的下臂对象，打开"修改"面板，在"骨骼参数"卷展栏中的"骨骼对象"选项区中设置"宽度"和"高度"均为6。

（4）选择手掌对象，打开"修改"面板，在"骨骼参数"卷展栏的"骨骼对象"选项区中设置"宽度"为10、"高度"为2、"锥化"为30，如图10-72所示。

（5）按回车键确认，并移动对象至合适位置，用同样的方法创建另一只手臂，渲染效果如图10-73所示。

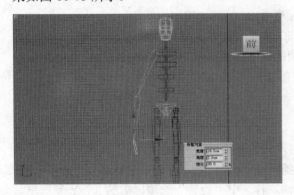

图 10-72　设置参数（三）

图 10-73　骨骼效果

10.7.2　创建骨骼鳍

骨骼鳍是一种可视化辅助工具，有助于清楚地查看骨骼的方向，还可以用于近似估计角色的形状。默认情况下，骨骼鳍为禁用状态，其包括侧鳍、前鳍和后鳍3个部分，创建骨骼鳍的具体操作步骤如下：

（1）以上一小节的效果图为例，选择左侧的手臂骨骼，在"骨骼参数"卷展栏的"骨骼鳍"选项区中，分别选中"侧鳍"、"前鳍"和"后鳍"复选框，并设置"侧鳍"、"前鳍"和"后鳍"的"大小"均为2，如图10-74所示。

（2）按回车键确认，并用同样的方法，为另一只手臂创建骨骼鳍，渲染效果如图10-75所示。

图 10-74　设置参数（四）

图 10-75　创建骨骼鳍

10.7.3　更改骨骼颜色

修改骨骼颜色可以为各个骨骼指定不同的颜色，其具体操作步骤如下：

（1）以上一小节的效果图为例，选择左侧上臂的骨骼，单击"动画"|"骨骼工具"命令，弹出"骨骼工具"窗口，在"骨骼编辑工具"卷展栏中的"骨骼着色"选项区中单击"选

定骨骼颜色"右侧的色块，如图 10-76 所示。

（2）弹出"颜色选择器：选定骨骼颜色"对话框，设置"红"、"绿"、"蓝"参数值分别为 247、194、173，单击"确定"按钮即可修改骨骼颜色，效果如图 10-77 所示。

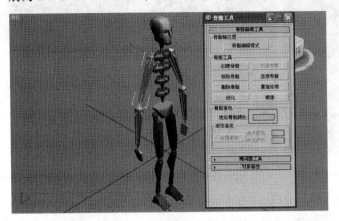

图 10-76　"骨骼工具"对话框

图 10-77　修改骨骼颜色

10.7.4　制作手臂动画

用户可以对手臂进行旋转使其移离肩部，然后旋转其他关节，为每个子对象添加旋转关键点。制作手臂动画的具体操作步骤如下：

（1）打开一个素材模型文件（如图 10-78 所示），选择人物模型的上臂和右腿，并单击动画控制区中的"自动关键点"按钮激活动画场景，如图 10-79 所示。

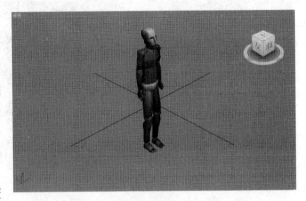

图 10-78　素材模型（十九）

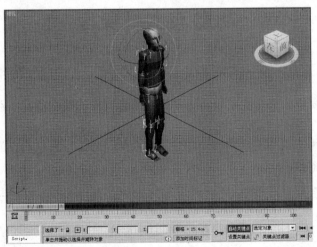

图 10-79　单击"自动关键点"按钮

（2）单击主工具栏中的"选择并旋转"按钮，将其沿 X 轴向上拖曳至合适位置，如图

10-80 所示。

（3）调整时间滑块至第 50 帧处，沿 X 轴向下拖曳至合适位置，如图 10-81 所示。

图 10-80　沿 X 轴向上拖曳

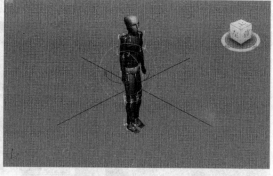

图 10-81　沿 X 轴向下拖曳

（4）调整时间滑块至第 100 帧位置处，沿 X 轴向下拖曳至合适位置，如图 10-82 所示。

（5）单击动画控制区中的"播放动画"按钮，即可播放手臂动画，如图 10-83 所示。

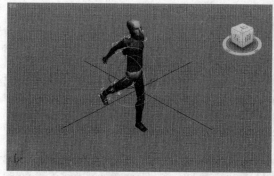

图 10-82　沿 X 轴向下拖曳

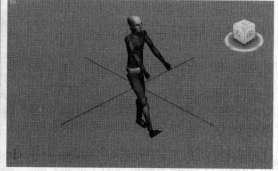

图 10-83　动画效果

习题与上机操作

一、填空题

1. ＿＿＿＿＿＿是以人类视觉的原理为基础，要使制作的模型更富有活力，必须将场景制作成动画。

2. ＿＿＿＿＿＿用于帮助用户实现动画过程自动化，通过与其他对象的绑定关系，控制对象的位置、旋转或缩放。

3. "轨迹视图－曲线编辑器"窗口由菜单栏、工具栏、＿＿＿＿＿＿、＿＿＿＿＿＿和＿＿＿＿＿＿五部分组成。

二、思考题

1. 简述制作简单动画的方法。

2. 简述制作附着约束动画的方法。

三、上机操作

1. 练习使用路径约束，创建出如图 10-84 所示的动画。

图 10-84　路径约束动画

2. 练习使用位置约束，创建出如图 10-85 所示的动画。

图 10-85　位置约束动画

第 11 章　粒子系统和空间扭曲

本章学习目标

　　本章主要介绍创建常用粒子系统、创建高级粒子系统、空间扭曲、导向器空间扭曲和几何体空间扭曲的方法。

学习重点和难点

- 创建常用粒子系统
- 创建高级粒子系统
- 空间扭曲
- 导向器空间扭曲
- 几何体空间扭曲

11.1　粒子系统和空间扭曲概述

　　粒子系统可以模拟自然界中的雨、雪、流水和灰尘等对象，是三维动画中不可或缺的一部分。空间扭曲用于影响其他对象外观的不可渲染对象，它能创建使其他对象变形的力场，从而创建出涟漪、波浪和风吹等效果。

11.2　创建常用粒子系统

　　粒子系统可以用于完成各种动画的制作。最常用的粒子系统有 PF Source 粒子、喷射粒子和雪粒子。

11.2.1　创建 PF Source 粒子

　　PF Source 粒子流是一种新型、多功能且强大的粒子系统，它使用一种被称为粒子视图的特殊对话框来创建事件驱动模型。在粒子视图中，可将一定时期内描述粒子属性（如形状、速度、方向和旋转）的单独操作合并到称为事件的组中。创建 PF Source 粒子的具体操作步骤如下：

　　（1）在"创建"面板中选择"标准基本体"下拉列表中的"粒子系统"选项，在"对象类型"卷展栏中单击 PF Source 按钮，在顶视图中单击鼠标左键并拖曳，即可创建一个 PF Source 图标，如图 11-1 所示。

　　（2）在"发射"卷展栏的"发射器图标"选项区中，设置"徽标大小"为 4000、"长度"为 4000、"宽度"为 5000，并最大化显示视图，调整 PF Source 图标的位置，拖动时间滑块至第 40 帧处，并按【F9】键进行快速渲染处理，效果如图 11-2 所示。

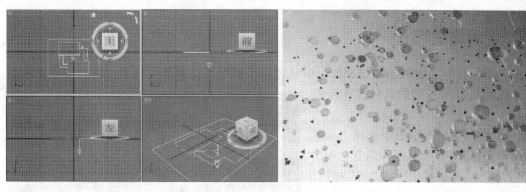

图 11-1　创建 PF Source 图标　　　　　　　图 11-2　渲染效果（一）

11.2.2　创建喷射粒子

喷射粒子主要用于模拟飘落的雨滴、喷射的水流和水珠等特殊效果。创建喷射粒子的具体操作步骤如下：

（1）单击"文件"|"重置"命令，创建一个新的场景文件；单击"创建"|"粒子"|"喷射"命令，在顶视图中按住鼠标左键并向右下方拖曳至合适位置，即可创建一个喷射粒子图标，如图 11-3 所示。

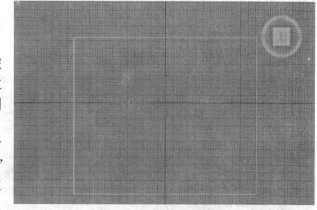

（2）在"参数"卷展栏的"发射器"选项区中，设置"长度"和"宽度"均为 500，并最大化显示所有视图；"粒子"选项区中设置"视口计数"为 800、"水滴大小"为 4、"速度"为 50，调

图 11-3　创建喷射图标

整时间滑块至第 40 帧处，即可出现喷射粒子，如图 11-4 所示。

（3）为粒子系统赋予合适的材质，并按【F9】键进行快速渲染处理，效果如图 11-5 所示。

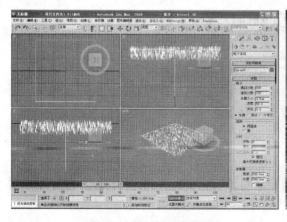

图 11-4　喷射粒子效果

图 11-5　渲染效果（二）

11.2.3 创建雪粒子

雪粒子系统与喷射粒子系统相似，但是雪粒子系统提供了其他参数，可以生成飘落的雪花。创建雪粒子系统的具体操作步骤如下：

（1）在"创建"面板中选择"标准基本体"下列表中的"粒子系统"选项，在"对象类型"卷展栏中单击"雪"按钮，在顶视图中按住鼠标左键并拖曳，即可创建一个雪粒子图标，如图 11-6 所示。

（2）在"参数"卷展栏的"发射器"选项区中，设置"长度"和"宽度"均为 8000，并最大化显示视图；在"粒子"选项区中设置"视口计数"和"渲染计数"

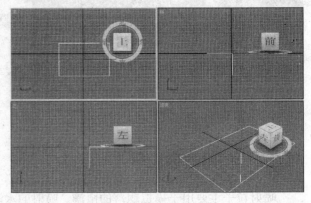

图 11-6　创建雪粒子图标

均为 400、"雪花大小"为 30，拖动时间滑块至第 60 帧处，即可出现雪粒子，并调整雪粒子图标的位置，如图 11-7 所示。

（3）为粒子赋予相应的材质并进行渲染处理，效果如图 11-8 所示。

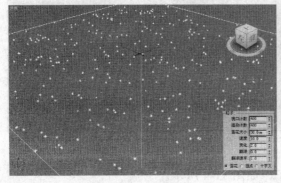

图 11-7　雪粒子效果

图 11-8　渲染效果（三）

11.3　创建高级粒子系统

高级粒子系统是粒子系统的高级版本，它是以喷射和雪粒子系统为基础的，其中每一个粒子系统都对发射源、粒子生成、旋转、对象运动继承性提供参数控制。高级粒子系统主要包括暴风雪粒子系统、超级喷射粒子系统和粒子云粒子系统等。

11.3.1 创建暴风雪粒子

暴风雪粒子是增强的雪粒子系统，可以将粒子对象自定义为各种几何形状。创建暴风雪粒子系统的具体操作步骤如下：

（1）单击"文件"|"打开"命令，打开一个素材模型文件，如图 11-9 所示。

（2）单击"创建"|"粒子"|"暴风雪"命令，在顶视图中按住鼠标左键并向右下方拖曳至合适位置，即可创建一个暴风雪粒子图标，如图 11-10 所示。

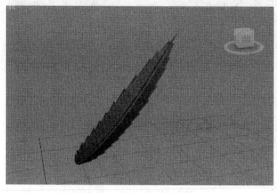

图 11-9　素材模型（一）

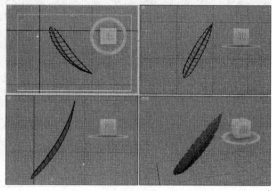

图 11-10　创建暴风雪粒子图标

（3）在"参数"卷展栏的"显示图标"选项区中，设置"长度"和"宽度"均为 1500；在"粒子类型"卷展栏中选中"实例几何体"单选按钮；在"实例参数"选项区中单击"拾取对象"按钮。

（4）移动鼠标指针至顶视图中，选择叶子对象，在"基本参数"卷展栏的"视口显示"选项区中，选中"网格"单选按钮，拖动时间滑块至第 40 帧处，此时暴风雪粒子以叶子形式显示，如图 11-11 所示。

（5）在"粒子生成"卷展栏的"粒子大小"选项区中，设置"大小"为 0.1，调整暴风雪图标的位置，为粒子系统赋予合适的材质并进行渲染处理，效果如图 11-12 所示。

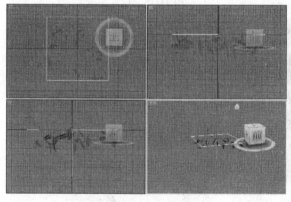

图 11-11　暴风雪粒子效果

图 11-12　最终效果

11.3.2　创建粒子阵列粒子

粒子阵列有两个特点，第　，它没有固定形状的发射器，需要使用二维模型作为粒子发射器；第二，粒子阵列可以将模型的表面炸开，产生不规则的碎片。创建粒子阵列系统的具体操作步骤如下：

（1）单击"文件"|"打开"命令，打开一个素材模型文件，如图 11-13 所示。

（2）单击"创建"|"粒子"|"粒子阵列"命令，在前视图中单击鼠标左键并拖曳鼠标，

即可创建一个粒子阵列图标，如图 11-14 所示。

图 11-13 素材模型（二）

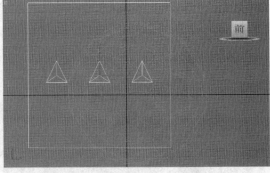
图 11-14 创建粒子阵列图标

（3）在"基本参数"卷展栏中单击"拾取对象"按钮，在视图中选择足球对象，在"视口显示"选项区中选中"网格"单选按钮，然后在相应的卷展栏中设置各参数，如图 11-15 所示。

（4）在视图中选择最初的足球模型，单击鼠标右键，在弹出的快捷菜单中选择"隐藏当前选择"选项，将其隐藏，拖动时间滑块至第 3 帧处，效果如图 11-16 所示。

（5）拖动时间滑块至第 10 帧处，效果如图 11-17 所示。

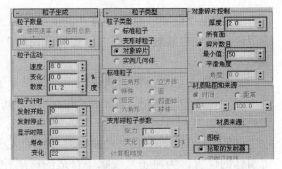
图 11-15 设置参数

图 11-16 第 3 帧处的效果

图 11-17 第 10 帧处的效果

11.3.3 创建粒子云粒子

粒子云粒子可以在一个设定的空间范围内产生粒子，粒子的空间形状可以是一些标准的几何体，也可以是自定义的模型。创建粒子云粒子的具体操作步骤如下：

（1）单击"文件"|"打开"命令，打开一个素材模型文件，如图 11-18 所示。

（2）单击"创建"|"粒子"|"粒子云"命令，在顶视图中按住鼠标左键并向右下方拖

曳至合适位置，释放鼠标，然后向上移动鼠标指针至合适位置，单击鼠标左键，即可创建一个粒子云图标，如图 11-19 所示。

图 11-18　素材模型（三）

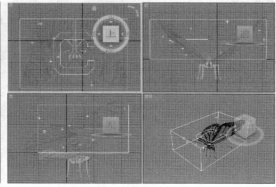

图 11-19　创建粒子云图标

（3）在"基本参数"卷展栏的"显示图标"选项区中，设置"半径/长度"、"宽度"和"高度"均为 10000；在"粒子生成"卷展栏的"粒子大小"选项区中设置"大小"为 0.3；在"粒子类型"卷展栏中选中"实例几何体"单选按钮，在"实例参数"选项区中单击"拾取对象"按钮，如图 11-20 所示。

（4）在视图中拾取蝴蝶对象，在"基本参数"卷展栏的"视口显示"选项区中，选中"网格"单选按钮，此时粒子将以蝴蝶的形式显示，调整粒子的位置，为粒子赋予合适的材质并进行渲染处理，效果如图 11-21 所示。

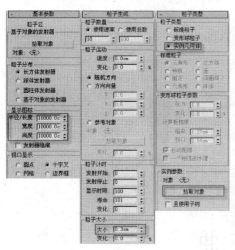

图 11-20　设置参数（一）

图 11-21　渲染效果（四）

11.3.4　创建超级喷射粒子

超级喷射粒子是受控制的粒子喷射，增加了所有新型粒子系统提供的功能。创建超级喷射粒子的具体操作步骤如下：

（1）单击"文件"|"打开"命令，打开一个素材模型文件，如图 11-22 所示。

（2）单击"创建"|"粒子"|"超级喷射"命令，在顶视图中按住鼠标左键并向右拖曳

至合适位置，即可创建一个超级喷射粒子图标，在前视图中移动图标至爆竹上方的正中心，如图 11-23 所示。

图 11-22　素材模型（四）

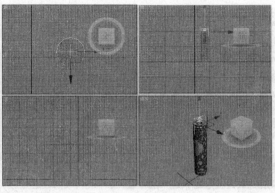

图 11-23　创建超级喷射粒子图标

（3）打开"修改"面板，在"基本参数"卷展栏的"粒子分布"选项区中，设置"轴偏离"下方的"扩散"为 45，设置"平面偏离"下方的"扩散"为 100，在其他卷展栏中设置相应的参数，如图 11-24 所示。

（4）按回车键确认，在透视视图中调整粒子至合适位置，并为粒子赋予合适的材质，按【F9】键进行快速渲染处理，效果如图 11-25 所示。

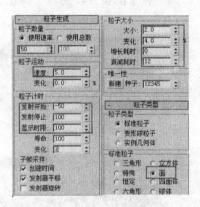

图 11-24　设置其他参数

图 11-25　渲染效果（五）

11.4　空间扭曲

空间扭曲和粒子系统一样都是系统集成的建模工具，通过它可以影响视图中移动的对象及对象周围的场景，最终影响对象在动画中的表现效果。

11.4.1　"推力"空间扭曲

"推力"空间扭曲将力应用于粒子系统或动力学系统。根据应用系统的不同，其效果也不相同。创建"推力"空间扭曲的具体操作步骤如下：

（1）单击"文件"|"打开"命令，打开一个素材模型文件，如图 11-26 所示。

（2）单击"创建"|"空间扭曲"|"力"|"推力"命令，在顶视图中按住鼠标左键并向下拖曳至合适位置，即可创建"推力"空间扭曲图标，并调整至合适位置，如图 11-27 所示。

图 11-26　素材模型（五）

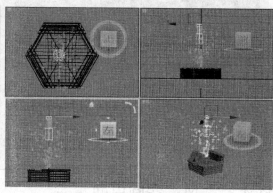

图 11-27　创建推力图标

（3）打开"修改"面板，在"参数"卷展栏的"强度控制"选项区中，设置"基本力"为 30，选中"启用反馈"复选框，设置"目标速度"为 1000，如图 11-28 所示。

（4）单击主工具栏中的"绑定到空间扭曲"按钮，在粒子系统对象上按住鼠标左键并拖曳至"推力"空间扭曲图标上，释放鼠标，然后拖动时间滑块至第 20 帧处，按【F9】键进行快速渲染处理，效果如图 11-29 所示。

图 11-28　设置参数（二）

图 11-29　渲染效果（六）

11.4.2　"马达"空间扭曲

使用"马达"空间扭曲，可以使围绕的粒子发生变化。创建"马达"空间扭曲的具体操作步骤如下：

（1）以上一小节的素材为例，单击"创建"|"空间扭曲"|"力"|"马达"命令，在顶视图中按住鼠标左键并向下拖曳至合适位置，即可创建"马达"空间扭曲图标，并调整图标至合适位置，如图 11-30 所示。

（2）打开"修改"面板，在"参数"卷展栏中设置"基本扭矩"为 20，选中"启用反馈"复选框，设置"目标转速"为 600，单击主工具栏中的"绑定到空间扭曲"按钮，将粒子系统绑定到"马达"空间扭曲对象上，拖动时间滑块至第 40 帧处，并按【F9】键进行快速渲染处理，效果如图 11-31 所示。

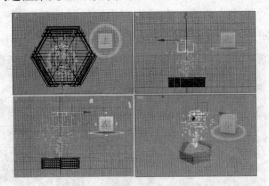

图 11-30　创建"马达"空间扭曲图标

图 11-31　渲染效果（七）

11.4.3 "风"空间扭曲

使用"风"空间扭曲，可以模拟风吹动粒子系统所产生的粒子随风运动的效果，风力具有方向性。创建"风"空间扭曲的具体操作步骤如下：

（1）单击"文件"|"打开"命令，打开一个素材模型文件，如图 11-32 所示。

（2）单击"创建"|"空间扭曲"|"力"|"风"命令，在顶视图中按住鼠标左键并拖曳鼠标，并创建一个"风"空间扭曲图标，如图 11-33 所示。

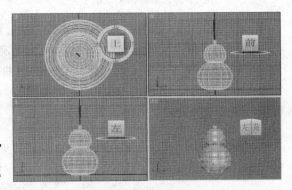

图 11-32　素材模型（六）

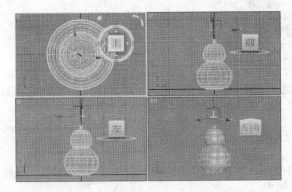

图 11-33　创建"风"空间扭曲图标

（3）选择粒子系统，单击工具栏中的"绑定到空间扭曲"按钮，将粒子系统绑定到"风"空间扭曲对象上，在"参数"卷展栏的"力"选项区中设置"强度"为 0.02；在"风"选项区中设置"湍流"为 0.04、"频率"为 0.26、"比例"为 0.03，如图 11-34 所示。

（4）按回车键确认，即可创建风，拖动时间滑块至第 20 帧处，并进行渲染处理，效果如图 11-35 所示。

图 11-34　设置参数（三）

图 11-35　渲染效果（八）

11.4.4 "漩涡"空间扭曲

"漩涡"空间扭曲将力应用于粒子系统，使它们在急转的漩涡中旋转，并向下移动形成一个长而窄的喷流或者漩涡井。创建"漩涡"空间扭曲的具体操作步骤如下：

（1）以上一小节的素材模型为例，单击"创建"|"空间扭曲"|"力"|"漩涡"命令，在顶视图中按住鼠标左键并拖曳鼠标，即可创建一个"漩涡"空间扭曲图标，并将其移至合适位置，如图 11-36 所示。

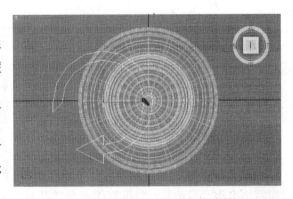

图 11-36　创建"漩涡"空间扭曲图标

（2）选择粒子系统，单击工具栏中的"绑定到空间扭曲"按钮 ，将粒子系统绑定到"漩涡"空间扭曲对象上，在"参数"卷展栏的"显示"选项区中设置"图标大小"为 50，并最大化显示视图，如图 11-37 所示。

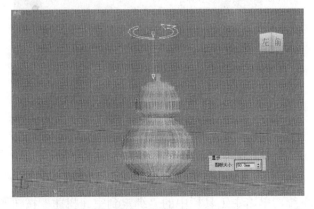

图 11-37　设置参数（四）

（3）按回车键确认，拖动时间滑块至第 30 帧处，并在前视图中调整粒子系统与"漩涡"空间扭曲图标的位置，如图 11-38 所示。

（4）按【F9】键进行快速渲染处理，效果如图 11-39 所示。

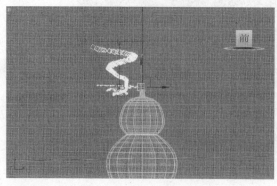 

图 11-38 "漩涡"扭曲效果　　　　　　　　图 11-39　渲染效果（九）

11.4.5 "阻力"空间扭曲

"阻力"空间扭曲是一种在指定范围内按照指定量来降低粒子速率的粒子运动阻尼器，应用阻尼的方式可以是线性、球形或者柱形。创建"阻力"空间扭曲的具体操作步骤如下：

（1）单击"文件"|"打开"命令，打开一个素材模型文件，如图 11-40 所示。

（2）单击"创建"|"空间扭曲"|"力"|"阻力"命令，在顶视图中按住鼠标左键并向右拖曳至合适位置，即可创建一个"阻力"空间扭曲图标，如图 11-41 所示。

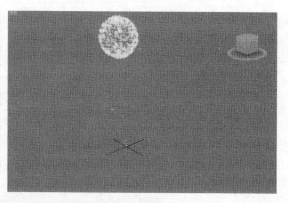

图 11-40　素材模型（七）

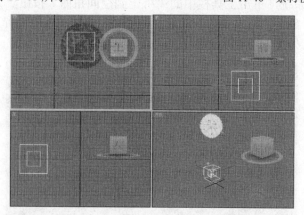

图 11-41　创建"阻力"空间扭曲图标

（3）选择粒子系统，单击主工具栏中的"绑定到空间扭曲"按钮 🔲，将粒子系统绑定到"阻力"空间扭曲图标上，选择"阻力"空间扭曲图标，打开"修改"面板，在"参数"卷展栏的"阻力特性"选项区中选中"球形阻尼"单选按钮，设置"径向"和"切向"均为100、"图标大小"为100，按回车键确认，并调整图标至合适位置，如图 11-42 所示。

（4）按【F9】键进行快速渲染处理，效果如图 11-43 所示。

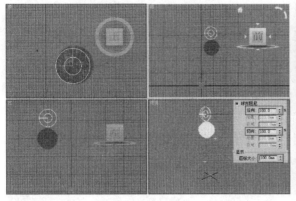

图 11-42　设置参数（四）　　　　　　　　图 11-43　渲染效果（十）

11.4.6　"路径跟随"空间扭曲

使用"路径跟随"空间扭曲，可以强制粒子沿螺旋形路径运动。创建"路径跟随"空间扭曲的具体操作步骤如下：

（1）单击"文件"|"打开"命令，打开一个素材模型文件，如图 11-44 所示。

（2）单击"创建"|"空间扭曲"|"力"|"路径跟随"命令，在顶视图中按住鼠标左键并拖曳，创建一个"路径跟随"空间扭曲图标，选择粒子系统，单击工具栏中的"绑定到空间扭曲"按钮，将粒子系统绑定到"路径跟随"空间扭曲图标上，如图 11-45 所示。

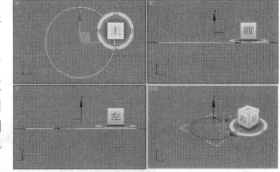

图 11-44　素材模型（八）

（3）在"基本参数"卷展栏的"当前路径"选项区中，单击"拾取图形对象"按钮，在视图中选择圆对象；在"粒子运动"选项区中选中"沿偏移样条线"单选按钮，按回车键确认，拖动时间滑块至第 30 帧处，并调整粒子的位置，然后进行渲染处理，效果如图 11-46 所示。

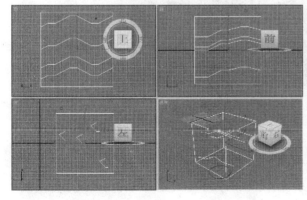

图 11-45　创建"路径跟随"空间扭曲图标　　　　图 11-46　"路径跟随"扭曲效果

11.4.7 "粒子爆炸"空间扭曲

使用"粒子爆炸"空间扭曲，可以创建一种使粒子系统爆炸的冲击波，它不同于使几何体爆炸的爆炸空间扭曲。创建"粒子爆炸"空间扭曲的具体操作步骤如下：

（1）单击"文件"|"打开"命令，打开一个素材模型文件，如图 11-47 所示。

（2）单击"创建"|"空间扭曲"|"力"|"粒子爆炸"命令，在顶视图中按住鼠标左键并拖曳鼠标，即可创建一个"粒子爆炸"空间扭曲图标。选择粒子系统，单击工具栏中的"绑定到空间扭曲"按钮，将粒子系统绑定到"粒子爆炸"空间扭曲图标上，如图 11-48 所示。

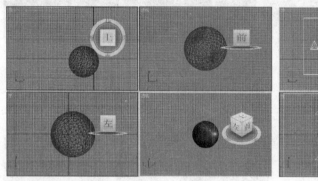

图 11-47　素材模型（九）

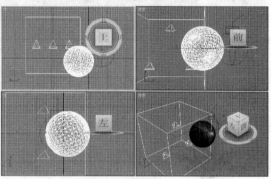

图 11-48　创建"粒子爆炸"空间扭曲图标

（3）在"基本参数"卷展栏的"爆炸参数"选项区中，设置"开始时间"和"持续时间"均为 5、"强度"为 2，拖动时间滑块至第 10 帧处，并按【F9】键进行快速渲染处理，效果如图 11-49 所示。

图 11-49　"粒子爆炸"扭曲效果

11.4.8 "重力"空间扭曲

使用"重力"空间扭曲，可以在粒子系统所产生的粒子上对重力的作用效果进行模拟。创建"重力"扭曲的具体操作步骤如下：

（1）单击"文件"|"打开"命令，打开一个素材模型文件，如图 11-50 所示。

（2）在"创建"面板中单击"空间扭曲"按钮，在"对象类型"卷展栏中单击"重力"按钮，在顶视图中单击鼠标左键并拖曳，即可创建一个"重力"空间扭曲图标，如图 11-51 所示。

（3）在"参数"卷展栏的"力"选项区中设置"强度"为 50；在"显示"选项区中设置"图标大小"为 30，按回车键确

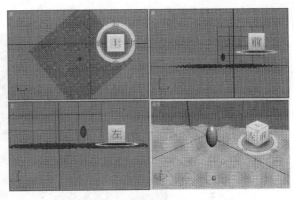

图 11-50　素材模型（十）

认，即可创建"重力"扭曲效果，拖动时间滑块至第 70 帧处，渲染后的效果如图 11-52 所示。

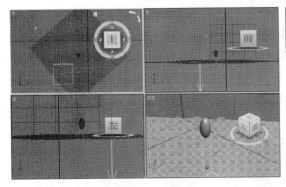

图 11-51　创建"重力"空间扭曲图标

图 11-52　渲染效果（十一）

11.5　导向器空间扭曲

导向器空间扭曲可以使粒子系统和动力学系统受到阻挡，从而产生方向上的改变。

11.5.1　"泛方向导向板"空间扭曲

"泛方向导向板"是导向器空间扭曲的一种平面泛方向导向器类型，它可以提供比原始导向器空间扭曲更强大的功能，如折射和繁殖功能。创建"泛方向导向板"空间扭曲的具体操作步骤如下：

（1）单击"文件"|"打开"命令，打开一个素材模型文件，如图 11-53 所示。

（2）在"创建"面板中单击"空间扭曲"按钮，在"力"下拉列表中选择"导向器"选项，在"对象类型"卷展栏中单击"泛方向导向

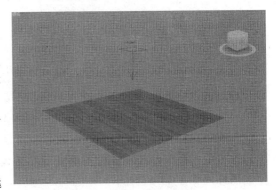

图 11-53　素材模型（十一）

板"按钮，并移动鼠标指针至顶视图中，按住鼠标左键并向右下方拖曳至合适位置，即可创建

一个"泛方向导向板"空间扭曲图标，如图 11-54 所示。

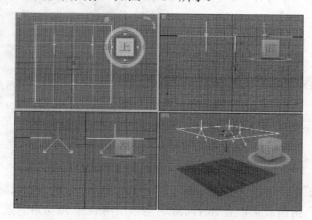

图 11-54　创建"泛方向导向板"空间扭曲图标

（3）在前视图中选择导向板图标，并沿 Y 轴向下拖曳至合适位置，如图 11-55 所示。

（4）选择场景中的粒子对象，单击主工具栏中的"绑定到空间扭曲"按钮，将粒子系统绑定到泛方向导向板图标上，选择导向板图标，打开"创建"面板，在"参数"卷展栏中的"反射"选项区中设置"反弹"为 3，按回车键确认，拖动时间滑块至第 70 帧处，并按【F9】键进行快速渲染处理，效果如图 11-56 所示。

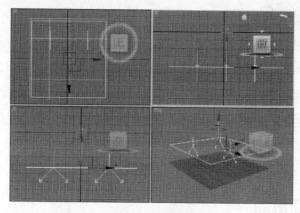

图 11-55　移动图标

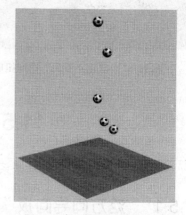

图 11-56　渲染效果（十二）

11.5.2 "全导向器"空间扭曲

"全导向器"空间扭曲是一种能让用户使用任意对象作为粒子导向器的全导向器。创建"全导向器"空间扭曲的具体操作步骤如下：

（1）以上一小节的素材为例，在"创建"面板中单击"空间扭曲"按钮，在"力"下拉列表中选择"导向器"选项，在"对象类型"卷展栏中单击"全导向器"按钮，移动鼠标指针至顶视图中，按住鼠标左键并向右拖曳至合适位置，即可创建一个"全导向器"空间扭曲图标，如图 11-57 所示。

（2）在"基本参数"卷展栏的"基本对象的导向器"选项区中，单击"拾取对象"按钮，先选择地板对象，选择场景中的粒子对象，单击主工具栏中的"绑定到空间扭曲"按钮，将粒子对象绑定到全导向器图标上，并按【F9】键进行快速渲染处理，效果如图 11-58 所示。

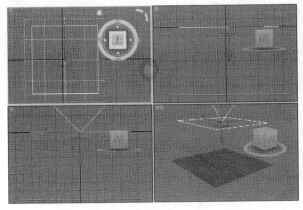

图 11-57 创建"全导向器"空间扭曲图标

图 11-58 渲染效果（十三）

11.5.3 "全泛方向导向器"空间扭曲

"全泛方向导向器"空间扭曲提供的选项比"全导向器"空间扭曲的选项更多。在其中用户可以使用其他任意几何对象作为粒子导向器，导向是精确到面的，所以几何体可以是静态的、动态的，甚至是随时间变形或扭曲的。创建"全泛方向导向器"空间扭曲的具体操作步骤如下：

（1）以 11.5.1 小节的素材为例，在"创建"面板中单击"空间扭曲"按钮，在"力"下拉列表中选择"导向器"选项，在"对象类型"卷展栏中单击"全泛方向导向"按钮，移动鼠标指针至顶视图中，按住鼠标左键并向右拖曳至合适位置，即可创建一个"全泛方向导向器"空间扭曲图标，并最大化显示所有视图，如图 11-59 所示。

（2）在"参数"卷展栏的"基于对象的泛方向导向器"选项区中，单击"拾取对象"按钮，选择地板对象，在"反射"选项区中设置"反弹"为 2。

（3）按回车键确认，选择场景中的粒子对象，单击主工具栏中的"绑定到空间扭曲"按钮，将粒子对象绑定到"全泛方向导向器"空间扭曲图标上，拖动时间滑块至第 20 帧处，并按【F9】键进行快速渲染处理，效果如图 11-60 所示。

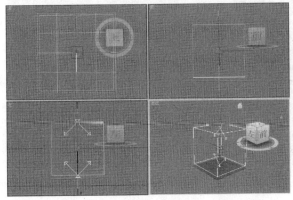

图 11-59 创建"全泛方向导向器"空间扭曲图标

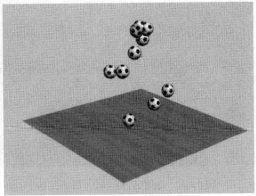

图 11-60 渲染效果（十四）

11.6 几何体空间扭曲

几何体空间扭曲可以使对象产生变形，其包括"波浪"扭曲、"涟漪"扭曲、"置换"扭曲和"爆炸"扭曲等。

11.6.1 FFD 自由变形

FFD 自由形式变形提供了一种通过调整晶格的控制点使对象发生变形的方法，该控制点相对源体积原始晶格的偏移位置将引起受影响对象的扭曲。

1. "FFD（长方体）"空间扭曲

"FFD（长方体）"空间扭曲是一种类似于 FFD 修改器的长方体形状的晶格 FFD 对象，因此其既可以作为一种对象修改器，也可以作为一种空间扭曲工具。创建"FFD（长方体）"空间扭曲的具体操作步骤如下：

（1）单击"文件"|"打开"命令，打开一个素材模型文件，如图 11-61 所示。

（2）在"创建"面板中单击"空间扭曲"按钮 ≋，在"力"下拉列表中选择"几何/可变形"选项，在"对象类型"卷展栏中单击"FFD（长方体）"按钮。

图 11-61 素材模型（十二）

（3）移动鼠标指针至顶视图中，按住鼠标左键并向右拖曳至合适位置，释放鼠标，沿 Y 轴向上移动鼠标指针至合适位置，单击鼠标左键，即可创建一个 FFD（长方体）图标，调整图标至合适位置，如图 11-62 所示。

（4）选择场景中的沙发靠背对象，单击主工具栏中的"绑定到空间扭曲"按钮，将沙发靠背绑定到 FFD（长方体）图标上，如图 11-63 所示。

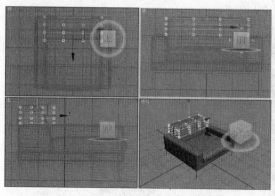

图 11-62 创建 FFD（长方体）图标

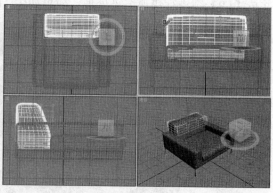

图 11-63 绑定对象

（5）选择 FFD（长方体）图标对象，打开"修改"面板，在"FFD 参数"卷展栏中设置"长度"为 50、"宽度"为 82、"高度"为 40、"张力"为 50。

（6）按【Enter】键确认即可创建"FFD（长方体）"空间扭曲，并按【F9】键进行快速渲染处理，效果如图 11-64 所示。

图 11-64　渲染效果（十五）

2．"FFD（圆柱体）"空间扭曲

"FFD（圆柱体）"空间扭曲晶格中使用柱形控制点阵列，创建"FFD（圆柱体）"空间扭曲的具体操作步骤如下：

（1）单击"文件"|"打开"命令，打开一个素材模型文件，如图 11-65 所示。

（2）在"创建"面板中单击"空间扭曲"按钮 ，在"力"下拉列表中选择"几何/可变形"选项，在"对象类型"卷展栏中单击"FFD（圆柱体）"按钮，如图 11-66 所示。

图 11-65　素材模型（十三）　　　　　图 11-66　单击"FFD（圆柱体）"按钮

（3）移动鼠标指针至顶视图中，按住鼠标左键并向右拖曳至合适位置，释放鼠标，沿 Y 轴向上移动鼠标指针至合适位置，单击鼠标左键，创建一个 FFD（圆柱体）图标，调整图标至合适位置，如图 11-67 所示。

（4）选择场景中的凳子对象，单击主工具栏中的"绑定到空间扭曲"按钮，将凳子绑定到 FFD（圆柱体）图标上，打开"修改"面板，在"FFD 参数"卷展栏中设置"长度"为 28、"高度"为 25、"张力"为 5，按【Enter】键确认，即可创建"FFD（圆柱体）"空间扭曲，并按【F9】键进行快速渲染处理，效果如图 11-68 所示。

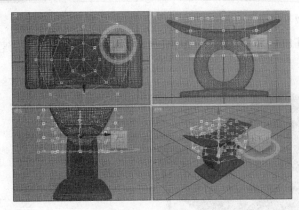

图 11-67　创建 FFD（圆柱体）图标

图 11-68　渲染效果（十六）

11.6.2 "波浪"空间扭曲

使用"波浪"空间扭曲，可以在整个场景中创建线性波浪。创建"波浪"扭曲的具体操作步骤如下：

（1）单击"文件"|"打开"命令，打开一个素材模型文件，如图 11-69 所示。

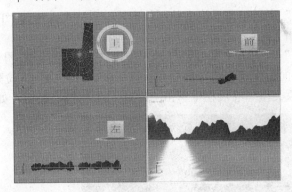

图 11-69　素材模型（十四）

（2）单击"创建"|"空间扭曲"|"几何/可变形"|"波浪"命令，在顶视图中的适当位置创建"波浪"空间扭曲图标，选择水面对象，单击主工具栏中的"绑定到空间扭曲"按钮，将水面绑定到"波浪"空间扭曲图标上，效果如图 11-70 所示。

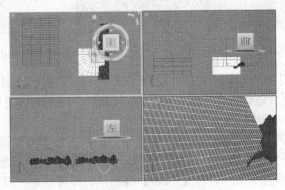

图 11-70　"波浪"绑定效果

（3）在"参数"卷展栏的"波浪"选项区中，设置"振幅 1"和"振幅 2"均为 2、"波长"为 150，按回车键确认，水面将跟随变化，如图 11-71 所示。

（4）按【F9】键进行快速渲染处理，效果如图 11-72 所示。

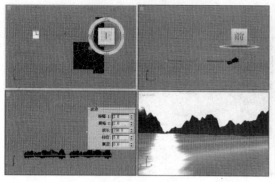

图 11-71　设置参数后的效果

图 11-72　渲染效果（十七）

11.6.3 "涟漪"空间扭曲

使用"涟漪"空间扭曲，可以使模型产生集中波纹效果，在整个场景中创建同心波纹。创建"涟漪"空间扭曲的具体操作步骤如下：

（1）以上一小节的素材模型为例，单击"创建"｜"空间扭曲"｜"几何/可变形"｜"涟漪"命令，在顶视图中按住鼠标左键并拖动鼠标，确定波长，然后沿 Y 轴向上拖曳鼠标至合适位置，确定振幅，即可创建"涟漪"空间扭曲图标，如图 11-73 所示。

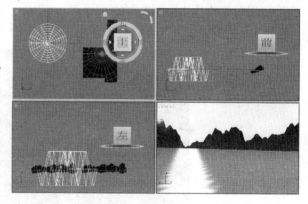

图 11-73　创建"涟漪"空间扭曲图标

（2）选择水面对象，单击主工具栏中的"绑定到空间扭曲"按钮，在顶视图中单击鼠标左键并拖曳至"涟漪"空间扭曲图标上，即可将水面绑定到"涟漪"空间扭曲图标上，效果如图 11-74 所示。

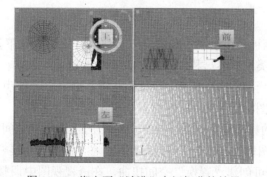

图 11-74　绑定至"涟漪"空间扭曲的效果

（3）在"参数"卷展栏中设置"振幅 1"和"振幅 2"均为 2、"波长"为 60，按回车键确认，水面将跟随变化，如图 11-75 所示。

（4）按【F9】键进行快速渲染处理，效果如图 11-76 所示。

图 11-75　设置参数后的效果

图 11-76　渲染效果（十八）

11.6.4　"置换"空间扭曲

使用"置换"空间扭曲，可以修改模型或粒子系统的形状，使其产生起伏效果。创建"置换"空间扭曲的具体操作步骤如下：

（1）单击"文件"|"打开"命令，打开一个素材模型文件，如图 11-77 所示。

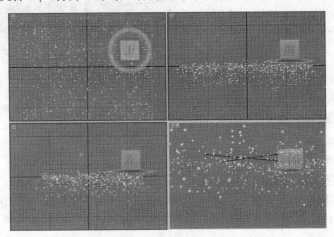

图 11-77　素材模型（十五）

（2）在"创建"面板中单击"空间扭曲"按钮，在"力"下拉列表中选择"几何/可变形"选项，在"对象类型"卷展栏中单击"置换"按钮。

（3）移动鼠标指针至顶视图中，按住鼠标左键并向右下方拖曳至合适位置，即可创建一个"置换"空间扭曲图标，如图 11-78 所示。

（4）选择场景中的粒子对象，单击主工具栏中的"绑定到空间扭曲"按钮，将粒子绑定到"置换"空间扭曲图标上，打开"修改"面板，在"参数"卷展栏中设置"强度"为-50，按【Enter】键确认，即可创建"置换"空间扭曲，在透视视图中调整粒子对象至合适位置，并按【F9】键进行快速渲染处理，效果如图 11-79 所示。

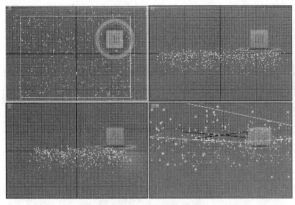

图 11-78　创建"置换"空间扭曲图标　　　　　图 11-79　渲染效果（十九）

11.6.5　"适配变形"空间扭曲

使用"适配变形"空间扭曲，可以按照空间扭曲图标所指示的方向推动其顶点，直到这些顶点碰到指定目标对象，或从原始位置移动到指定位置。创建"适配变形"空间扭曲的具体操作步骤如下：

（1）单击"文件"|"打开"命令，打开一个素材模型文件，如图 11-80 所示。

（2）在"创建"面板中单击"空间扭曲"按钮 ≋，在"力"下拉列表中选择"几何/可变形"选项，在"对象类型"卷展栏中单击"适

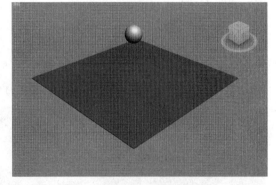

图 11-80　素材模型（十六）

配变形"按钮，移动鼠标指针至顶视图中，按住鼠标左键并向右拖曳至合适位置，即可创建一个"适配变形"空间扭曲图标，如图 11-81 所示。

（3）在"适配变形参数"卷展栏中单击"拾取对象"按钮，在视图中拾取长方体对象，调整图标至合适位置，选择球体对象，单击主工具栏中的"绑定到空间扭曲"按钮，将球体绑定到"适配变形"空间扭曲图标上，打开"修改"面板，设置"默认投影距离"为 3、"间隔距离"为 20。

（4）按【Enter】键确认，即可创建"适配变形"空间扭曲，按【F9】键进行快速渲染处理，效果如图 11-82 所示。

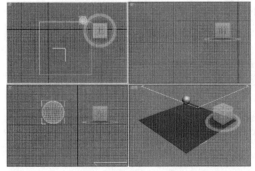

图 11-81　创建"适配变形"空间扭曲图标　　　　图 11-82　渲染效果（二十）

11.6.6 "爆炸"空间扭曲

使用"爆炸"空间扭曲，可以模拟把对象炸成许多单独的面的效果。创建"爆炸"空间扭曲的具体操作步骤如下：

（1）单击"文件"|"打开"命令，打开一个素材模型文件，如图 11-83 所示。

（2）在"创建"面板中单击"空间扭曲"按钮 ≋，在"力"下拉列表中选择"几何/可变形"选项，在"对象类型"卷展栏中单击"爆炸"按钮，移动鼠标指针至顶视图中，单击鼠标左键，即可创建一个"爆炸"空间扭曲图标，并调整图标至合适位置，如图 11-84 所示。

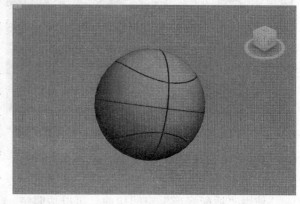

图 11-83　素材模型（十七）

（3）选择篮球对象，单击主工具栏中的"绑定到空间扭曲"按钮，将篮球绑定到"爆炸"空间扭曲图标上，打开"修改"面板，展开"爆炸参数"卷展栏，设置"强度"为 5，按回车键确认，即可创建"爆炸"空间扭曲，拖动时间滑块至第 50 帧处，按【F9】键进行快速渲染处理，效果如图 11-85 所示。

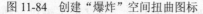

图 11-84　创建"爆炸"空间扭曲图标

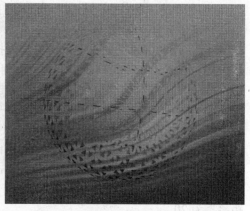

图 11-85　渲染效果（二十一）

习题与上机操作

一、填空题

1. 使用_____粒子系统，可以模拟雨滴、喷泉和烟花等特殊效果。

2. _____有两个特点，第一，它没有固定形状的发射器，需要使用三维模型作为粒子发射器；第二，粒子阵列可以将模型的表面炸开，产生不规则的碎片。

3. _____空间扭曲将力应用于粒子系统，使它们在急转的漩涡中旋转，然后让它们向下移动形成一个长而窄的喷流或者漩涡井。

二、思考题

1．简述创建"雪"粒子系统的方法。
2．简述创建"风"空间扭曲的方法。

三、上机操作

1．练习使用"暴风雪"粒子系统，创建出如图 11-86 所示的粒子效果。

图 11-86　暴风雪粒子

2．练习使用"路径跟随"空间扭曲，创建出如图 11-87 所示的空间扭曲效果。

图 11-87　路径跟随空间扭曲

第 12 章　环境和特效

　　本章主要介绍如何设置渲染环境、添加大气特效、曝光控制和添加效果等操作，通过学习本章的内容，大家可以轻松掌握设置环境和特效的方法。

- 设置渲染环境
- 添加大气特效
- 曝光控制
- 添加效果

12.1　设置渲染环境

　　在 3ds Max 2009 中，通过对场景环境的设置，可以创建出更加逼真的场景气氛。本节将介绍环境背景和全局照明的设置。

12.1.1　更改背景颜色

　　（1）单击"文件"|"打开"命令，打开一个素材模型文件，如图 12-1 所示。

　　（2）单击"渲染"|"环境"命令，弹出"环境和效果"窗口，在"公用参数"卷展栏的"背景"选项区中单击"颜色"下方的色块，弹出"颜色选择器：背景色"对话框，设置"红"、"绿"、"蓝"参数值分别为 141、196、160，单击"确定"按钮，设置好背景颜色，按【F9】键进行快速渲染处理，效果如图 12-2 所示。

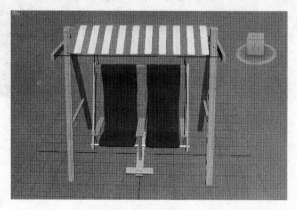

图 12-1　素材模型（一）

图 12-2　更改背景颜色效果

12.1.2　设置背景贴图

　　贴图可以用作场景中的背景，也可以用作发光对象的反射图像。设置背景贴图的具体操作步骤如下：

（1）单击"文件"|"打开"命令，打开一个素材模型文件，如图 12-3 所示。

（2）单击"渲染"|"环境"命令，弹出"环境和效果"窗口；在"公用参数"卷展栏的"背景"选项区中，单击"环境贴图"下方的"无"按钮，弹出"材质/贴图浏览器"对话框，选择"位图"选项，单击"确定"按钮，弹出"选择位图图像文件"对话框，选择相应的烟花素材文件。

（3）单击"打开"按钮设置背景贴图，按【F9】键进行快速渲染，效果如图 12-4 所示。

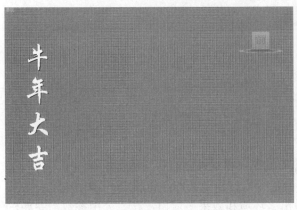

图 12-3　素材模型（二）　　　　　　　　　　图 12-4　背景贴图效果

12.1.3　制作渐变背景

渐变背景是指从一种色彩过渡到另一种色彩的贴图效果，制作渐变背景的具体操作步骤如下：

（1）单击"文件"|"打开"命令，打开一个素材模型文件，如图 12-5 所示。

（2）单击"渲染"|"环境"命令，弹出"环境和效果"窗口，在"公用参数"卷展栏的"背景"选项区中单击"环境贴图"下方的"无"按钮，弹出"材质/贴图浏览器"对话框，选择"渐变"选项。

（3）单击"确定"按钮，打开"材质编辑器"窗口，在"环境贴图"下方的按钮上，按住鼠标左键并拖曳至"材质编辑器"窗口中的第 1 个材质球上，释放鼠标左键，

图 12-5　素材模型（三）

弹出"实例（副本）贴图"对话框，单击"确定"按钮，在"渐变参数"卷展栏中设置"颜色##1"的"红"、"绿"、"蓝"参数值分别为 0、154、141；"颜色##2"的"红"、"绿"、"蓝"参数值分别为 213、128、202。

（4）按回车键确认，即完成了渐变背景的制作，按【F9】键进行快速渲染处理，效果如图 12-6 所示。

图 12-6　渐变背景效果

12.1.4　设置染色

使用"染色"色块，可以设置全局光照的颜色。设置染色的具体操作步骤如下：

（1）单击"文件"|"打开"命令，打开一个素材模型文件，如图 12-7 所示。

（2）单击"渲染"|"环境"命令，弹出"环境和效果"窗口，在"公用参数"卷展栏的"全局照明"选项区中单击"染色"下方的色块，弹出"颜色选择器：全局光色彩"对话框，设置"红"、"绿"、"蓝"参数值分别为 158、208、92。

（3）单击"确定"按钮即可完成染色设置，按【F9】键进行快速渲染处理，效果如图 12-8 所示。

图 12-7　素材模型（四）　　　　　　　　　　图 12-8　染色效果

12.1.5　设置环境光

通过"环境光"色块，可以设置照亮整个场景的常规光线，环境光具有均匀的强度。设置环境光的具体操作步骤如下：

（1）以上一小节的素材为例，单击"渲染"|"环境"命令，弹出"环境和效果"窗口，在"公用参数"卷展栏的"全局照明"选项区中，单击"环境光"下方的色块，弹出"颜色选

择器：环境光"对话框，设置"红"、"绿"、"蓝"参数值分别为 2、55、230，如图 12-9 所示。

（2）单击"确定"按钮即可完成环境光设置，按【F9】键进行快速渲染处理，效果如图 12-10 所示。

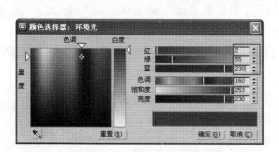

图 12-9　设置参数（一）　　　　　　　　　　图 12-10　环境光效果

12.2　添加大气特效

大气特效用来模拟现实生活中的大气状况，如光线、云雾弥漫等状况。

12.2.1　雾效果

雾可以对整个场景空间进行设置，通过调整场景的不透明度，模拟出雾茫茫的效果。使用雾的具体操作步骤如下：

（1）单击"文件"|"打开"命令，打开一个素材模型文件，如图 12-11 所示。

（2）单击"渲染"|"环境"命令，弹出"环境和效果"窗口，在"大气"卷展栏中单击"添加"按钮，弹出"添加大气效果"对话框，选择"雾"选项。

（3）单击"确定"按钮，在"雾参数"卷展栏的"标准"选项区中选中"指数"复选框，并设置"近端 %"为 10、"远端 %"为 50，按回车键确认，单击"关闭"按钮，按【F9】键进行快速渲染处理，效果如图 12-12 所示。

图 12-11　素材模型（五）　　　　　　　　　图 12-12　雾效果

12.2.2　分层雾效果

分层雾在场景中具有一定的高度，而长度和宽度则没有限制。添加分层雾效果的具体操作步骤如下：

（1）以上一小节的素材模型为例，用与上述相同的方法添加雾效果，在"雾"选项区中选中"分层"单选按钮，在"分层"选项区中设置"顶"为200、"底"为20、"密度"为10，如图12-13所示。

（2）按回车键确认，单击"关闭"按钮，按【F9】键进行快速渲染处理，效果如图12-14所示。

图 12-13　设置参数（二）

图 12-14　分层雾效果

12.2.3　体积光效果

体积光能够透过灰尘和雾产生灯光的自然效果。添加体积光效果的具体操作步骤如下：

（1）单击"文件"|"打开"命令，打开一个素材模型文件，如图12-15所示。

（2）单击"渲染"|"环境"命令，弹出"环境和效果"窗口，在"大气"卷展栏中单击"添加"按钮，弹出"添加大气效果"对话框，选择"体积光"选项，如图12-16所示。

图 12-15　素材模型（六）

图 12-16　选择"体积光"选项

（3）单击"确定"按钮，在"体积光参数"卷展栏的"灯光"选项区中，单击"拾取灯光"按钮，移动鼠标指针至顶视图中单击目标对象，如图 12-17 所示。

（4）在"体积"选项区中设置"密度"为 5、"最大亮度%"为 20，按回车键确认，单击"关闭"按钮，按【F9】键进行快速渲染，即可查看体积光效果，如图 12-18 所示。

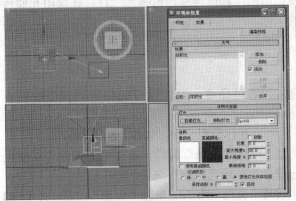

图 12-17　选择目标对象

图 12-18　体积光效果

12.2.4　火效果

使用火效果，可以模拟运动的火焰、烟雾或爆炸效果。使用火效果的具体操作步骤如下：

（1）单击"文件"|"打开"命令，打开一个素材模型文件，如图 12-19 所示。

（2）单击"渲染"|"环境"命令，弹出"环境和效果"窗口，在"大气"卷展栏中单击"添加"按钮，弹出"添加大气效果"对话框，选择"火效果"选项。

（3）单击"确定"按钮，在"火效果参数"卷展栏的 Gizmo 选项区中单击"拾取 Gizmo"按钮，移动鼠标指针至视图中选择 SphereGizmo01 对象，在"图形"选项区中选中"火舌"单选按钮，设置"拉伸"为 0.9、"规则性"为 0.08；在"特性"选项区中设置"火焰大小"为 3.45、"密度"为 135、"火焰细节"为 3.49。

（4）按回车键确认，单击"关闭"按钮，按【F9】键进行渲染处理，效果如图 12-20 所示。

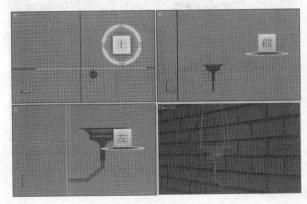

图 12-19　素材模型（七）

图 12-20　火效果

12.3 曝光控制

曝光控制用于调整渲染的输出级别和颜色范围，就像调整相机曝光一样，在使用光能传递渲染时，正确控制曝光参数是非常重要的。

12.3.1 对数曝光控制

对数曝光控制的优点在于光线分布均匀，通过亮度、对比度可以将其物理值映射为 RGB 值。设置对数曝光控制的具体操作步骤如下：

（1）单击"文件"|"打开"命令，打开一个素材模型文件，如图 12-21 所示。

（2）单击"渲染"|"环境"命令，弹出"环境和效果"窗口，在"曝光控制"卷展栏的"找不到位图代理管理器"下拉列表中选择"对数曝光控制"选项。

（3）在"对数曝光控制参数"卷展栏中设置"亮度"为 50，单击"关闭"按钮，按【F9】键进行快速渲染处理，即可查看到对数曝光控制效果，如图 12-22 所示。

图 12-21 素材模型（八）

图 12-22 对数曝光控制效果

12.3.2 伪彩色曝光控制

伪彩色曝光控制是一个照明分析工具，用于帮助用户直观地观察和计算场景中的照明级别。设置伪彩色曝光控制的具体操作步骤如下：

（1）单击"文件"|"打开"命令，打开一个素材模型文件，如图 12-23 所示。

（2）单击"渲染"|"环境"命令，弹出"环境和效果"窗口，在"曝光控制"卷展栏的"找不到位图代理管理器"下拉

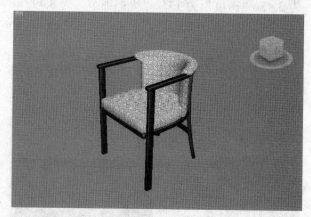
图 12-23 素材模型（九）

列表中选择"伪彩色曝光控制"选项，如图 12-24 所示。

（3）在"伪彩色曝光控制"卷展栏中，在"样式"下拉列表中选择"灰度"选项，单

击"渲染"|"渲染"命令渲染对象，此时即可查看到伪彩色曝光控制效果，如图 12-25 所示。

　　（4）渲染完成后，弹出"照度"窗口，如图 12-26 所示。

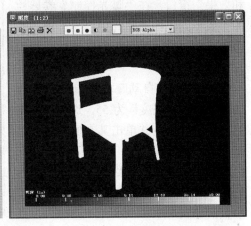

图 12-24　选择"伪彩色曝光控制"选项　图 12-25　渲染效果（一）　图 12-26　"照度"窗口

12.3.3　线性曝光控制

　　线性曝光控制从渲染图像中采样，使用场景的平均亮度将物理值映射为 RGB 值。设置线性曝光控制的具体操作步骤如下：

　　（1）单击"文件"|"打开"命令，打开一个素材模型文件，如图 12-27 所示。

　　（2）单击"渲染"|"环境"命令，弹出"环境和效果"窗口，在"曝光控制"卷展栏的"找不到位图代理管理器"下拉列表中选择"线性曝光控制"选项。

　　（3）在"线性曝光控制参数"卷展栏中设置"亮度"为 55，单击"关闭"按钮，按【F9】键进行快速渲染处理，即可查看到线性曝光控制效果，如图 12-28 所示。

图 12-27　素材模型　　　　　　　　　　　图 12-28　线性曝光控制效果

12.3.4　自动曝光控制

　　自动曝光控制从渲染图像中采样并生成一个直方图，以便在渲染的整个动态范围内提供良好的颜色分离。设置自动曝光控制的具体操作步骤如下：

（1）以上一小节的素材为例，单击"渲染"|"环境"命令，弹出"环境和效果"窗口，在"曝光控制"卷展栏的"找不到位图代理管理器"下拉列表框中选择"自动曝光控制"选项，如图12-29所示。

（2）在"自动曝光控制参数"卷展栏中设置"亮度"为55，选中"颜色修正"复选框，并单击其右侧的色块，如图12-30所示。

（3）在弹出的"颜色选择器：白色"对话框中，设置"红"、"绿"、"蓝"参数值分别为194、201、151，如图12-31所示。

图 12-29　选择相应的选项　　图 12-30　设置参数（三）

（4）单击"确定"按钮，按【F9】键进行快速渲染处理，即可查看到自动曝光控制效果，如图12-32所示。

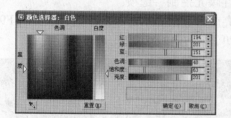

图 12-31　"颜色选择器：白色"对话框

图 12-32　自动曝光控制效果

12.4　添加效果

通过"效果"面板可以为场景增加各种渲染效果，并且可以在最终渲染图像或动画前预览其效果。

12.4.1　模糊效果

模糊效果可以使整个图像变模糊，使非背景场景元素变模糊。使用模糊效果的具体操作步骤如下：

（1）单击"文件"|"打开"命令，打开一个素材模型文件，如图 12-33 所示。

（2）单击"渲染"|"效果"命令，弹出"环境和效果"窗口，在"效果"卷展栏中单击"添加"按钮，弹出"添加效果"对话框，选择"模糊"选项，如图 12-34 所示。

（3）单击"确定"按钮，在"模糊参数"卷展栏的"像素半径"数值框中输入 1，按回车键确认，单击"关闭"

图 12-33　素材模型（十一）

按钮，按【F9】键进行快速渲染处理，即可查看到模糊效果，如图 12-35 所示。

图 12-34　选择"模糊"选项

图 12-35　模糊效果

12.4.2　镜头效果

镜头效果包括光晕、光环、射线、自动二级光斑、手动二级光斑、星形和条纹，常用于模拟相机的反光效果。使用镜头效果的具体操作步骤如下：

（1）单击"文件"|"打开"命令，打开一个素材模型文件，如图 12-36 所示。

（2）单击"渲染"|"效果"命令，弹出"环境和效果"窗口，单击"添加"按钮，弹出"添加效果"对话框，选择"镜头效果"选项，单击"确定"按钮，在"镜头效果全局"卷展栏中单击"拾取灯光"按钮，在透视视图中拾取泛光灯，如图 12-37 所示。

图 12-36　素材模型（十二）

（3）在"镜头效果参数"卷展栏中选择 Glow 选项，单击 〉 按钮，将 Glow 特效添加到右侧的列表框中，在"镜头效果参数"卷展栏中选择 Auto Secondary 选项，单击 ⟩ 按钮，将 Auto Secondary 添加到右侧的列表框中，在"自动二级光斑元素"卷展栏中设置"最小"为 0.1、"最大"为 20、"数量"为 5、"强度"为 90，如图 12-38 所示。

（4）按回车键确认，单击"关闭"按钮激活摄影机视图，按【F9】键进行快速渲染处理，效果如图 12-39 所示。

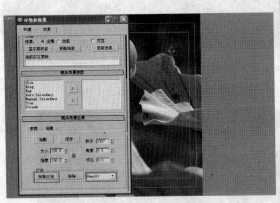

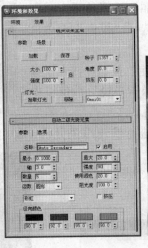

图 12-37　拾取灯光　　　　图 12-38　设置参数（四）　　图 12-39　镜头效果

12.4.3　亮度和对比度效果

亮度和对比度效果可以调整图像的亮度和对比度，以便对渲染图像和背景图像进行匹配。使用亮度和对比度效果的具体操作步骤如下：

（1）单击"文件"|"打开"命令，打开一个素材模型文件，如图 12-40 所示。

（2）单击"渲染"|"效果"命令，弹出"环境和效果"窗口，单击"添加"按钮，弹出"添加效果"对话框，选择"亮度和对比度"选项，单击"确定"按钮，在"亮度和对比度参数"卷展栏中设置"亮度"和"对比度"均为 1，并选中"忽略背景"复选框。

（3）单击"关闭"按钮，按【F9】键进行快速渲染处理，即可查看到亮度和对比度效果，如图 12-41 所示。

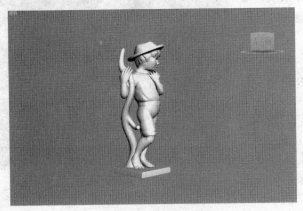

图 12-40　素材模型（十三）　　　　　　　图 12-41　渲染效果（二）

12.4.4　胶片颗粒效果

胶片颗粒效果用于在渲染场景时重新创建胶片颗粒,可以将作为背景使用的源材质中的胶片颗粒与软件中创建的渲染场景相匹配。使用胶片颗粒效果的具体操作步骤如下:

(1)单击"文件"|"打开"命令,打开一个素材模型文件,如图 12-42 所示。

(2)单击"渲染"|"效果"命令,弹出"环境和效果"窗口,在"效果"卷展栏中单击"添加"按钮,弹出"添加效果"对话框,选择"胶片颗粒"选项,单击"确定"按钮,在"胶片颗粒参数"卷展栏中设置"颗粒"为0.5,单击"关闭"按钮,按【F9】键进行快速渲染处理,效果如图 12-43 所示。

图 12-42　素材模型(十四)

图 12-43　胶片颗粒效果

12.4.5　色彩平衡效果

使用色彩平衡效果可以通过设置 RGB 通道的颜色参数值,来控制渲染图像的颜色。使用色彩平衡效果的具体操作步骤如下:

(1)单击"文件"|"打开"命令,打开一个素材模型文件,如图 12-44 所示。

(2)单击"渲染"|"效果"命令,弹出"环境和效果"窗口,单击"添加"按钮,弹出"添加效果"对话框,选择"色彩平衡"选项。

(3)单击"确定"按钮,在"色彩平衡参数"卷展栏中,在"红"右侧的文本框中输入 10、"绿"右侧的文本框中输入-14、"蓝"右侧的文本框中输入-10,按【Enter】键确认,并选中"保持发光度"复选框。

(4)单击"关闭"按钮,按【F9】键进行快速渲染处理,即可查看到色彩平衡效果,如图 12-45 所示。

图 12-44　素材模型(十五)

图 12-45　色彩平衡效果

12.4.6　景深效果

景深效果用于模拟通过摄影机镜头观看时前景和背景元素的自然模糊。使用景深效果的具体操作步骤如下：

（1）以上一小节的素材为例，单击"渲染"|"效果"命令，弹出"环境和效果"窗口，单击"添加"按钮，弹出"添加效果"对话框，选择"景深"选项，单击"确定"按钮，在"景深参数"卷展栏中单击"拾取摄影机"按钮，在顶视图中拾取摄影机，如图 12-46 所示。

（2）在"景深参数"卷展栏中选中"使用摄影机"单选按钮，设置"水平焦点损失"和"垂直焦点损失"均为 5，按回车键确认，单击"关闭"按钮，按【F9】键进行快速渲染处理，即可查看景深效果，如图 12-47 所示。

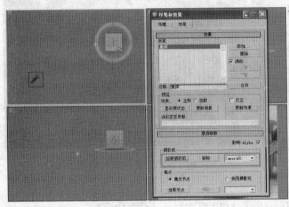

图 12-46　拾取摄影机

图 12-47　景深效果

习题与上机操作

一、填空题

1. 使用_____色块，可以设置渲染图像的背景颜色。
2. 使用"环境"选项卡，可以为场景添加_____、_____和体积光效果。
3. _____用于调整渲染的输出级别和颜色范围，就像调整相机曝光一样，在使用光能传递渲染时，正确控制曝光参数是非常重要的。

二、思考题

1. 简述设置背景贴图的方法。
2. 简述使用体积光的方法。

三、上机操作

1. 练习使用雾效果，创建出如图 12-48 所示的效果。
2. 练习使用镜头效果，创建出如图 12-49 所示的效果。

图 12-48　雾效果

图 12-49　镜头效果

第 13 章　渲染和输出

本章主要介绍如何对创建好的项目进行渲染和输出，大家应掌握常用的几种渲染方法，以及设置渲染、使用 mental ray 渲染方式、渲染输出图像等操作。

> 🖥 渲染方法　　　　　　　　　　🖥 使用 mental ray 渲染方式
> 🖥 设置渲染　　　　　　　　　　🖥 渲染输出图像

13.1　渲染方法

渲染是整个 3D 动画创作中最重要的环节，前面所介绍的建模、设置材质、创建灯光和制作动画等，都要在渲染阶段进行最终的计算，输出成静帧图像或者视频文件。在不同情况下，用户可以选择不同的渲染方式渲染场景。

13.1.1　运用主工具栏渲染

使用主工具栏中的"渲染产品"按钮，可以对当前视图进行渲染，其具体操作步骤如下：
（1）单击"文件"|"打开"命令，打开一个素材模型文件，如图 13-1 所示。
（2）单击主工具栏中的"渲染产品"按钮，即可进行渲染处理，效果如图 13-2 所示。

图 13-1　素材模型（一）

图 13-2　渲染效果（一）

13.1.2　运用渲染快捷方式渲染

渲染快捷方式提供了预览渲染功能，用户可以很方便地预览场景中更改照明或材质后的效果。运用渲染快捷方式渲染产品的具体操作步骤如下：

（1）单击"文件"|"打开"命令，打开一个素材模型文件，如图 13-3 所示。

（2）按住主工具栏中的"渲染产品"按钮不放，在弹出的下拉面板中选择 ActiveShade 选项，释放鼠标后即可进行快速渲染处理，效果如图 13-4 所示。

图 13-3　素材模型（二）

图 13-4　渲染效果（二）

13.1.3　运用渲染帧窗口渲染

渲染时打开的"渲染帧"窗口会提供 3ds Max 2009 中设置的高度扩展功能。这些功能大多数已经存在于程序的其他位置，但在该窗口中添加这些设置意味着用户无需使用其他对话框，即可更改参数重新渲染场景，从而加速了工作流程。运用渲染帧窗口渲染产品的具体操作步骤如下：

（1）单击"文件"|"打开"命令，打开一个素材模型文件，如图 13-5 所示。

（2）单击"渲染"|"渲染帧窗口"命令，弹出"渲染，帧 DC1:1"窗口，单击"渲染"按钮渲染产品，效果如图 13-6 所示。

图 13-5　素材模型（三）

图 13-6　"渲染帧"窗口

13.2　设置渲染

用户可以在"渲染设置"对话框中，设置渲染范围、渲染尺寸、渲染输出路径、启用光线跟踪和指定渲染器等，然后使用所设置的灯光、材质及环境（如背景和大气）为场景中的模型着色。

13.2.1 设置渲染范围

用户可以指定渲染的起始帧和结束帧，来设置渲染的范围。设置渲染范围的具体操作步骤如下：

（1）单击"文件"|"打开"命令，打开一个素材模型文件，如图 13-7 所示。

（2）单击"渲染"|"渲染设置"命令，弹出"渲染设置：默认扫描线渲染器"窗口，在"公用参数"卷展栏的"时间输出"选项区中，选中"范围"单选按钮。

（3）在"渲染输出"选项区中单击"文件"按钮，弹出"渲染输出文件"对话框，设置"文件名"为 13-8、"保存类型"为"AVI 文

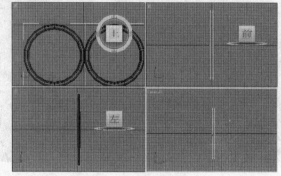

图 13-7 素材模型（四）

件（*.avi）"，单击"保存"按钮，返回到"渲染设置：默认扫描线渲染器"窗口，单击"渲染"按钮，渲染至第 100 帧时，效果如图 13-8 所示。

图 13-8 第 100 帧的渲染效果

13.2.2 设置渲染尺寸

用户可以设置渲染图像的大小和比例。设置渲染尺寸的具体操作步骤如下：

（1）单击"文件"|"打开"命令，打开一个素材模型文件，如图 13-9 所示。

（2）单击"渲染"|"渲染设置"命令，弹出"渲染设置：默认扫描线渲染器"窗口，在"公用参数"卷展栏的"输出大小"选项区中单击 800×600 按钮。

（3）单击窗口底部的"渲染"按钮，即可设置渲染窗口以 800×600 显示，单击"保存图像"按钮，即可保存渲染的图像，最终效果如图 13-10 所示。

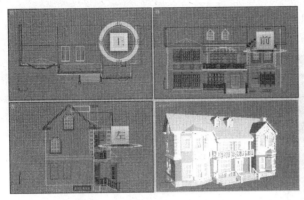

图 13-9 素材模型（五）　　　　　　　　　图 13-10 渲染效果（三）

13.2.3 设置渲染输出路径

用户可以将渲染后的图像或动画保存到磁盘中，设置渲染输出路径的具体操作步骤如下：

（1）以上一小节的素材模型为例，单击"渲染"|"渲染设置"命令，弹出"渲染设置：默认扫描线渲染器"窗口，在"公用参数"卷展栏中单击"渲染输出"选项区的"文件"按钮，弹出"渲染输出文件"对话框，选择相应的路径，设置"保存类型"为"BMP 图像文件（*.bmp)"、"文件名"为 13-11。

（2）单击"保存"按钮，弹出"BMP 配置"对话框（如图 13-12 所示），单击"确定"按钮，即可设置渲染输出路径。

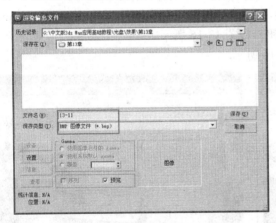

图 13-11 "渲染输出文件"对话框　　　　图 13-12 "BMP 配置"对话框

13.2.4 指定渲染器

用户可以为场景对象指定不同的渲染器，其具体操作方法如下：

（1）以 13.2.2 小节的素材模型为例，单击"渲染"|"渲染设置"命令，弹出"渲染设置：默认扫描线渲染器"窗口，在"指定渲染器"卷展栏中单击"产品级"右侧的"选择渲染器"按钮，如图 13-13 所示。

（2）在弹出的"选择渲染器"对话框中选择"mental ray 渲染器"选项，单击"确定"

按钮，返回到"指定渲染器"卷展栏中，单击"保存为默认设置"按钮，弹出"保存为默认设置"提示信息框（如图 13-14 所示），单击"确定"按钮即可指定渲染器。

图 13-13　单击"选择渲染器"按钮　　图 13-14　"保存为默认设置"提示信息框

13.2.5　设置渲染窗口

用户可以切换至不同的渲染窗口，设置渲染窗口的具体操作步骤如下：

（1）以 13.2.2 小节的素材模型为例，单击"渲染"|"渲染帧窗口"命令，弹出"Camera01，帧 0（1:1）"窗口，单击"切换 UI"按钮，如图 13-15 所示。

（2）即可切换渲染窗口，如图 13-16 所示。

图 13-15　单击"切换 UI"按钮　　　　　　图 13-16　设置渲染窗口后的效果

13.2.6　渲染隐藏几何体

通过"公用"选项卡，用户可以渲染场景中的所有几何体对象，包括隐藏的对象。渲染隐藏几何体对象的具体操作步骤如下：

（1）单击"文件"|"打开"命令，打开一个素材模型文件，如图 13-17 所示。

（2）单击"渲染"|"渲染设置"命令，弹出"渲染设置：默认扫描线渲染器"窗口，在"公用参数"卷展栏的"选项"选项区中，选中"渲染隐藏几何体"复选框，单击窗口底部的"渲染"按钮，即可对隐藏的对象进行渲染处理，效果如图 13-18 所示。

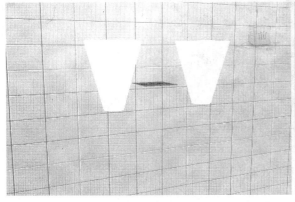

图 13-17 素材模型（六）

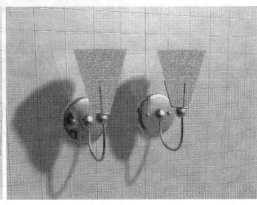

图 13-18 渲染效果（四）

13.2.7 启用光线跟踪

光线跟踪器为明亮场景提供柔和边缘的阴影和对象间的相互映色，它通常与天光结合使用。启用光线跟踪的具体操作步骤如下：

（1）单击"文件"|"打开"命令，打开一个素材模型文件，如图 13-19 所示。

（2）单击"渲染"|"渲染设置"命令，弹出"渲染设置：默认扫描线渲染器"窗口，打开"光线跟踪器"选项卡，如图 13-20 所示。

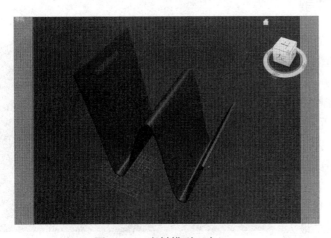

图 13-19 素材模型（七）

图 13-20 "光线跟踪器"选项卡

（3）在"全局光线跟踪引擎选项"选项区中选中"启用光线跟踪"复选框，启用光线跟踪，单击窗口底部的"渲染"按钮，即可对当前视图进行渲染处理，效果如图 13-21 所示。

图 13-21 渲染效果（五）

13.3 使用 mental ray 渲染方式

默认状态下，3ds Max 2009 使用自带的扫描线渲染器渲染场景，此外，它还带有一种更为高级的渲染器，即 mental ray。

mental ray 渲染器是一种很重要的渲染器，使用它可以生成灯光效果的物理校正模拟，包括光线跟踪反射、折射、焦散和全局照明。与 3ds Max 2009 默认的扫描线渲染器不同的是：mental ray 渲染器不用手动操作，而是通过生成光能传递解决方案来模拟复杂的照明效果。

13.3.1 设置 mental ray 折射

mental ray 渲染器可通过光线跟踪产生光线的折射效果，设置 mental ray 折射的具体操作步骤如下：

（1）单击"文件"|"打开"命令，打开一个素材模型文件，如图 13-22 所示。

（2）单击"渲染"|"渲染设置"命令，弹出"渲染设置：mental ray 渲染器"窗口，打开"渲染器"选项卡，在"渲染算法"卷展栏的"反射/折射"选项区中，选中"启用折射"复选框，并设置"最大折射"为 30。

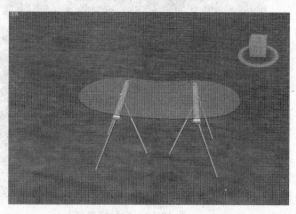

图 13-22 素材模型（七）

（3）单击窗口底部的"渲染"按钮，弹出"透视，帧 D（1:1）"窗口，此时将对场景进行渲染处理，渲染完成后保存图像，效果如图 13-23 所示。

图 13-23　渲染效果（六）

13.3.2　设置 mental ray 反射

mental ray 反射可以产生接近现实的光线反射效果，设置 mental ray 反射的具体操作步骤如下：

（1）以上一小节的素材为例，单击"渲染"|"渲染设置"命令，弹出"渲染设置：mental ray 渲染器"窗口，打开"渲染器"选项卡，在"渲染算法"卷展栏的"反射/折射"选项区中选中"启用反射"复选框，并设置"最大反射"为 10，如图 13-24 所示。

（2）单击"渲染"按钮，即可对场景进行渲染处理，效果如图 13-25 所示。

图 13-24　设置参数（一）

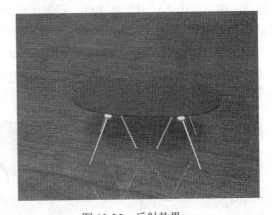

图 13-25　反射效果

13.3.3　生成焦散

焦散是光线从其他对象反射或通过其他对象折射之后透视在对象上所产生的效果。生成焦散的具体操作步骤如下：

（1）单击"文件"|"打开"命令，打开一个素材模型文件，如图 13-26 所示。

（2）选择场景中的两个模型对象，单击鼠标右键，在弹出的快捷菜单中选择"对象属性"选项，弹出"对象属性"对话框，打开 mental ray 选项卡，在"焦散和全局照明"选项区中选中"生成焦散"复选框（如图 13-27 所示），单击"确定"按钮即可生成焦散效果。

图 13-26　素材模型（八）

图 13-27　选中"生成焦散"复选框

13.3.4　启用 mental ray 焦散

启用 mental ray 焦散功能可以产生一些特殊的效果，但是需要增加一定的渲染时间。启用 mental ray 焦散的具体操作步骤如下：

（1）以上一小节的效果图为例，单击"渲染"|"渲染设置"命令，弹出"渲染设置：mental ray 渲染器"窗口，打开"间接照明"选项卡，在"焦散和全局照明"卷展栏的"焦散"选项区中，选中"启用"复选框，设置"倍增"值为 2，选中"最大采样半径"复选框，并设置其值为 2.5，如图 13-28 所示。

（2）单击"渲染"按钮，即可渲染出 mental ray 焦散效果，如图 13-29 所示。

图 13-28　设置参数（二）

图 13-29　焦散效果

13.3.5　调整采样精度

采样是一种抗锯齿技术，可以为每种渲染像素提供最接近的颜色。调整采样精度的具体操作步骤如下：

（1）单击"文件"|"打开"命令，打开一个素材模型文件，如图 13-30 所示。

（2）单击"渲染"|"渲染设置"命令，弹出"渲染设置：mental ray 渲染器"窗口，打开"渲染器"选项卡，在"采样质量"卷展栏的"每像素采样数"选项区中，设置"最小值"为 4、"最大值"为 64，单击窗口底部的"渲染"按钮，此时最终渲染效果如图 13-31 所示。

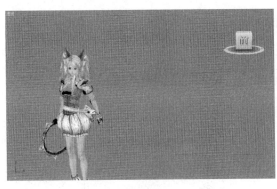

图 13-30　素材模型（九）　　　　　图 13-31　渲染效果（七）

13.3.6　设置渲染块宽度

用户可以设置每像素渲染块的宽度，其具体操作步骤如下：

（1）以上一小节的素材模型为例，单击"渲染"|"渲染设置"命令，弹出"渲染设置：mental ray 渲染器"窗口，打开"渲染器"选项卡，在"采样质量"卷展栏的"选项"选项区中，设置"渲染块宽度"为 156，如图 13-32 所示。

（2）单击"渲染"按钮，即可查看到设置渲染块宽度后的效果，如图 13-33 所示。

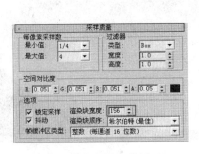
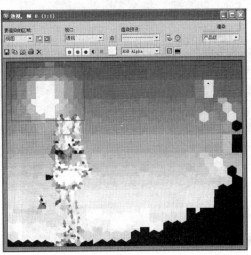

图 13-32　设置参数（三）　　　　　图 13-33　设置渲染块宽度后的效果

13.3.7 设置渲染背景元素

在渲染图像的过程中，用户可以为渲染场景设置渲染背景元素。设置渲染背景元素的具体操作步骤如下：

（1）以 13.3.5 小节的素材为例，单击"渲染"|"渲染设置"命令，弹出"渲染设置：mental ray 渲染器"窗口，打开 Render Elements 选项卡，在"渲染元素"卷展栏中单击"添加"按钮，如图 13-34 所示。

（2）弹出"渲染元素"对话框，在其列表框中选择"背景"选项，如图 13-35 所示。

图 13-34　单击"添加"按钮

图 13-35　选择"背景"选项

（3）单击"确定"按钮，返回到"渲染设置：mental ray 渲染器"窗口，单击"渲染"按钮，弹出"透视，帧 0（1:1）"窗口，如图 13-36 所示。

（4）渲染完成时，弹出"背景（1:1）"渲染窗口，即可渲染背景元素，如图 13-37 所示。

图 13-36　渲染窗口

图 13-37　渲染背景元素

13.4　渲染输出图像

在 3ds Max 2009 中，常用的渲染输出图像有静态图像和动态图像两种。

13.4.1　渲染静态图像

静态图像的输出分辨率一般由每英寸的像素点数目来确定，分辨率越高则每英寸显示的像素点越多。渲染静态图像的具体操作步骤如下：

（1）单击"文件"|"打开"命令，打开一个素材模型文件，如图 13-38 所示。

（2）单击"渲染"|"渲染设置"命令，弹出"渲染设置：默认扫描线渲染器"窗口，在"公用参数"卷展栏中选中"范围"单选按钮，单击"渲染输出"选项区中的"文件"按钮，如图 13-39 所示。

图 13-38　素材模型（十）

（3）弹出"渲染输出文件"对话框，设置文件名和保存类型，如图 13-40 所示。

（4）单击"保存"按钮，弹出"BMP 配置"对话框，单击"确定"按钮，返回到"渲染设置：默认扫描线渲染器"窗口，单击"渲染"按钮即可渲染静态图像，效果如图 13-41 所示。

图 13-39　单击"文件"按钮　　　图 13-40　"渲染输出文件"对话框　　　图 13-41　渲染静态图像效果

13.4.2　渲染动态图像

动态图像一般指的是动画，创建动画后，用户可以对其进行渲染操作。渲染动态图像的具体操作步骤如下：

（1）单击"文件"|"打开"命令，打开一个素材模型文件，如图 13-42 所示。

（2）单击"渲染"|"渲染设置"命令，弹出"渲染设置：默认扫描线渲染器"窗口，在"公用参数"卷展栏中，选中"范围"单选按钮，单击"渲染输出"选项区中的"文件"按钮，如图 13-43 所示。

（3）弹出"渲染输出文件"对话框，设置文件名和保存类型，如图 13-44 所示。

（4）单击"保存"按钮，弹出"AVI 文件压缩设置"对话框，设置相应的选项，如图 13-45 所示。

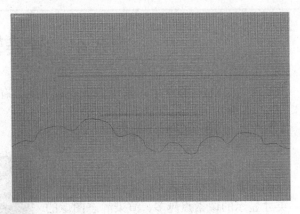

图 13-42　素材模型（十一）

 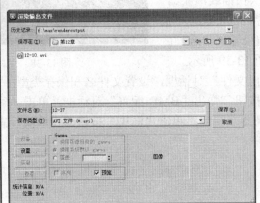 

图 13-43　单击"文件"按钮　图 13-44　"渲染输出文件"对话框　图 13-45　"AVI 文件压缩设置"对话框

（5）单击"确定"按钮，返回到"渲染设置：默认扫描线渲染器"窗口，单击"渲染"按钮即可渲染动态图像，效果如图 13-46 所示。

图 13-46　渲染动态图像效果

13.4.3　合成渲染

合成渲染就是后期合成，其目的是将各种制作好的模型素材整理在一起，包括最后场景所需要的各种资料，如动态的图像、静止的图片及文字等。合成渲染图像的具体操作步骤如下：

（1）单击"文件"|"打开"命令，打开一个素材模型文件，如图 13-47 所示。

（2）单击"渲染"|Video Post 命令，弹出 Video Post 窗口，单击"添加图像输入事件"按钮，弹出"添加图像输入事件"对话框，单击"文件"按钮，如图 13-48 所示。

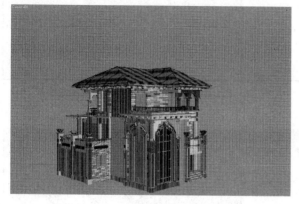

图 13-47　素材模型（十二）

图 13-48　单击"文件"按钮

（3）弹出"为 Video Post 输入选择图像文件"对话框，选择相应的图像文件，如图 13-49 所示。

（4）单击"打开"按钮，返回到"添加图像输入事件"对话框，单击"确定"按钮，在 Video Post 窗口中将出现第一个图像事件的路径和名称，如图 13-50 所示。

图 13-49　选择图像文件

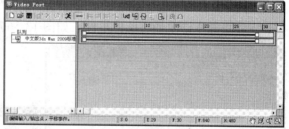

图 13-50　添加图像事件

（5）单击"添加场景事件"按钮，弹出"添加场景事件"对话框，如图 13-51 所示。

（6）单击"确定"按钮，在 Video Post 窗口中即会出现第二个图像事件名称，如图 13-52 所示。

（7）单击"确定"按钮，返回到 Video Post 窗口，在"队列"结构树中选择第一个图像事件，按住【Ctrl】键的同时单击 Camera01 选项，并单击"添加图像层事件"按钮，弹出

"添加图像层事件"对话框,并设置相应的参数,如图 13-53 所示。

(8)单击"确定"按钮,在 Video Post 窗口中即可加入一个图像层,如图 13-54 所示。

图 13-51 "添加场景事件"对话框

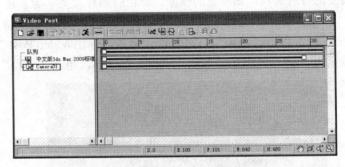

图 13-52 添加第二个场景事件

图 13-53 "添加图像层事件"对话框

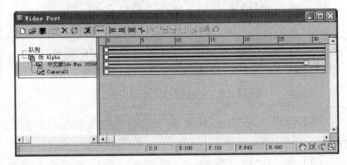

图 13-54 添加图像层事件

(9)单击"添加图像输出事件"按钮 ![按钮图标],弹出"添加图像输出事件"对话框,单击"文件"按钮,弹出"为 Video Post 输出选择图像文件"对话框,在"文件名"文本框中输入 13-49,设置"保存类型"为"JPEG 文件",如图 13-55 所示。

(10)单击"保存"按钮,弹出"JPEG 图像控制"对话框,在其中设置相应的选项,单击"确定"按钮,返回到"添加图像输出事件"对话框,单击"确定"按钮,在 Video Post 窗口中即可加入一个输出图像事件,如图 13-56 所示。

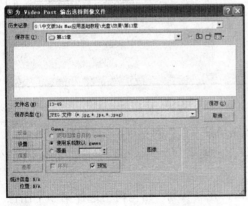

图 13-55 "为 Video Post 输出选择图像文件"对话框

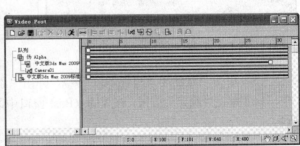

图 13-56 添加输出图像事件

（11）单击"执行序列"按钮 ✗，弹出"执行 Video Post"对话框，在"时间输出"选项区中选中"单个"单选按钮，单击 800×600 按钮，如图 13-57 所示。

（12）单击"渲染"按钮，即可开始渲染合成，最终效果如图 13-58 所示。

图 13-57　"执行 Video Post"对话框

图 13-58　合成图像渲染效果

13.4.4　渲染输出 AVI 动画

AVI 动画是 Windows 环境下标准的动画文件，它是一种音频视频交织格式文件。输出 AVI 动画的具体操作步骤如下：

（1）单击"文件"|"打开"命令，打开一个素材模型文件，如图 13-59 所示。

（2）单击"渲染"|"渲染设置"命令，弹出"渲染设置：默认扫描线渲染器"窗口，在"公用参数"卷展栏中选中"范围"单选按钮，单击"渲染输出"选项区中的"文件"按钮，如图 13-60 所示。

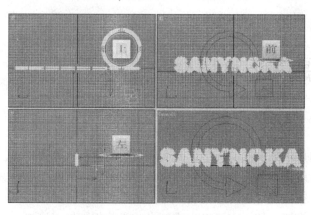

图 13-59　素材模型（十三）

图 13-60　"渲染设置：默认扫描线渲染器"窗口

（3）弹出"渲染输出文件"对话框，设置"保存类型"为"AVI 文件"，设置"文件名"为 13-56，如图 13-61 所示。

（4）单击"保存"按钮，弹出"AVI 文件压缩设置"对话框，如图 13-62 所示。

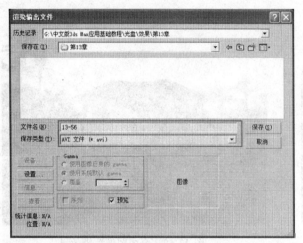

图 13-61　"渲染输出文件"对话框　　　　图 13-62　"AVI 文件压缩设置"对话框

（5）单击"确定"按钮，返回到"渲染设置：默认扫描线渲染器"窗口，单击"渲染"按钮即可输出 AVI 动画，效果如图 13-63 所示。

图 13-63　动画效果

习题与上机操作

一、填空题

1. _____是整个 3D 动画创作中最重要的环节，前面所讲述的建模、设置材质、创建灯光、制作动画等，都要在渲染阶段进行最终的计算，输出成静帧图像或者视频文件。

2. 使用主工具栏中的_____按钮，可以对当前视图进行渲染处理。

3. _____是一种很重要的渲染器，使用它可以生成灯光效果的物理校正模拟，包括光线跟踪反射、折射、焦散和全局照明。

二、思考题

1．简述设置渲染范围的方法。
2．简述渲染静态图像的方法。

三、上机操作

1．练习使用"光线跟踪器"选项卡，创建出如图 13-64 所示的模型。
2．练习使用"光能传递处理参数"卷展栏，创建出如图 13-65 所示的模型。

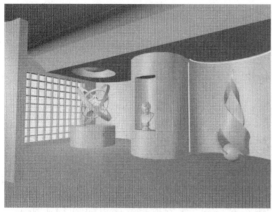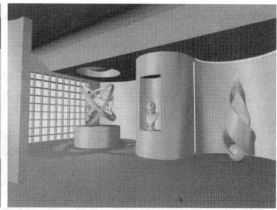

图 13-64　光线跟踪

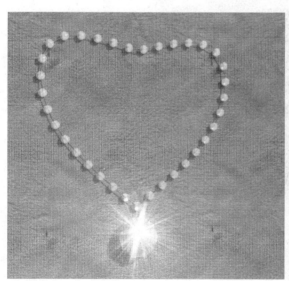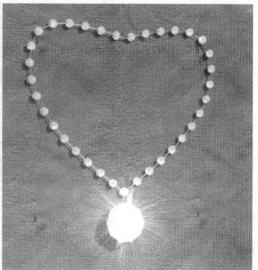

图 13-65　光能传递

第 14 章 3ds Max 白金案例实训

本章学习目标

通过前面 13 章的学习，读者应该已经掌握了 3ds Max 2009 的核心内容，但在实际应用过程中，往往还是不能完全发挥出这款软件的设计威力。为此，本章将通过实例来介绍 3ds Max 的实际应用，帮助读者达到立竿见影的学习效果。

学习重点和难点

- 通过白金案例实训掌握和巩固前面所学知识
- 通过案例的综合实训提高实际应用能力

14.1 产品建模——轮胎

在制作轮胎模型时，首先要分析其外部结构，轮胎模型包括轮毂、螺丝和轮胎三部分，在制作过程中，可以对它们分别进行建模，然后将它们组合在一起。本案例最终效果如图 14-1 所示。

图 14-1 轮胎效果

14.1.1 制作轮毂

制作轮毂的具体操作步骤如下：

（1）单击"文件"|"重置"命令，重新设定 3ds Max 2009 的系统环境。

（2）单击"创建"|"图形"|"圆环"命令，在前视图中创建一个圆环，如图 14-2 所示。

（3）在窗口右侧的"参数"卷展栏中设置"半径 1"为 5、"半径 2"为 3，如图 14-3 所示。

（4）确认圆环处于选中状态，单击"修改"面板，在"修改器列表"下拉列表中选择"倒角"选项，在"倒角值"卷展栏中设置各参数（如图 14-4 所示），修改参数后的效果如

图 14-5 所示。

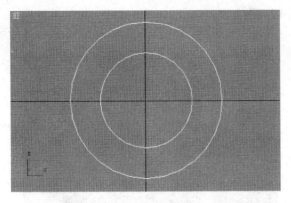

图 14-2　创建圆环　　　　　　　　　　图 14-3　"参数"卷展栏

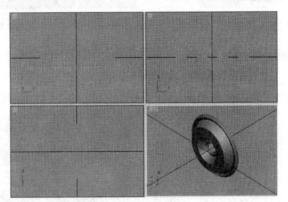

图 14-4　"倒角值"卷展栏　　　　　　　图 14-5　修改参数后的效果

14.1.2　制作螺丝

螺丝是轮胎模型中的一个小零件，但同样也是一个非常重要的零件，有了螺丝，整个模型才会显得精致。制作螺丝的具体的操作步骤如下：

（1）单击"创建"|"图形"|"多边形"命令，在前视图中创建一个多边形，其参数设置和效果如图 14-6 所示。

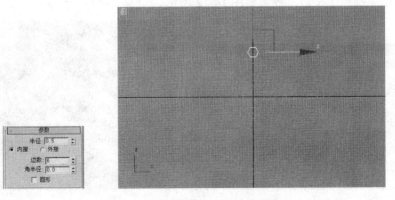

图 14-6　多边形参数设置和效果

（2）确认多边形处于选中状态，单击"修改器"|"网格编辑"|"挤出"命令，在"参数"卷展栏中设置挤出参数，如图 14-7 所示。

（3）单击主工具栏中的"选择并移动"按钮 ✛，将挤出的对象移至如图 14-8 所示的位置。

图 14-7 "参数"卷展栏

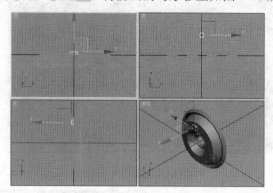

图 14-8 移动对象

（4）确认螺丝处于选中状态，在命令面板中切换至"层次"面板，在"调整轴"卷展栏中单击"仅影响轴"按钮，如图 14-9 所示。

（5）在前视图中将对象的轴心移至如图 14-10 所示的位置。

图 14-9 "调整轴"卷展栏

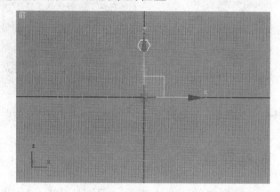

图 14-10 移动轴心

（6）确认螺丝处于选中状态，单击"工具"|"阵列"命令，弹出"阵列"对话框，设置其参数如图 14-11 所示。

（7）单击"确定"按钮，效果如图 14-12 所示。

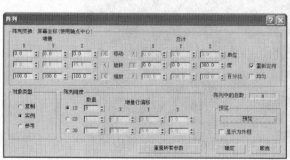

图 14-11 "阵列"对话框

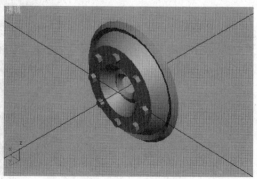

图 14-12 阵列效果

14.1.3　制作轮胎

轮胎是整个模型的主体，但制作过程并不复杂，制作轮胎的具体操作步骤如下：

（1）单击"创建"|"图形"|"矩形"命令，在顶视图中创建一个矩形，如图 14-13 所示。

（2）单击"修改器"|"面片/样条线编辑"|"编辑样条线"命令，在"选择"卷展栏中单击"顶点"按钮 ⬚，选择如图 14-14 所示的顶点。

（3）单击主工具栏中的"选择并移动"按钮 ✛，将选择的顶点向下移动一段距离，如图 14-15 所示。

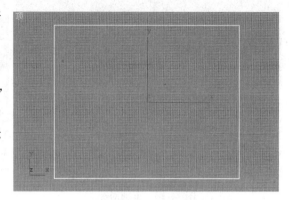

图 14-13　创建矩形

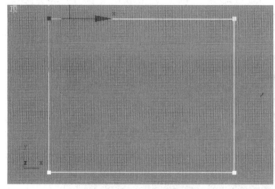

图 14-14　选择顶点

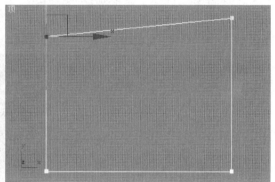

图 14-15　移动顶点（一）

（4）参照步骤（3）中的操作方法，将下面的顶点向上移动相同距离，如图 14-16 所示。

（5）选择右边的两个顶点，在"几何体"卷展栏中的"圆角"数值框中输入 2，然后单击"圆角"按钮，效果如图 14-17 所示。

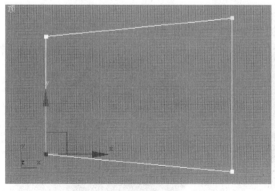

图 14-16　移动顶点（二）

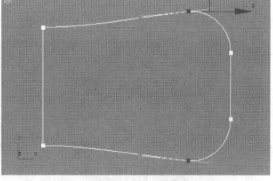

图 15-17　圆角处理

（6）在"选择"卷展栏中再次单击"顶点"按钮 ⬚，退出顶点编辑状态，单击"修改器"|"面片/样条线编辑"|"车削"命令，在"参数"卷展栏中的"对齐"选项区中单击"最

小"按钮，效果如图 14-18 所示。

（7）在"参数"卷展栏的"分段"数值框中输入 64，效果如图 14-19 所示。

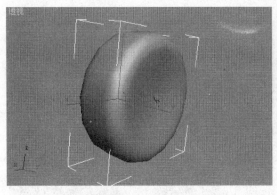
图 14-18　车削对象

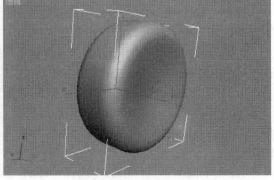
图 14-19　修改段数后的效果

（8）单击"车削"修改器堆栈左侧的"＋"号，选择"轴"子层级，如图 14-20 所示。

（9）单击工具栏中的"选择并移动"按钮 ✛，在前视图中将轴向左移动，效果如图 14-21 所示。

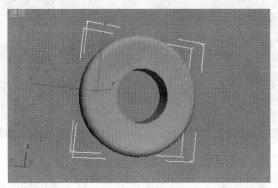
图 14-21　移动轴心

图 14-20　选择"轴"子层级

（10）再次单击"轴"子层级，退出其编辑状态，然后将各对象移至合适位置，并设置成不同的材质，效果如图 14-22 所示。

（11）设置背景颜色，并按【F9】键进行渲染处理，效果如图 14-23 所示。

图 14-22　设置材质后的效果

图 14-23　渲染效果

14.2　室内装饰——水果盘

在制作室内效果图时，经常需要用到一些小物品，如花瓶、茶几、水果盘、鱼缸等，用户可以在平时收集或制作一些小物品，以便在需要时直接调用。本节将介绍水果盘的制作，主要采用的是挤出和壳操作命令。本案例最终效果如图 14-24 所示。

图 14-24　花瓶效果

14.2.1　制作水果盘模型

制作水果盘模型的具体操作步骤如下：

（1）单击"文件"|"重置"命令重置场景；单击"创建"面板中的"图形"按钮，在"对象类型"卷展栏中单击"矩形"按钮，在顶视图中创建一个"长度"为 200、"宽度"为 200、"角半径"为 20 的矩形，如图 14-25 所示。

（2）在"修改"面板中的"修改器列表"下拉列表中选择"挤出"选项，在"参数"卷展栏中设置"数量"为 60，按回车键确认即可进行挤出操作，效果如图 14-26 所示。

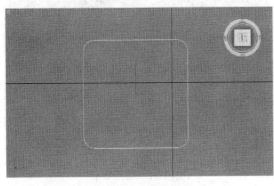

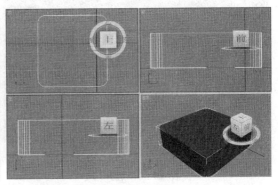

图 14-25　创建矩形　　　　　　　　　　图 14-26　挤出效果

（3）在"修改"面板中的"修改器列表"下拉列表中选择"编辑多边形"选项，单击"编辑多边形"修改器前面的"+"号，展开修改器堆栈，选择"顶点"选项。

（4）单击主工具栏中的"选择并移动"按钮，在前视图中选中矩形左上角的顶点，沿 X 轴向左拖曳鼠标至合适位置，用同样的方法，将右上角的顶点沿 X 轴向右拖曳至合适位置，并适当调整它们的高度，如图 14-27 所示。

（5）在顶视图中选择左上角的顶点，按住【Ctrl】键的同时单击右上角的顶点，如图 14-28 所示。

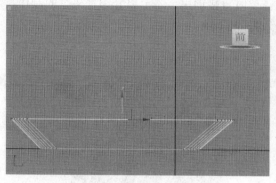

图 14-27　编辑顶点（一）

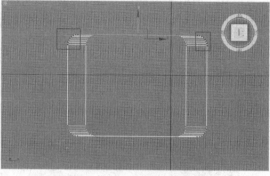

图 14-28　选择顶点（一）

（6）将其沿 Y 轴向上拖曳至合适位置，用同样的方法，将左下角的顶点和右下角的顶点沿 Y 轴向下拖曳至合适位置，如图 14-29 所示。

（7）在"修改"面板中选择"编辑多边形"修改器堆栈中的"边"选项，在顶视图中选择最里面的一圈边，如图 14-30 所示。

（8）在"编辑边"卷展栏中单击"切角"右侧的"设置"按钮，在弹出的"切角边"对话框中设置"切角量"为 2，单击"确定"按钮即可进行切角操作，效果如图 14-31 所示。

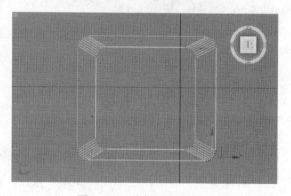

图 14-29　编辑顶点（二）

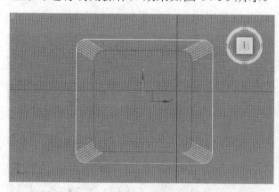

图 14-30　选择边

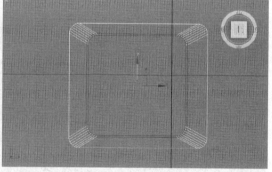

图 14-31　切角效果

（9）选择最外侧的一圈边，用与上述相同的方法进行边切角操作，效果如图 14-32 所示。

（10）在"修改"面板中的"编辑多边形"修改器堆栈中选择"多边形"选项，在透视视图中选择最上面的面（如图 14-33 所示），按【Delete】键将其删除。

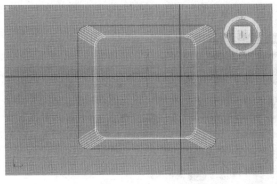

图 14-32　切角效果

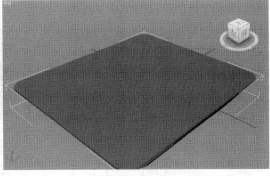

图 14-33　选择面

（11）在"修改"面板中的"编辑多边形"修改器堆栈中选择"多边形"选项，取消当前对象的选择状态，效果如图 14-34 所示。

（12）选择"修改" | "修改器列表" | "壳"选项，在"参数"卷展栏中设置"内部量"为 2、"外部量"为 2.54，按回车键确认即可进行壳操作，效果如图 14-35 所示。

图 14-34　取消选择多边形

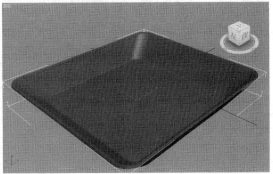

图 14-35　壳效果

14.2.2　制作水果盘材质

制作水果盘材质的具体操作步骤如下：

（1）在主工具栏中单击"材质编辑器"按钮🖽，弹出"材质编辑器"窗口，选择第一个材质球，单击 Standard 按钮，弹出"材质/贴图浏览器"对话框，选择"光线跟踪"选项，如图 14-36 所示。

（2）单击"确定"按钮，在"光线跟踪基本参数"卷展栏中设置"漫反射"颜色的"红"、"绿"、"蓝"参数值均为 213，如图 14-37 所示。

（3）单击"反射"右侧的 None 按钮　，弹出"材质/贴图浏览器"对话框，选择"衰减"选项，单击"确定"按钮，并单击"转到父对象"按钮🡅，返回到上一级窗口，在"反射高光"选项区中设置"高光级别"和"光泽度"分别为 93、0。

（4）选择水果盘对象，单击"将材质指定给选定对象"按钮🖾，为对象赋予材质，效果如图 14-38 所示。

（5）单击"文件" | "合并"命令，弹出"合并文件"对话框，选择相应的素材文件，单击"打开"按钮，弹出"合并-14-19"对话框，单击"全部"按钮选择所有对象，单击"确

定"按钮合并水果模型，并在视图中调整其位置，效果如图 14-39 所示。

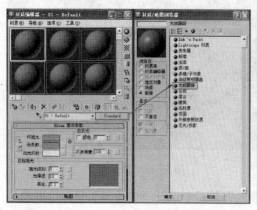 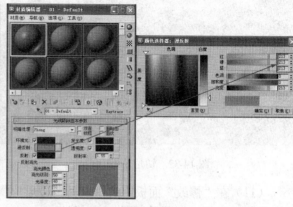

图 14-36　选择"光线跟踪"选项　　　　　　图 14-37　设置漫反射颜色

图 14-38　赋予材质效果　　　　　　　　图 14-39　合并水果

（6）为场景创建地面和灯光对象，并对水果进行复制操作，然后切换至透视视图，单击主工具栏中的"渲染产品"按钮即可渲染场景，效果如图 14-40 所示。

图 14-40　渲染效果（一）

14.3　办公用品——圆珠笔

圆珠笔是常用的办公用品，圆珠笔的外观与圆柱体相似，可以考虑采用多边形建模。本案例最终效果如图 14-41 所示。

图 14-41　圆珠笔效果

14.3.1　笔形初级建模

笔形初级建模的具体操作步骤如下：

（1）单击"文件"|"重置"命令，重新设定 3ds Max 2009 系统环境。

（2）单击"创建"|"标准基本体"|"圆柱体"命令，在顶视图中创建一个圆柱体，其参数和效果如图 14-42 所示。

（3）确认圆柱体处于选中状态，单击"修改器"|"网格编辑"|"编辑多边形"命令，在"选择"卷展栏中单击"顶点"按钮，在前视图中选择顶点，如图 14-43 所示。

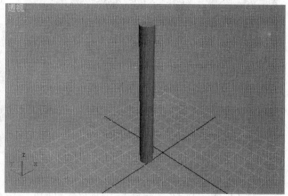

图 14-42　圆柱体参数和效果

（4）单击主工具栏中的"选择并移动"按钮，在前视图中将顶点向下移动一段距离，如图 14-44 所示。

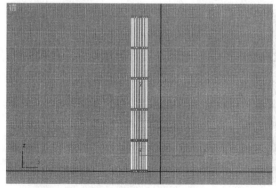

图 14-43　选择顶点（二）

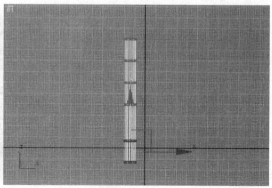

图 14-44　移动顶点

（5）选择最下一排顶点（如图 14-45 所示），单击主工具栏中的"选择并均匀缩放"按钮，在顶视图中对选择的顶点进行缩放操作，如图 14-46 所示。

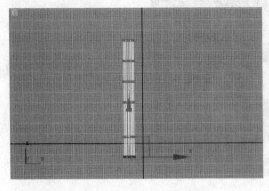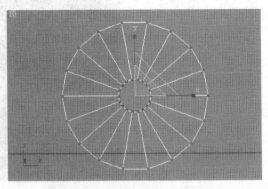

图 14-45　选择最下排顶点　　　　　　　　图 14-46　缩放顶点（一）

（6）在前视图中选择如图 14-47 所示的顶点，并在顶视图中缩放选择的顶点，如图 14-48 所示。

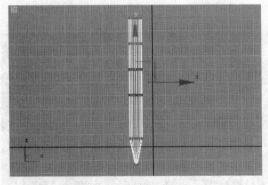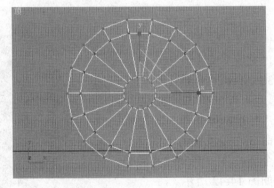

图 14-47　选择顶点（三）　　　　　　　　图 14-48　缩放顶点（二）

（7）在"选择"卷展栏中单击"顶点"按钮，退出顶点编辑状态，此时的效果如图 14-49 所示。

（8）在"选择"卷展栏中单击"多边形"按钮，在透视图中选择多边形，在"编辑多边形"卷展栏中单击"插入"按钮右侧的"设置"按钮，在弹出的"插入多边形"对话框中设置参数（如图 14-50 所示），单击"确定"按钮即可插入多边形，效果如图 14-51 所示。

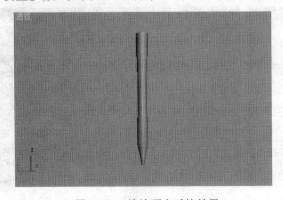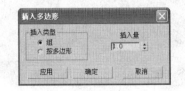

图 14-49　缩放顶点后的效果　　　　　　　图 14-50　"插入多边形"对话框

（9）按【Delete】键删除选择的多边形（如图 14-52 所示），在"选择"卷展栏中单击"边界"按钮 ⊃，选择边界，如图 14-53 所示。

（10）单击主工具栏中的"选择并移动"按钮 ✛，在前视图中移动鼠标指针至坐标 Y 轴，按住【Shift】键的同时按住鼠标左键向下拖曳，如图 14-54 所示。

图 14-51　插入的多边形

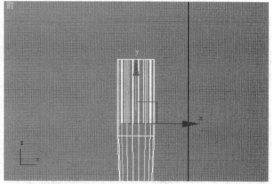

图 14-52　删除多边形

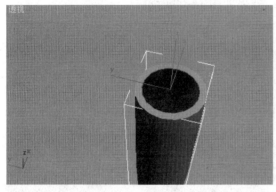

图 14-53　选择边界

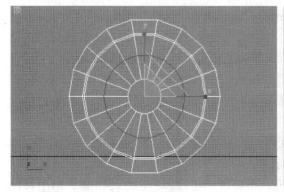

图 14-54　拖曳边界（一）

（11）单击主工具栏中的"选择并均匀缩放"按钮 ▣，在顶视图中按住【Shift】键的同时并缩放边界，如图 14-55 所示。

（12）参照步骤（10）中的操作方法，单击主工具栏中的"选择并移动"按钮 ✛，按住【Shift】键的同时按住鼠标左键向上拖曳边界，如图 14-56 所示。

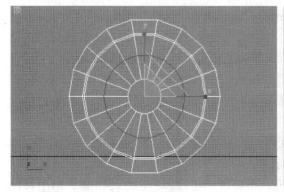

图 14-55　缩放边界

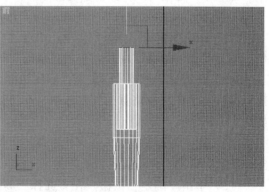

图 14-56　拖曳边界（二）

（13）再次在顶视图中按住【Shift】键，并缩放选择的边界（如图 14-57 所示），再次在前视图中按住【Shift】键的同时向上拖曳边界，如图 14-58 所示。

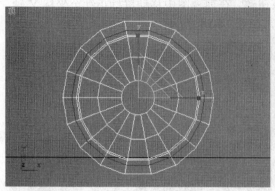

图 14-57　缩放边界　　　　　　　　　　　图 14-58　再次拖曳边界

（14）在"编辑边界"卷展栏中单击"封口"按钮，效果如图 14-59 所示。

（15）参照上述的操作方法制作笔芯部分，效果如图 14-60 所示。

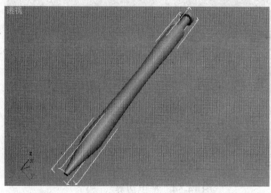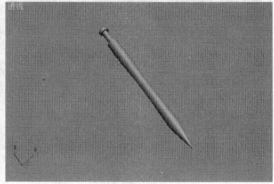

图 14-59　封口边界　　　　　　　　　　　图 14-60　制作笔芯

14.3.2　笔形综合建模

笔形综合建模的具体操作步骤如下：

（1）在"选择"卷展栏中单击"边"按钮 ◁，在前视图中选择如图 14-61 所示的边。

（2）在"编辑边"卷展栏中单击"连接"右侧的"设置"按钮 ▣，弹出"连接边"对话框，从中设置"分段"为 15，单击"确定"按钮即可连接边，效果如图 14-62 所示。

（3）在透视图中按【F4】键，启用边面显示模式，在"选择"卷展栏中单击"多边形"按钮 ▣，并选中"忽略背面"复选框，在透视图中按住【Ctrl】键的同时依次选择多边形，如图 14-63 所示。

（4）在"编辑多边形"卷展栏中单击"倒角"按钮右侧的"设置"按钮 ▣，弹出"倒角多边形"对话框，并设置各参数，如图 14-64 所示。

（5）单击"确定"按钮，在"选择"卷展栏中再次单击"多边形"按钮 ▣，退出多边形编辑状态，在透视图中再次按【F4】键，启用平滑加高光显示模式，效果如图 14-65 所示。

（6）对圆珠笔赋予材质后，按【F9】键进行快速渲染处理，效果如图 14-66 所示。

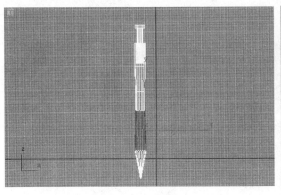

图 14-61　选择边

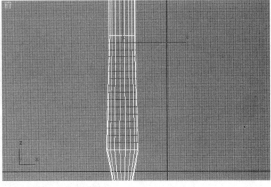

图 14-62　连接边后的效果

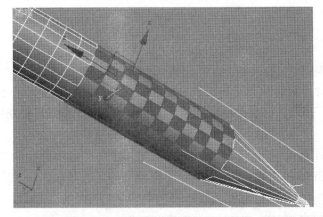

图 14-63　选择多边形

图 14-64　"倒角多边形"对话框

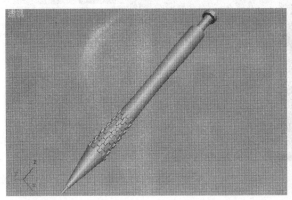

图 14-65　启用平滑加高光显示模式

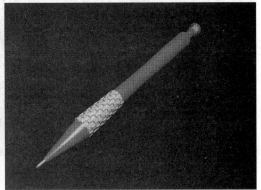

图 14-66　渲染效果（二）

14.4　电子产品——耳机

3ds Max 还经常用于对电子产品的建模，本小节将介绍电子产品——耳机的制作。本案例最终效果如图 14-67 所示。

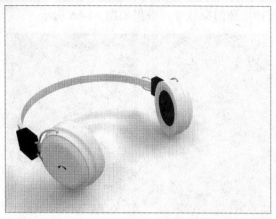

图 14-67　电子产品——耳机

14.4.1　制作耳机模型

制作耳机模型的具体操作步骤如下：

（1）单击"文件"|"重置"命令重置场景；单击"创建"面板中的"图形"按钮 ⚙，在"对象类型"卷展栏中单击"线"按钮，移动鼠标指针至前视图中，绘制一条开放样条线，如图 14-68 所示。

（2）单击"修改器"|"面片/样条线编辑"|"车削"命令，在"参数"卷展栏中的"方向"和"对齐"选项区中，分别单击 Y 和"最小"按钮，进行车削处理，并最大化显示所有视图，效果如图 14-69 所示。

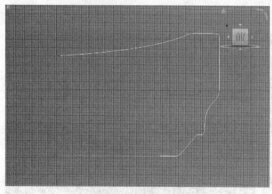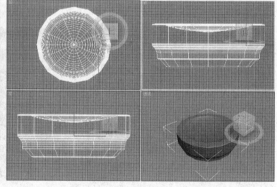

图 14-68　创建样条线　　　　　　　　　　图 14-69　车削处理

（3）单击"修改器"|"细分曲面"|"网格平滑"命令，进行平滑处理，效果如图 14-70 所示。

（4）单击主工具栏的"选择并旋转"按钮，在左视图中将其旋转 90 度，调整其角度，单击"创建"面板中的"图形"按钮 ⚙，在"对象类型"卷展栏中单击"线"按钮，在前视图中绘制一条开放样条线，在"渲染"卷展栏中分别选中"在渲染中启用"和"在视口中启用"复选框，设置"厚度"为 12，并调整其位置，如图 14-71 所示。

（5）单击"创建"面板中的"几何体"按钮，在其下方的下拉列表中选择"扩展基本体"选项,单击"对象类型"卷展栏中的"切角长方体"按钮,移动鼠标指针至前视图中,按住鼠标左键并向右下方拖曳至合适位置,释放鼠标左键;沿 Y 轴向上拖曳鼠标至合适位置并单击;向内拖曳鼠标至合适位置并单击,创建一个"长度"、"宽度"、"高度"、"圆角"分别为 140、130、68、5 的切角长方体,如图 14-72 所示。

（6）单击主工具栏中的"选择并移动"按钮,将移动切角长方体至合适位置,如图 14-73 所示。

图 14-70　平滑处理

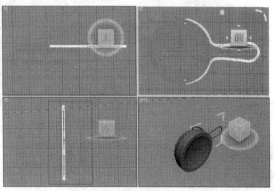

图 14-71　创建样条线

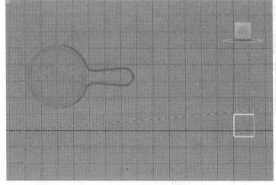

图 14-72　创建切角长方体

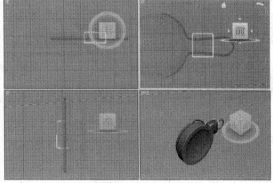

图 14-73　移动对象

（7）单击"创建"面板中的"几何体"按钮,在其下方的下拉列表中选择"扩展基本体"选项,单击"对象类型"卷展栏中的"切角长方体"按钮,在前视图中创建一个"长度"、"宽度"、"高度"、"圆角"分别为 78、10、15、5 的切角长方体,并调整其位置,如图 14-74 所示。

（8）在前视图中按住【Shift】键的同时沿 X 轴向左拖曳鼠标,释放鼠标左键会弹出"克隆选项"对话框,设置"副本数"为 4,如图 14-75 所示。

（9）单击"确定"按钮,复制 4 个切角长方体,选择其中的任意一个切角长方体,单击"修改器"|"网格编辑"|"编辑多边形"命令,在"编辑几何体"卷展栏中单击"附加"按钮,依次单击其他 4 个切角长方体,附加成一个对象,如图 14-76 所示。

（10）选择 ChamferBox 01 对象,单击"创建"面板中的"几何体"按钮,在"标准基本体"下拉列表中选择"复合对象"选项,单击"对象类型"卷展栏中的"布尔"按钮,在"拾取布尔"卷展栏中单击"拾取操作对象 B"按钮。

（11）将鼠标指针移至附加的 5 个切角长方体处，单击鼠标左键，进行布尔运算，效果如图 14-77 所示。

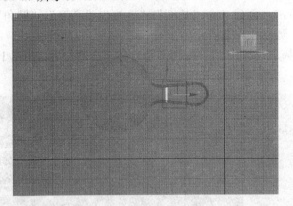

图 14-74　创建切角长方体　　　　　　　图 14-75　设置参数（一）

图 14-76　附加对象　　　　　　　　　图 14-77　布尔运算对象

（12）单击"创建"面板中的"几何体"按钮，在其下方的下拉列表中选择"扩展基本体"选项，单击"对象类型"卷展栏中的"切角长方体"按钮，在前视图中，创建一个"长度"、"宽度"、"高度"、"圆角"、"长度分段"、"宽度分段"、"高度分段"分别为 65、2000、12、2、15、150、5 的切角长方体，并调整其位置，如图 14-78 所示。

（13）单击"创建"面板中的"几何体"按钮，在"对象类型"卷展栏中单击"圆柱体"按钮，移动鼠标指针至前视图中，创建一个"半径"为 180、"高度"为 15 的圆柱体，并调整其位置，如图 14-79 所示。

（14）在前视图中，选择除 ChamferBox 02 外的所有对象，单击"组"|"成组"命令，弹出"组"对话框，保持默认设置，单击"确定"按钮组合对象，如图 14-80 所示。

（15）在主工具栏中单击"镜像"按钮，弹出"镜像：屏幕 坐标"对话框，在"偏移"数值框中输入 2000，并选中"复制"单选按钮，单击"确定"按钮镜像复制对象，效果如图 14-81 所示。

（16）全选所有对象，单击"组"|"成组"命令，弹出"组"对话框，保持默认设置，单击"确定"按钮组合对象，如图 14-82 所示。

（17）单击"修改器"|"参数化变形器"|"弯曲"命令，在"参数"卷展栏中的"弯曲"选项区中，设置"角度"和"方向"分别为 220、90，在"弯曲轴"选项区中选中 X 单选按

钮，在"限制"选项区中选中"限制效果"复选框，并设置"上限"和"下限"分别为 1000、-1000，按回车键确认即可，效果如图 14-83 所示。

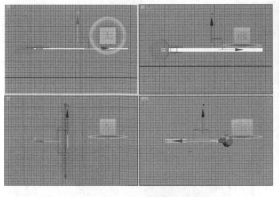

图 14-78　创建切角长方体

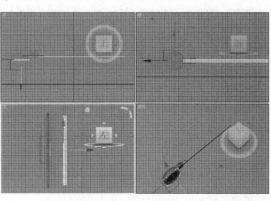

图 14-79　创建圆柱体

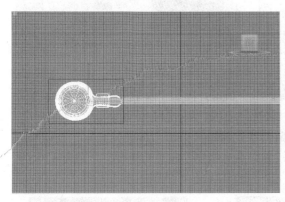

图 14-80　组合对象（一）

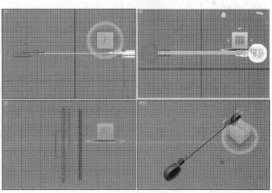

图 14-81　镜像复制对象

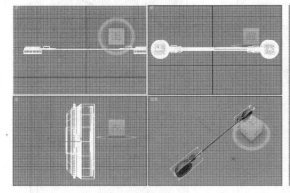

图 14-82　组合对象（二）

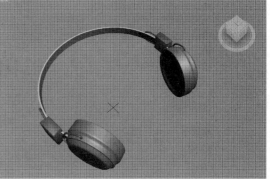

图 14-83　弯曲效果

14.4.2　制作耳机材质

制作耳机材质的具体操作步骤如下：

（1）按【M】键弹出"材质编辑器"窗口，选择第一个材质球，单击 Standard 按钮，弹出"材质/贴图浏览器"对话框，选择"光线跟踪"选项，如图 14-84 所示。

（2）单击"确定"按钮，展开"光线跟踪基本参数"卷展栏，单击"漫反射"右侧的色块，弹出"颜色选择器：漫反射"对话框，设置"红"、"绿"、"蓝"参数值均为213，如图14-85所示。

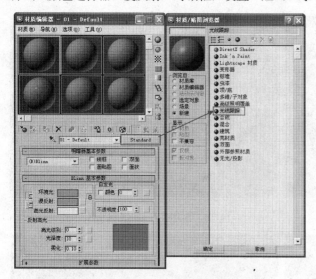
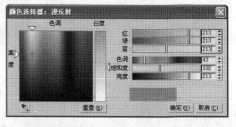

图 14-84 选择"光线跟踪"选项   图 14-85 设置参数（二）

（3）单击"确定"按钮，返回到"材质编辑器"窗口，单击"反射"右侧的 None 按钮，弹出"材质/贴图浏览器"对话框，选择"衰减"选项，如图14-86所示。

（4）单击"确定"按钮，返回到"材质编辑器"窗口，单击"转到父对象"按钮，返回到上一级窗口，在"反射高光"选项区中设置"高光级别"和"光泽度"分别为120、0，如图14-87所示。

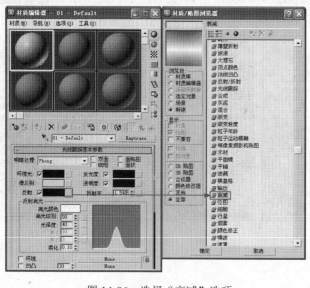
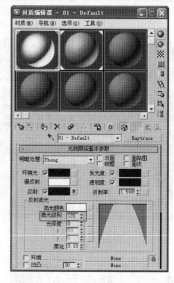

图 14-86 选择"衰减"选项   图 14-87 设置参数（三）

（5）单击"组"|"解组"命令，解组所有对象，选择除 ChamferBox01、ChamferBox03、Cylinder01、Cylinder02 外的所有对象，单击"将材质指定给选定对象"按钮，为所选对象赋予材质，如图14-88所示。

（6）在"材质编辑器"窗口中选择第二个材质球，在"明暗器基本参数"卷展栏中，单击（B）Blinn 下拉列表框中的下拉按钮，在弹出的下拉列表中选择"（M）金属"选项，如图 14-89 所示。

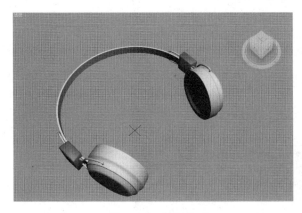

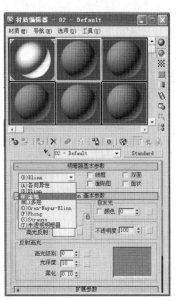

图 14-88　赋予材质　　　　　　　　　　图 14-89　选择"（M）金属"选项

（7）在"金属基本参数"卷展栏中，单击"漫反射"右侧的色块，弹出"颜色选择器：漫反射颜色"对话框，设置"红"、"绿"、"蓝"参数值均为 0，如图 14-90 所示。

（8）单击"确定"按钮，返回到"材质编辑器"窗口，分别选择 ChamferBox01、ChamferBox03、Cylinder01、Cylinder02 对象，单击"将材质指定给选定对象"按钮，为对象赋予材质，如图 14-91 所示。

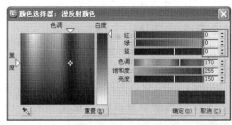

图 14-90　设置参数（四）

（9）为场景创建地面和灯光对象，复制一个耳机并赋予合适的材质，切换至透视视图，单击主工具栏中的"渲染产品"按钮，即可渲染场景，效果如图 14-92 所示。

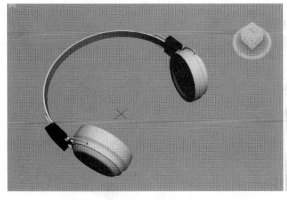

图 14-91　赋予材质　　　　　　　　　　图 14-92　渲染效果（三）

14.5 室内装潢设计——温馨卧室

卧室有两个方面的基本功能：第一，休息和睡眠；第二，满足个人休闲、学习、梳妆和卫生保健等综合需要。因此，卧室的设计与布置要讲究色调温馨柔和，使人有亲切感和轻松感。由于卧室属于私人空间，所以特别强调私密性和自我性。就设计而言，除了考虑其功能性以外，必须要强调艺术性与个性。本实例效果如图 14-93 所示。

图 14-93　室内装潢设计——温馨卧室

14.5.1 制作墙体

制作墙体的具体操作步骤如下：

（1）单击"文件"|"重置"命令重置场景；单击"创建"面板中的"几何体"按钮，在"对象类型"卷展栏中单击"长方体"按钮，移动鼠标指针至顶视图中，按住鼠标左键并向右下方拖曳至合适位置释放鼠标，沿 Y 轴向上移动鼠标指针至合适位置并单击鼠标左键，创建一个"长度"、"宽度"、"高度"分别为 6000、4500、100 的长方体，如图 14-94 所示。

（2）单击"创建"面板中的"图形"按钮，在"对象类型"卷展栏中单击"矩形"按钮，在顶视图中创建两个"长度"分别为 5300 和 6000、"宽度"分别为 3800 和 4500 的矩形，并调整其位置，如图 14-95 所示。

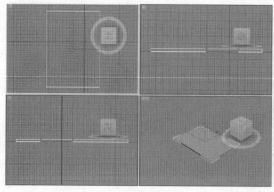

图 14-94　创建长方体

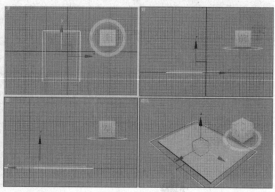

图 14-95　创建两个矩形

（3）选择 Rectangle01 对象，单击"修改器"|"面片/样条线编辑"|"编辑样条线"命令，在"修改"面板的"几何体"卷展栏中单击"附加"按钮，将鼠标指针移至 Rectangle02 和 Rectangle03 处，单击鼠标左键附加矩形，如图 14-96 所示。

（4）单击"修改器"|"网格编辑"|"挤出"命令，在"修改"面板的"参数"卷展栏中设置"数量"为 2800，按回车键确认，效果如图 14-97 所示。

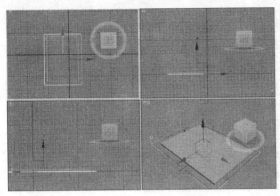
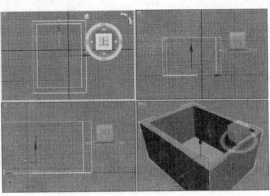

图 14-96　附加矩形　　　　　　　　　　图 14-97　挤出对象

（5）单击"创建"面板中的"几何体"按钮，在"对象类型"卷展栏中单击"长方体"按钮，移动鼠标指针至顶视图中，创建一个"长度"为 2100、"宽度"为 2400、"高度"为 800 的长方体，并调整其位置，如图 14-98 所示。

（6）选择 Rectangle01 对象，单击"创建"|"复合"|"布尔"命令，在"修改"面板的"拾取布尔"卷展栏中，单击"拾取操作对象 B"按钮，将鼠标指针移至刚创建的长方体上，单击鼠标左键，进行布尔运算，如图 14-99 所示。

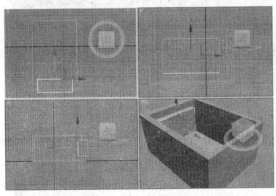
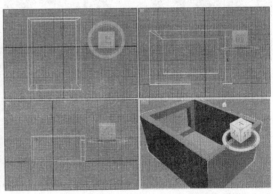

图 14-98　创建长方体　　　　　　　　　图 14-99　布尔运算对象

（7）单击"创建"面板中的"几何体"按钮，在"对象类型"卷展栏中单击"长方体"按钮，移动鼠标指针至顶视图中，创建一个"长度"为 300、"宽度"为 900、"高度"为 2100 的长方体，并调整其位置，如图 14-100 所示。

（8）选择 Rectangle01 对象，单击"创建"|"复合"|"布尔"命令，在"修改"面板的"拾取布尔"卷展栏中，单击"拾取操作对象 B"按钮，将鼠标指针移至刚创建的长方体上，单击鼠标左键，进行布尔运算，如图 14-101 所示。

（9）单击"创建"面板中的"几何体"按钮，在"对象类型"卷展栏中单击"长方体"

按钮，移动鼠标指针至顶视图中，创建一个"长度"为900、"宽度"为350、"高度"为2100的长方体，并调整其位置，如图 14-102 所示。

（10）选择 Rectangle 01 对象，单击"创建"|"复合"|"布尔"命令，在"修改"面板的"拾取布尔"卷展栏中，单击"拾取操作对象 B"按钮，将鼠标指针移至刚创建的长方体上，单击鼠标左键，进行布尔运算，如图 14-103 所示。

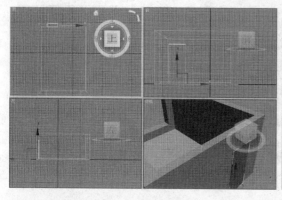

图 14-100　创建长方体（一）

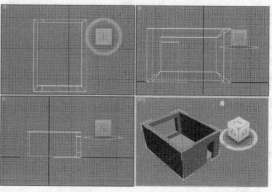

图 14-101　布尔运算对象（一）

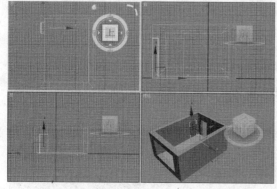

图 14-102　创建长方体（二）

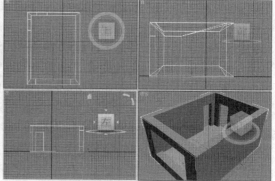

图 14-103　布尔运算对象（二）

14.5.2　制作窗户和门

制作窗户和门的具体操作步骤如下：

（1）单击"创建"面板中的"图形"按钮，在"对象类型"卷展栏中单击"矩形"按钮，在顶视图中创建一个"长度"为900、"宽度"为3000的矩形，并调整其位置，如图 14-104 所示。

（2）选择新绘制的矩形对象，单击"修改器"|"网格编辑"|"挤出"命令，设置"数量"为2200，按回车键确认即可挤出对象，效果如图 14-105 所示。

（3）单击"修改器"|"网格编辑"|"编辑多边形"命令，将对象转换为可编辑多边形，单击"修改器"|"参数化变形器"|"壳"命令，设置"内部量"为 20，在修改器堆栈中单击"编辑多边形"前的"+"号，在展开的堆栈中选择"多边形"选项，拾取矩形的一个面，按【Delete】键将其删除，效果如图 14-106 所示。

（4）单击"创建"面板中的"图形"按钮，在"对象类型"卷展栏中单击"矩形"按钮，在前视图中创建一个"长度"为2100、"宽度"为900的矩形，如图 14-107 所示。

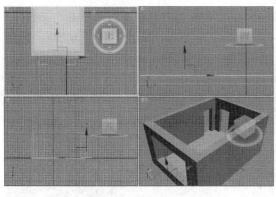

图 14-104　创建矩形（一）

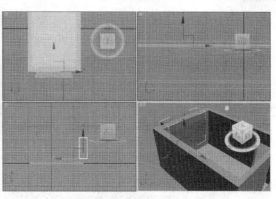

图 14-105　挤出对象

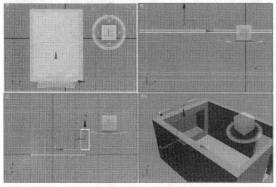

图 14-106　壳效果

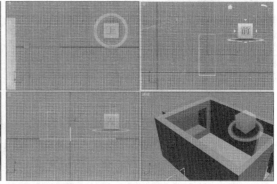

图 14-107　创建矩形（二）

（5）单击"修改器"|"面片/样条线编辑"|"编辑样条线"命令，展开"编辑样条线"堆栈，选择"分段"选项，展开"几何体"卷展栏，选择矩形最下方的样条线，单击"删除"按钮删除样条线，选择"样条线"选项，设置"轮廓"为 60，并单击"轮廓"按钮修改对象，如图 14-108 所示。

（6）在"修改"面板中的"修改器列表"下拉列表框中选择"倒角"选项，展开"倒角值"卷展栏，设置"起始轮廓"为-2、"级别 1"选项区的"高度"和"轮廓"均为 2；选中"级别 2"复选框，设置"高度"为 200；选中"级别 3"复选框，设置"高度"为 2、"轮廓"为-2，倒角对象并调整其位置，效果如图 14-109 所示。

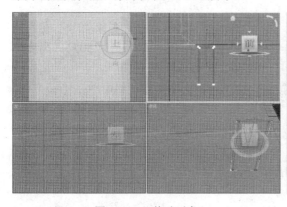

图 14-108　修改对象

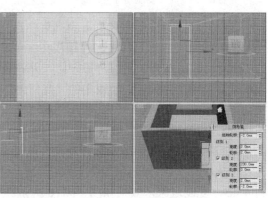

图 14-109　倒角对象

（7）单击"创建"面板中的"几何体"按钮，在"对象类型"卷展栏中单击"长方体"按钮，在顶视图中创建两个"长度"均为 40、"宽度"均为 770、"高度"分别为 500 和 10 的长方体，并调整其位置，效果如图 14-110 所示。

（8）选择新绘制的两个长方体，按住【Shift】键的同时向下拖曳鼠标至合适位置，释放鼠标左键，弹出"克隆选项"对话框，设置"副本数"为 3，复制对象，如图 14-111 所示。

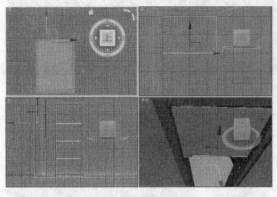

图 14-110　创建长方体　　　　　　　　　图 14-111　复制对象（一）

（9）在前视图中选择新绘制的门对象，按住【Shift】键的同时向右拖曳鼠标至合适位置，弹出"克隆选项"对话框，设置"副本数"为 1，复制对象，效果如图 14-112 所示。

（10）旋转并移动对象至合适位置，效果如图 14-113 所示。

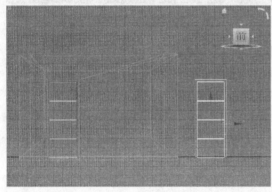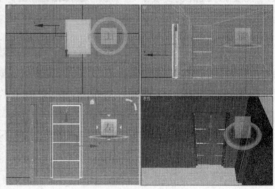

图 14-112　复制对象（二）　　　　　　　图 14-113　调整对象的位置

（11）在"标准基本体"下拉列表中选择"扩展基本体"选项，在"对象类型"卷展栏中单击"切角长方体"按钮，在顶视图中创建一个"长度"为 20、"宽度"为 507、"高度"为 1200、"圆角"为 3 的切角长方体，并调整其位置，如图 14-114 所示。

（12）单击"创建"面板中的"几何体"按钮，在"对象类型"卷展栏中单击"长方体"按钮，在顶视图中创建一个"长度"和"宽度"均为 15、"高度"为 1200 的长方体，并调整其位置，如图 14-115 所示。

（13）在前视图中分别选择新绘制的切角长方体和长方体对象，按住【Shift】键的同时向右拖曳鼠标至合适位置，释放鼠标左键，弹出"克隆选项"对话框，设置"副本数"分别为 4、3，复制对象，效果如图 14-116 所示。

（14）单击"创建"面板中的"几何体"按钮，在"对象类型"卷展栏中单击"长方体"

按钮，在顶视图中创建一个"长度"为 80、"宽度"为 2140、"高度"为 20 的长方体，并调整其位置，如图 14-117 所示。

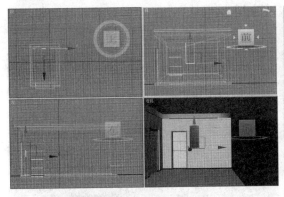

图 14-114　创建切角长方体

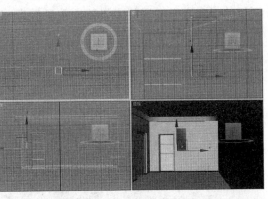

图 14-115　创建长方体（一）

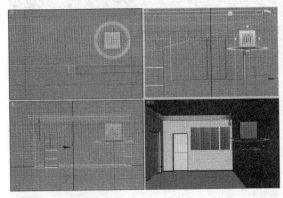

图 14-116　复制对象（三）

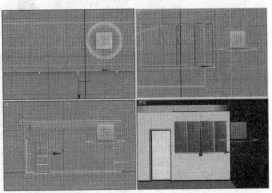

图 14-117　创建长方体（二）

14.5.3　制作窗台和墙角线

制作窗台和墙角线的具体操作步骤如下：

（1）单击"创建"面板中的"图形"按钮，在"对象类型"卷展栏中单击"矩形"按钮，在顶视图中创建一个"长度"为 900、"宽度"为 3000 的矩形，如图 14-118 所示。

（2）单击"修改器"|"面片/样条线编辑"|"编辑样条线"命令，展开"编辑样条线"堆栈，选择"分段"选项，展开"几何体"卷展栏，选择矩形最上方的样条线，单击"删除"按钮删除样条线，选择"样条线"选项，设置"轮廓"为 80，并单击"轮廓"按钮修改对象，如图 14-119 所示。

（3）在"修改"面板中的"修改器列表"下拉列表中选择"倒角"选项，展开"倒角值"卷展栏，设置"起始轮廓"为 -2、"级别 1"选项区的"高度"和"轮廓"均为 2；选中"级别 2"复选框，设置"高度"为 46；选中"级别 3"复选框，设置"高度"为 2、"轮廓"为 -2，倒角对象并调整其位置，如图 14-120 所示。

（4）单击"创建"面板中的"图形"按钮，在"对象类型"卷展栏中单击"线"按钮，在顶视图中沿墙体内侧指定点，创建一条开放样条线，如图 14-121 所示。

（5）单击"修改器"|"面片/样条线编辑"|"编辑样条线"命令，展开"编辑样条线"

堆栈，选择"顶点"选项，选择合适的顶点对象并调整其位置，如图 14-122 所示。

（6）退出样条线编辑状态，单击"修改器"|"网格编辑"|"挤出"命令，在"修改"面板的"参数"卷展栏中设置"数量"为 80，按回车键确认，挤出对象并调整其位置，如图 14-123 所示。

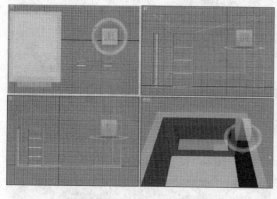

图 14-118　创建矩形（三）

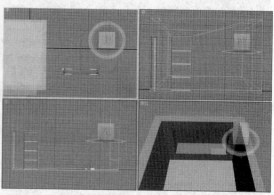

图 14-119　修改对象

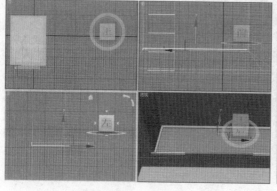

图 14-120　倒角对象

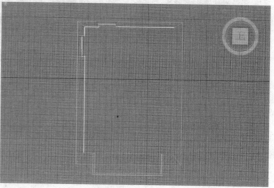

图 14-121　创建样条线

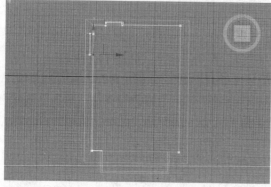

图 14-122　编辑样条线

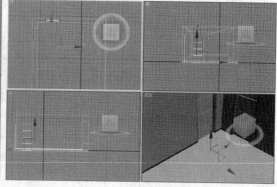

图 14-123　挤出对象

14.5.4　制作天花板

制作天花板的具体操作步骤如下：

（1）单击"创建"面板中的"图形"按钮，在"对象类型"卷展栏中单击"矩形"按钮，在顶视图中创建两个"长度"分别为 5300 和 250、"宽度"分别为 3800 和 200 的矩形，如图 14-124 所示。

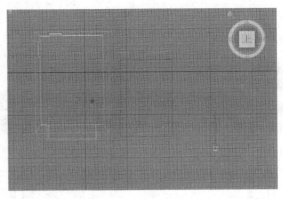

（2）选择新绘制的小矩形，在"标准基本体"下拉

图 14-124　创建矩形（四）　　　　图 14-125　单击"放样"按钮

列表中选择"复合对象"选项，在"对象类型"卷展栏中单击"放样"按钮，如图 14-125 所示。

（3）展开"创建方法"卷展栏，单击"获取路径"按钮，移动鼠标指针至顶视图中，在新绘制的大矩形上单击鼠标左键，放样图形并调整其位置，如图 14-126 所示。

（4）单击"创建"面板中的"图形"按钮，在"对象类型"卷展栏中单击"矩形"按钮，在顶视图中创建一个"长度"为 6300、"宽度"为 4500 的矩形，如图 14-127 所示。

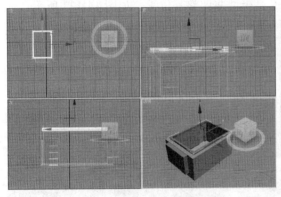

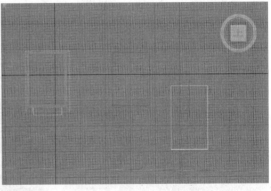

图 14-126　放样图形　　　　　　　　图 14-127　创建矩形（五）

（5）单击"修改器"|"网格编辑"|"挤出"命令，设置"数量"为 100，按回车键确认挤出对象，并最大化显示所有视图，如图 14-128 所示。

（6）在左视图中调整对象至合适位置，如图 14-129 所示。

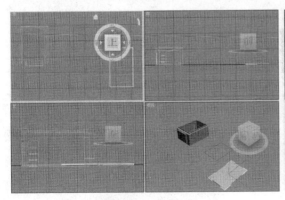

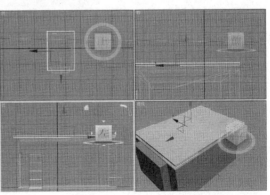

图 14-128　挤出对象　　　　　　　　图 14-129　调整对象位置

14.5.5 调入模型

调入模型的具体操作步骤如下：

（1）单击"文件" |"合并"命令，弹出 "合并文件"对话框，选择需要合并的模型，如图 14-130 所示。

（2）单击"打开"按钮，弹出"合并-14-145.max"对话框，单击"全部"按钮选择所有对象，如图 14-131 所示。

图 14-130 "合并文件"对话框　图 14-131 "合并-14-145.max"对话框

（3）单击"确定"按钮合并床模型，并在顶视图中调整其位置，如图 14-132 所示。

（4）单击"文件" |"合并"命令，合并书桌模型并调整其位置，如图 14-133 所示。

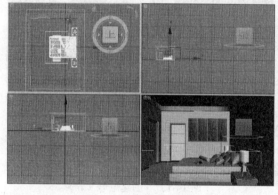

图 14-132 合并床模型　　　　　　　图 14-133 合并书桌模型

（5）单击"文件" |"合并"命令，合并椅子模型并调整其位置，如图 14-134 所示。

（6）单击"文件" |"合并"命令，合并其他的模型并调整其位置，如图 14-135 所示。

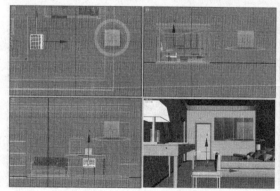 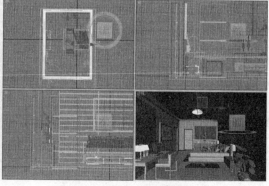

图 14-134 合并椅子模型　　　　　　　图 14-135 合并其他模型

14.5.6　制作卧室材质

制作卧室材质的具体操作步骤如下：

（1）在主工具栏中单击"按名称选择"按钮，弹出"从场景选择"窗口，选择所有的家具对象，单击"确定"按钮，在透视视图中单击鼠标右键，在弹出的快捷菜单中选择"隐藏当前选择"选项，隐藏所选对象，如图 14-136 所示。

（2）选择 Rectangle01 对象，按【Alt+Q】组合键进入孤立模式，按【M】键弹出"材质编辑器"窗口，选择第一个材质球，单击"漫反射"右侧的 None 按钮，弹出"材质/贴图浏览器"对话框，选择"位图"选项。

（3）单击"确定"按钮，弹出"选择位图图像文件"对话框，选择相应的素材图像，如图 14-137 所示。

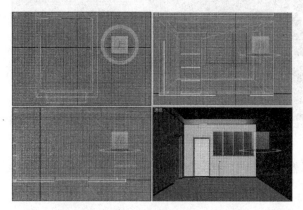

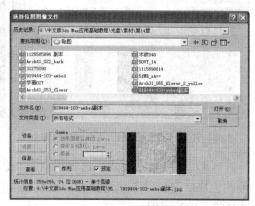

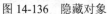

图 14-136　隐藏对象　　　　　　　　　图 14-137　选择相应的素材图像

（4）单击"打开"按钮，返回到"材质编辑器"窗口，选择 Rectangle01 对象，单击"将材质指定给选定对象"按钮，为墙体对象赋予材质，单击"在视口中显示标准贴图"按钮显示贴图，如图 14-138 所示。

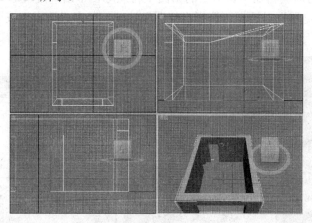

图 14-138　赋予材质

（5）退出孤立模式，单击主工具栏上的"按名称选择"按钮，弹出"从场景选择"窗口，选择 Box01 对象。

（6）单击"确定"按钮，按【Alt+Q】组合键进入孤立模式，选择"材质编辑器"窗口中的第二个材质球，单击"漫反射"右侧的 None 按钮，弹出"材质/贴图浏览器"对话框，选择"位图"选项，单击"确定"按钮，弹出"选择位图图像文件"对话框，选择相应的素材图像，如图 14-139 所示。

（7）单击"打开"按钮，返回到"材质编辑器"窗口，在"坐标"卷展栏中设置"平铺" U 和 V 均为 10，选择地面对象，单击"将材质指定给选定对象"按钮，为地面对象赋予材质，单击"在视口中显示标准贴图"按钮显示贴图，如图 14-140 所示。

图 14-139　选择相应的素材图像

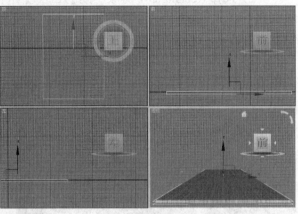

图 14-140　赋予材质

（8）退出孤立模式，选择"材质编辑器"窗口中的第三个材质球，单击"漫反射"右侧的色块，弹出"颜色选择器：漫反射颜色"对话框，设置"红"、"绿"、"蓝"参数值分别为 169、192、191。

（9）单击"确定"按钮，返回到"材质编辑器"窗口，选择窗户中的玻璃对象，单击"将材质指定给选定对象"按钮，为玻璃对象赋予材质，单击"在视口中显示标准贴图"按钮显示贴图，如图 14-141 所示。

（10）选择"材质编辑器"窗口中的第四个材质球，单击"漫反射"右侧的 None 按钮，弹出"材质/贴图浏览器"对话框，选择"位图"选项，单击"确定"按钮，弹出"选择位图图像文件"对话框，选择相应的素材图像，如图 14-142 所示。

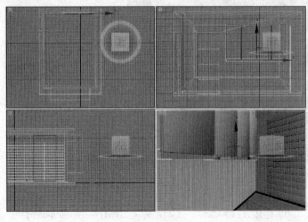

图 14-141　赋予材质（一）

图 14-142　选择相应的素材图像

（11）单击"打开"按钮，返回到"材质编辑器"窗口，选择窗户框架对象，单击"将材质指定给选定对象"按钮，为框架对象赋予材质，单击"在视口中显示标准贴图"按钮显示贴图，如图 14-143 所示。

（12）选择"材质编辑器"窗口中的第五个材质球，单击"漫反射"右侧的颜色色块，弹出"颜色选择器：漫反射颜色"对话框，设置"红"、"绿"、"蓝"参数值均为 250。

（13）单击"确定"按钮，返回到"材质编辑器"窗口，分别选择门、墙角线和天花板对象，单击"将材质指定给选定对象"按钮，为所选对象赋予材质，单击"在视口中显示标准贴图"按钮显示贴图，如图 14-144 所示。

图 14-143　赋予材质（二）　　　　图 14-144　赋予材质（三）

（14）选择"材质编辑器"窗口中的第六个材质球，单击"漫反射"右侧的颜色色块，弹出"颜色选择器：漫反射颜色"对话框，设置"红"为 164、"绿"为 144、"蓝"为 7。

（15）单击"确定"按钮，选择窗台对象，并为其赋予合适的材质，如图 14-145 所示。

（16）在透视视图中单击鼠标右键，在弹出的快捷菜单中选择"全部取消隐藏"选项，取消隐藏对象并调整视野，如图 14-146 所示。

图 14-145　赋予材质（四）　　　　图 14-146　取消隐藏对象

14.5.7　创建摄影机

创建摄影机的具体操作步骤如下：

（1）单击"创建"|"摄影机"|"目标摄影机"命令，移动鼠标指针至左视图中，在对象的左侧按住鼠标左键并向右拖曳至合适位置，创建一个摄影机，如图 14-147 所示。

（2）在主工具栏的"选择并移动"按钮上单击鼠标右键，弹出"移动变换输入"窗口，在"绝对：世界"选项区中设置 X 为-600、Y 为-3600、Z 为 1450，如图 14-148 所示。

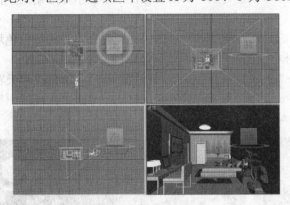

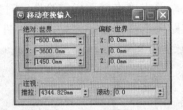

图 14-147　创建摄影机　　　　　　　　　　图 14-148　设置参数（五）

（3）按【Enter】键确认，并调整摄影机位置，选择 Camera 01.Target 对象，在"移动变换输入"窗口的"绝对：世界"选项区中，设置 X 为-600、Y 为 860、Z 为 1450，按【Enter】键确认，调整摄影机目标位置，如图 14-149 所示。

（4）切换至透视视图，按【C】键进入摄像机视图，选择 Camera01 对象，在"修改"面板的"参数"卷展栏中设置"视野"为 95，按【Enter】键确认即完成了摄影机视野的设置，效果如图 14-150 所示。

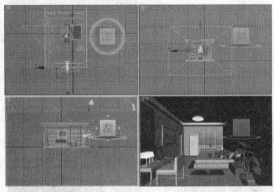

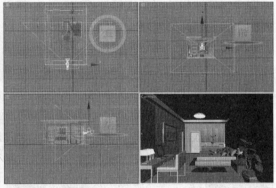

图 14-149　调整摄影机目标位置　　　　　　图 14-150　摄影机视图效果

14.5.8　创建灯光

创建灯光的具体操作步骤如下：

（1）单击"创建"|"灯光"|"光度学灯光"|"自由灯光"命令，移动鼠标指针至顶视图中，单击鼠标左键，创建自由灯光，并调整其位置，如图 14-151 所示。

（2）打开"修改"面板，在"强度/颜色/衰减"卷展栏中设置"强度"为 200。

（3）按【Enter】键确认调整灯光，单击"创建"|"灯光"|"光度学灯光"|"自由灯光"命令，移动鼠标指针至顶视图中，单击鼠标左键，创建灯光，并调整其位置，如图 14-152 所示。

（4）打开"修改"面板，在"强度/颜色/衰减"卷展栏中单击"过滤颜色"右侧的色块，弹出"颜色选择器：过滤器颜色"对话框，设置"红"为 197、"绿"为 141、"蓝"为 22。

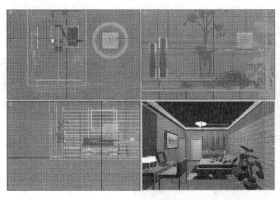 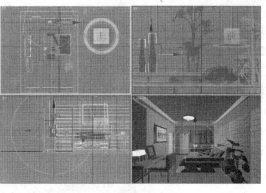

图 14-151　创建灯光（一）　　　　　　　　　图 14-152　创建灯光（二）

（5）单击"确定"按钮，返回到"强度/颜色/衰减"卷展栏，设置"强度"为 100，在"远距衰减"选项区中分别选中"使用"和"显示"复选框，调整灯光，如图 14-153 所示。

（6）选择新创建的灯光对象，按住【Shift】键的同时在前视图中向右拖曳鼠标至合适位置，释放鼠标，弹出"克隆选项"对话框，设置"副本数"为 1，复制灯光对象，如图 14-154 所示。

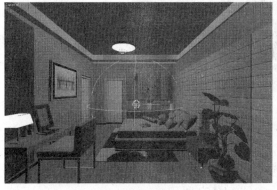 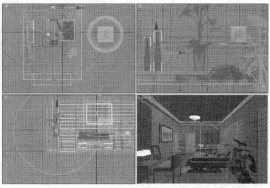

图 14-153　调整灯光　　　　　　　　　　　图 14-154　复制灯光对象

（7）单击"创建"|"灯光"|"标准灯光"|"泛光灯"命令，移动鼠标指针至顶视图中，单击鼠标左键创建灯光，并调整其位置，如图 14-155 所示。

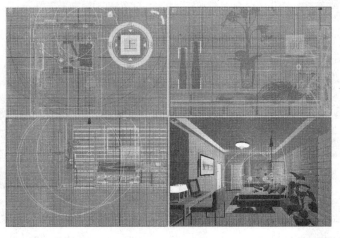

图 14-155　创建灯光

（8）打开"修改"面板，在"强度/颜色/衰减"卷展栏中设置"倍增"为 0.3，单击"倍增"右侧的颜色色块，弹出"颜色选择器：灯光颜色"对话框，设置"红"为 252、"绿"为 219、"蓝"为 148。

（9）单击"确定"按钮，在"近距衰减"选项区中分别选中"使用"和"显示"复选框；在"远距衰减"选项区中分别选中"使用"和"显示"复选框。

（10）选择新创建的灯光对象，按住【Shift】键的同时在前视图中向右拖曳鼠标至合适位置，释放鼠标左键，弹出"克隆选项"对话框，设置"副本数"为 2，复制灯光对象并调整至合适位置，效果如图 14-156 所示。

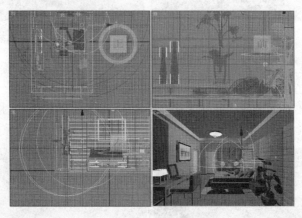

图 14-156　复制灯光对象

14.5.9　渲染处理

渲染处理的具体操作步骤如下：

（1）单击"渲染"|"渲染设置"命令，弹出"渲染设置：默认扫描线渲染器"窗口，在"输出大小"选项区中单击 800×600 按钮，如图 14-157 所示。

（2）单击窗口底部的"渲染"按钮，即可对场景进行渲染处理，效果如图 14-158 所示。

图 14-157　单击 800×600 按钮

图 14-158　渲染效果（四）

14.5.10 后期处理

后期处理的具体操作步骤如下：

（1）启动 Photoshop CS4 程序，单击"文件"｜"打开"命令，弹出"打开"对话框，选择相应的素材文件，单击"打开"按钮，打开一幅素材图片，如图 14-159 所示。

（2）单击"图像"｜"调整"｜"曲线"命令，弹出"曲线"对话框，在曲线上单击鼠标左键添加一个黑色的小方块，设置"输出"为 129、"输入"为 110（如图 14-160 所示），单击"确定"按钮调整图像的曲线。

图 14-159　素材图片

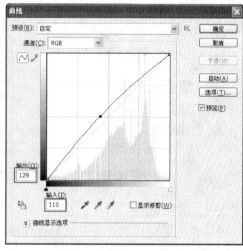

图 14-160　"曲线"对话框

（3）单击"图像"｜"调整"｜"色彩平衡"命令，弹出"色彩平衡"对话框，在"色彩平衡"选项区中设置"色阶"为 10、1、-13，单击"确定"按钮调整色彩平衡。

（4）单击"滤镜"｜"锐化"｜"USM 锐化"命令，弹出"USM 锐化"对话框，设置"数量"为 60、"半径"为 100，单击"确定"按钮调整图像锐化度，如图 14-161 所示。

（5）单击"图像"｜"调整"｜"色彩分离"命令，弹出"色彩分离"对话框，设置"色阶"为 70，单击"确定"按钮调整图像的色彩分离，如图 14-162 所示。

图 14-161　调整图像锐化度

图 14-162　调整图像的色彩分离

附录　习题参考答案

第1章

一、填空题

1. 造型建模、动画、材质、效果、环境
2. 赋予材质、放置灯光和摄影机、渲染场景　　3. 前视图、左视图、透视图

第2章

一、填空题

1. 自定义用户界面
2. 新建场景、打开场景、保存场景
3. 0　　　层管理器

第3章

一、填空题

1. 角度捕捉切换、百分比捕捉切换、微调器捕捉切换　　　2. 轴心点

第4章

一、填空题

1. 线　　　2. 通道、角度、宽法兰
3. 车削

第5章

一、填空题

1. 球体　　　2. 异面体
3. 平开窗、伸出式窗、推拉窗

第6章

一、填空题

1. 扭曲、倾斜、拟合
2. 编辑几何体

第7章

一、填空题

1. 材质编辑器
2. 建筑材质、合成材质

第8章

一、填空题

1. 高光颜色、高光级别、光泽度、不透明度、凹凸　　　2. 平铺贴图
3. 平面、柱形、长方体

第9章

一、填空题

1. 自由聚光灯　　　2. 摄影机
3. 焦距

第10章

一、填空题

1. 动画　　　2. 动画约束
3. 控制器窗口、编辑窗口、视图控制工具

第11章

一、填空题

1. 喷射　　　2. 粒子阵列
3. 漩涡

第12章

一、填空题

1. 颜色　　　2. 火、雾
3. 曝光控制

第13章

一、填空题

1. 渲染　　　2. 渲染产品
3. mental ray